新版
微分方程式入門

南部隆夫

[著]

朝倉書店

まえがき

　本書は，大学初年級の微分積分学，線形代数学を履修した読者を対象に，初歩から始めて各専門分野で必要と思われる標準的な内容を解説した微分方程式の入門書です．筆者が神戸大学，熊本大学において長年にわたり工学部の学生に対して行った授業をもとに，授業では十分述べることができなかった基礎的な事項を加筆したものです．第 1 – 5 章が常微分方程式，第 6 – 9 章が偏微分方程式になっており，それぞれ半年間程度の授業内容を想定しています．主に数学専攻以外の読者層を想定していますが，論理的な整合性を損なわないように努めました．本書初版の出版（2000 年 3 月）以来，17 年が経過し，常微分方程式の安定性に関する新たな一章を加える等の加筆を行い，新版としました．変更点の詳細については，序論を参照ください．

　私達のまわりの自然，社会現象の理解や工学機器の設計においては，時間や場所に依存する様々な状態（振動の変位，電位，温度，人口等）が現れます．それらの大部分は，時間や場所の変数に関する導関数を含んだ微分方程式により記述されます．物理法則をもとに研究対象の一つの数学モデルとして微分方程式を築き上げ，そのモデルを様々な方法で解析し，現象の理解と望ましい機器の設計等に十分反映できる能力が，理工系の学生に要求されます．微分方程式のほとんどは，求積法（第 1 章）によっては具体的な解の表現を見出すことができません．解の表現を見出せずとも解の性質を理解しようとするのが微分方程式論ですが，数学論理のみの解説は必ずしも数学専攻でない理工系の学生にとっては望ましくはなく，一方，（計算力は必要ですが）計算 technique のみに偏ることも望ましくはありません．初学者にとっては，計算力を伴いつつ基本的な数学概念を俯瞰できるバランスのとれたカリキュラムが必要です．本書では，極限の概念を正確に記述する ε-δ 法を基本に，論理的な思考をおろそかに

しない形で，断片的な知識よりはむしろ筋道の理解を深めてもらうよう配慮しました．とくに，同じ問題を様々な異なったアプローチで攻めることにも配慮してあります．問題を多様な立場から捉えることは，すべての理工系研究者や技術者にとって大切な態度であり，研究対象のより深く新しい理解につながると信じます．工学系の学生は，ε-δ 法を苦手とする傾向にあるようです．形式的な lim の演算で説明できる場合にはよいのですが，そうでない場合がしばしば現れます．そのような問題に直面するとき，天才以外の人間にとって正しい推理と結論を導くための必要不可欠な道具が ε-δ 論法です．本書でもしばしば現れますので，苦痛を伴いながらも読者は繰り返しその理解に努めて頂きたいと思います．最近の傾向として，線形方程式系に重点をおきました（とくに第 2, 7 章）．応用上，関数解析学の必要性を実感し，それに興味をもつ学生が増えつつあります．本格的な関数解析学の学習は他の書物を参照してもらうとして，本書では微分方程式に関わる行列の関数や無限次元空間（関数空間）の解説にも努めました．関数空間の本質的な理解には，Lebesgue 式積分論が必要になります．本書ではそれを仮定せず，Riemann 式積分論（学部 2 年次レベル）の枠内で記述しようとしたため，ややあいまいに見える箇所があるかも知れません．

微分方程式論は，複素関数論，Fourier 解析学とともに応用解析学を構成する三本柱の一つです．教育課程では便宜上，別々の科目として扱われることが多いですが，実際には互いに密接に影響し合って発展してきました．本書の数ヵ所で，関数論や Fourier 解析の基本事項や考え方を既知として利用しています．微分方程式論がそれのみで閉じた学問体系ではなく，上記各分野との有機的な関連性があることも味わってください．本書を通じて，微分方程式を魅力ある分野と感じ，これを他の理工系諸分野との関わりにおいてさらに深く探求されるよう願います．読者諸氏がそのように思われるならば，これに勝る筆者の喜びはありません．神戸大学教授，佐野英樹氏には厄介な図面の作成を手伝って頂きました．また，初版の企画以来この度の出版に至るすべての過程で，朝倉書店編集部の皆様にはひとかたならぬお世話になりました．ここに謝意を表したいと思います．

2017 年 2 月

南部 隆夫, 六甲にて

目　　次

序　　論 ··· 1
1. 求　積　法 ··· 5
  1.1　1 階常微分方程式 ··· 5
    1.1.1　変数分離形微分方程式 ··· 6
    1.1.2　同次形微分方程式 ·· 8
    1.1.3　線形微分方程式 ·· 10
    1.1.4　全微分方程式 ·· 12
    1.1.5　Clairaut の微分方程式 ·· 14
  1.2　2 階常微分方程式 ·· 16
2.　線形常微分方程式 ·· 24
  2.1　線形常微分方程式系 ··· 24
    2.1.1　斉次線形常微分方程式系 ·· 26
    2.1.2　非斉次線形常微分方程式系 ····································· 29
  2.2　定係数線形常微分方程式系 ·· 32
    2.2.1　行列の指数関数 e^{xA} ·· 32
    2.2.2　n 階定係数線形常微分方程式 ································· 40
    2.2.3　行列の関数 ·· 47
  2.3　周期係数線形常微分方程式系 ······································· 53
  2.4　第 2 章補足: Jordan 標準形 ·· 56
3.　常微分方程式の解の存在と一意性 ······································ 65
  3.1　Gronwall の不等式 ·· 65
  3.2　正規形 1 階常微分方程式の初期値問題 ····························· 66
    3.2.1　逐次近似法 ·· 67

- 3.2.2 Cauchy の折れ線法 ・・・・・・・・・・・・・・・・・・・・・・・・・・・ 69
- 3.2.3 逐次近似法の別の見方（縮小写像）・・・・・・・・・・・・ 71
- 3.3 延長不能な解 ・・ 74
- 3.4 微分方程式系に対する存在定理・・・・・・・・・・・・・・・・・・・・・・・・ 76
- 3.5 解のパラメターに関する滑らかさ ・・・・・・・・・・・・・・・・・・・・ 78
- 3.6 解の初期値に関する滑らかさ・・・・・・・・・・・・・・・・・・・・・・・・・・ 82
- 3.7 解の一意性 ・・ 84

4. 常微分方程式のベキ級数による解法 ・・・・・・・・・・・・・・・・・・・・・・ 88
- 4.1 解のベキ級数表示 ・・・・・・・・・・・・・・・・・・・・・・・・・・・・・・・・・・・・ 88
- 4.2 Legendre の微分方程式 ・・・・・・・・・・・・・・・・・・・・・・・・・・・・・・・ 92
  - 4.2.1 Legendre の微分方程式 ・・・・・・・・・・・・・・・・・・・・・・・ 92
  - 4.2.2 Hermite の微分方程式 ・・・・・・・・・・・・・・・・・・・・・・・・ 96
- 4.3 Bessel の微分方程式 ・・・・・・・・・・・・・・・・・・・・・・・・・・・・・・・・・ 98
  - 4.3.1 確定特異点 ・・・・・・・・・・・・・・・・・・・・・・・・・・・・・・・・・・ 98
  - 4.3.2 Bessel の微分方程式 ・・・・・・・・・・・・・・・・・・・・・・・・・ 104
  - 4.3.3 Gauss の超幾何微分方程式 ・・・・・・・・・・・・・・・・・・・ 111

5. 常微分方程式系の安定性 ・・・・・・・・・・・・・・・・・・・・・・・・・・・・・・・・ 117
- 5.1 自励系 ・・・ 117
- 5.2 非線形系の安定性 ・・・・・・・・・・・・・・・・・・・・・・・・・・・・・・・・・・・ 121
- 5.3 Poincaré-Bendixon の定理 ・・・・・・・・・・・・・・・・・・・・・・・・・・・・ 130

6. 1 階偏微分方程式 ・・・・・・・・・・・・・・・・・・・・・・・・・・・・・・・・・・・・・・ 141
- 6.1 1 階準線形偏微分方程式 ・・・・・・・・・・・・・・・・・・・・・・・・・・・・・ 141
- 6.2 一般の 1 階偏微分方程式 ・・・・・・・・・・・・・・・・・・・・・・・・・・・・・ 144
- 6.3 2 階線形偏微分方程式: 双曲形, 楕円形, 放物形への分類 ・・・・・・ 149

7. 楕円形偏微分方程式 ・・・・・・・・・・・・・・・・・・・・・・・・・・・・・・・・・・・・ 155
- 7.1 境界値問題, Green の公式 ・・・・・・・・・・・・・・・・・・・・・・・・・・・ 155
- 7.2 円における Dirichlet 問題の解 ・・・・・・・・・・・・・・・・・・・・・・・・ 160
- 7.3 Neumann 問題 ・・・・・・・・・・・・・・・・・・・・・・・・・・・・・・・・・・・・・・ 164
- 7.4 1 次元境界値問題 ・・・・・・・・・・・・・・・・・・・・・・・・・・・・・・・・・・・ 167
  - 7.4.1 Green 関数 ・・・・・・・・・・・・・・・・・・・・・・・・・・・・・・・・・・ 167

  7.4.2　積分作用素 G の固有値について 173
  7.4.3　固有値，固有関数の漸近表示 180
 7.5　高次元空間における固有値問題 185
  7.5.1　Green 関数 185
  7.5.2　高次元空間における固有値問題の例 189

8. 双曲形偏微分方程式 194
 8.1　弦　の　振　動 194
  8.1.1　d'Alembert の解 194
  8.1.2　Fourier 級数による解法 197
  8.1.3　強　制　振　動 199
 8.2　高次元空間における波動方程式 200
  8.2.1　球　面　平　均 200
  8.2.2　強制項がある場合 203
  8.2.3　$\mathbb{R}^2$ における波動方程式 204
  8.2.4　n 次元空間の場合 $(n > 3)$ 206
  8.2.5　解の一意性 207
 8.3　第 8 章補足: 双曲形方程式の弱い解 209

9. 放物形偏微分方程式 216
 9.1　1 次元熱方程式 216
  9.1.1　無限に長い棒の熱方程式 216
  9.1.2　解の一意性 220
  9.1.3　境界条件を伴う場合 221
  9.1.4　Fourier 級数による解法 226
  9.1.5　強制項がある場合 229
  9.1.6　基本解についての再考察 234
 9.2　高次元空間における方程式 237

演習問題の解答 240
索　　　引 254

人名ヨミ

Abel	アーベル	Laguerre	ラゲール
Ascoli	アスコリ	Landau	ランダウ
Arzèla	アルツェラ	Laplace	ラプラス
Beltrami	ベルトラミ	Lebesgue	ルベーグ
Bendixson	ベンディクソン	Legendre	ルジャンドル
Bernoulli	ベルヌーイ	Leibniz	ライプニッツ
Bessel	ベッセル	Liouville	リウヴィル
Cayley	ケイリー	Lipschitz	リプシッツ
Cauchy	コーシー	Lyapunov	リヤプノフ
Clairaut	クレーロー	Maclaurin	マクローリン
d'Alembert	ダランベール	Minkowski	ミンコフスキー
Dirichlet	ディリクレ	Monge	モンジュ
Euler	オイラー	Neumann	ノイマン
Floquet	フロッケ	Osgood	オズグッド
Fourier	フーリエ	Plancherel	プランシュレル
Friedrichs	フリードリクス	Poincaré	ポアンカレ
Frobenius	フロベニウス	Poisson	ポアソン
Gauss	ガウス	Rellich	レリッヒ
Green	グリーン	Riccati	リッカティ
Gronwall	グロンウォル	Riemann	リーマン
Hamilton	ハミルトン	Rodrigues	ロドリーグ
Helmholtz	ヘルムホルツ	Schmidt	シュミット
Hermite	エルミート	Schwarz	シュバルツ
Hilbert	ヒルベルト	Sobolev	ソボレフ
Hill	ヒル	Taylor	テイラー
Hölder	ヘルダー	Van der Pol	ファン デル ポル
Huygens	ホイヘンス	Weierstrass	ワイエルストラス
Jordan	ジョルダン	Wronski	ロンスキー
Kirchhoff	キルヒホッフ		

序　　論

$x \in \mathbb{R}^1$ を独立変数とし，未知変数（従属変数） $y = y(x)$ とその導関数 $y', \ldots, y^{(n)}$ に関する方程式

$$F(x, y, y', \ldots, y^{(n)}) = 0 \tag{1}$$

を y に関する微分方程式という．独立変数が x のみであることから，(1) をとくに**常微分方程式**という．これに対して y が m ($\geqslant 2$) 個の独立変数 $x_1, x_2, \ldots, x_m$ の関数: $y = y(x_1, x_2, \ldots, x_m)$ であり，y の偏導関数 $y_{x_i}, y_{x_i x_j}, \ldots$ に関する方程式

$$G(x_1, \ldots, x_m, y_{x_1}, \ldots, y_{x_m}, y_{x_1 x_1}, y_{x_1 x_2}, \ldots) = 0 \tag{2}$$

を y に関する**偏微分方程式**という．問題に応じて，y は振動の変位，電流，電位，温度，人口，生物の個体数や年齢，国の経済力等，様々な意味をもつ．第 1 – 5 章では常微分方程式，第 6 – 9 章では偏微分方程式を考察する．(1), (2) をある区間や領域で満たす y を一般的に**解**というが，通常は初期条件あるいは境界条件という別の拘束条件を伴う．詳しくは，後の章で述べることにする．ただ，(1), (2) ともに漠然としてかなり一般の形をしているので，このままではごく限られた結論しか導けず，十分な議論が困難であろう．

(1) に現れる最高次導関数が $y^{(n)}$ であることから，(1) を n **階常微分方程式**といい，$y^{(n)}$ について解けている場合，すなわち (1) が

$$y^{(n)} = f(x, y, y', \ldots, y^{(n-1)}) \tag{3}$$

と書ける場合，(3) を**正規形** (normal form) という．右辺の $f(x, y, y', \ldots, y^{(n-1)})$ が特別な場合に，解を有限回の代数，微分，積分操作を通じて具体的な形で求められることがある．このような操作を**求積法**といい，第 1 章で基本的な方法を紹介する．求積法で扱える方程式は微分方程式全体から見ると実は非常に限られているが，解の具体的な形と性質が容易にわかる点で有用である．

(3) の解 y は一般に n 個の任意定数 $c_1, \ldots, c_n$ を含み，$y(x; c_1, \ldots, c_n)$ とも書かれる．それらはある x_0 における初期値: $y(x_0)$, $y'(x_0), \ldots, y^{(n-1)}(x_0)$

に関係しており，**一般解**といわれる．一般解で表現できない解が現れることもあり，それを**特異解**という．たとえば，$y = y(x)$ に関する1階常微分方程式:

$$\frac{dy}{dx} = -2xy^2$$

は，簡単な計算で一般解 $y(x;c) = (x^2+c)^{-1}$ をもつことが知られるが，$y(x) = 0$ は特異解になる．応用上，2階の常微分方程式が多く現れる．典型的な例として，質点が数直線上を運動する際，変位 $y(t)$ と速度 $\frac{d}{dt}y(t)$ に比例する力で引き戻されるとすれば，$k_1, k_2 > 0$ を適当な物理定数として，運動方程式は

$$\frac{d^2}{dt^2}y(t) + k_1\frac{d}{dt}y(t) + k_2 y(t) = 0, \qquad t > 0$$

と書かれる．これに初期条件を付加して変位の挙動が決定されるが，その様子は摩擦（粘性）係数 k_1 の値により大きく異なる．上式に強制項 $f(t)$ が加わった場合の解の挙動も興味深い．第2章では，線形常微分方程式系を考察する．「線形」という特別な性質により，様々な強い結果が線形代数学との関連で論じられる．非線形系の第1次近似としての位置づけもあり，応用上とくに重要である．定係数線形常微分方程式系の考察では，行列の Jordan 標準形が重要な役割を担う．初版では数例の例題を通じて Jordan 標準形の理解を試みたが，新版では Jordan 構造の系統立てた代数構造の解説を2章末に追加した．実際，学部2年次段階ではその応用上の重要性にもかかわらず，Jordan 標準形についての知識，理解が不足しており，せいぜい対角化程度に留まっているためである．Jordan 構造についての代数的な理解が深まるよう期待する．定係数線形微分方程式の Laplace 変換による解法は，省略した．Laplace 変換は Fourier 変換から派生する便利な道具であり，逆変換の存在が本質なのであるが，Laplace 変換表で済ませるような形式的な計算技巧のみの議論を避けたためである．第3章は，正規形1階常微分方程式に関する基礎的な存在定理，一意性，延長不能解，解のパラメターや初期値に関する滑らかさ等について論じられる．第4章では，ベキ級数による解法とその収束性，数理物理学に現れる典型的な特殊関数（Legendre 多項式，Hermite 多項式，Bessel 関数等）が紹介される．第5章では新たに，常微分方程式系（自励系）の安定性に関わる基本的な解説を加筆した：Lyapunov の意味での安定性，漸近安定性，不安定性に関する解説に

始まり，$\mathbb{R}^2$ における極限閉軌道の存在に関する Poincaré-Bendixon の定理までの解説を，第 3 章の基礎理論に基づいて試みた．厳格ではあるが，理解が平易になるような記述に努めたつもりである．安定性の追加により，常微分方程式論の教育課程で取り上げられる話題の選択肢が増えることを期待している．

偏微分方程式の研究は，関数空間と関数解析学に基づく現代論が主流であるが，本書は古典論について述べてある．それは，現代風にいかに一般化しようとも，たとえば，楕円形方程式における Green の公式であれ，波動方程式における有限伝播速度の概念であれ，その本質は古典論で十分記述でき，また高度な準備も必要ないからである．解の細かい性質が必要なときには古典論に戻る必要があり，その意味でも古典論の重要性はいささかも薄れてはいない．都合上，Cauchy-Kowalewsky の定理や Holmgren の一意性定理（たとえば，以下の文献 (v) を参照）については割愛した．

偏微分方程式についても，(2) の一般的な形で考察することは少ない．第 6 章では，1 階および 2 階偏微分方程式の一般論（初版では第 5, 6 章）について考察する．特性曲線，Monge 錐等，解曲面を初等的に構成するための幾何学的察が，パラメターに依存する初期値をもつ常微分方程式系（第 3 章）との関係で興味深い．常微分方程式と同様，応用上は 2 階の偏微分方程式が多く現れる．特性曲線の性質により 2 階偏微分方程式を三つの形: 双曲形，楕円形，放物形に分類する．数理物理や工学における典型的な方程式を挙げると，x, y を場所，t を時間変数，u を従属変数として，

(i) $\dfrac{\partial^2}{\partial t^2}u(x,t) - \dfrac{\partial^2}{\partial x^2}u(x,t) = 0$ 　（双曲形方程式）;

(ii) $\dfrac{\partial^2}{\partial x^2}u(x,y) + \dfrac{\partial^2}{\partial y^2}u(x,y) = 0$ 　（楕円形方程式）;

(iii) $\dfrac{\partial}{\partial t}u(x,t) - \dfrac{\partial^2}{\partial x^2}u(x,t) = 0$ 　（放物形方程式）

のようになる．(i) は 1 次元波動方程式であり，高次元の場合を含めて第 8 章で波の伝わり方（有限伝播速度）が論じられる．(ii) の解は調和関数といわれ，Green の公式を中心に第 7 章で有界領域における境界値問題が論じられる．とくに関数解析学との関わりが深く，その一端を固有値問題に関連づけて初等的に紹介する．(iii) は 1 次元熱伝導方程式であり，第 9 章で論じられる．その解

には時間 $t>0$ に関する解析性がある．双曲形および放物形方程式は時間 t を含み，現代論の立場では各 t に対して無限次元関数空間に値をとる常微分方程式と解釈される．このように，解は形に応じてまったく異なった性質をもち，問題に応じて初期条件や境界条件の付加的な拘束のもとでの解の存在と一意性が論じられる．これらを論じるには，常微分方程式，複素関数論と Fourier 解析の初等理論を理解している程度で十分である．

　本書に続いてさらに進んで微分方程式論を学びたい読者のために，代表的なものとして，つぎの書物数点のみを挙げておく [*]: 常微分方程式論では,

(i) コディントン，レヴィンソン，「常微分方程式論 上，下」(吉岡書店，吉田節三 訳);

(ii) 福原満州雄,「常微分方程式」(岩波全書);

(iii) 吉沢太郎,「微分方程式入門」(朝倉書店);

偏微分方程式論では,

(iv) クーラン，ヒルベルト,「数理物理学の方法 第 1 – 4 巻」(東京図書，斎藤利弥 監訳);

(v) ジョン,「偏微分方程式」(シュプリンガー・フェアラーク東京，佐々木徹 他訳);

(vi) スミルノフ,「高等数学教程 第 4, 8, 9, 10 巻」(共立出版，彌永昌吉 他翻訳監修);

(vii) イ・ゲ・ペトロフスキー,「偏微分方程式論」(東京図書，渡辺毅 訳);

(viii) 溝畑茂,「偏微分方程式論」(岩波書店).

(iii) は，安定論の優れた入門書である．(iv) は大変読み応えがあり，その英訳改訂版の後半部分は現代論に基づいている．(v), (vi) は，古典論に関する優れた解説書であり，(vii) は大冊である．(viii) は，超関数，関数空間に基づく現代論を展開している．いずれも，名著として長く親しまれている書物である．

---

[*] (i) は E. A. Coddington and N. Levinson, "Theory of Ordinary Differential Equations" (McGraw-Hill) の翻訳; (iv) はドイツ語からの翻訳であり，英訳改訂版は "Methods of Mathematical Physics, I, II" (Wiley Interscience); (v) は F. John, "Partial Differential Equations" (Springer-Verlag) の翻訳; (viii) には英訳 "The Theory of Partial Differential Equations" (Cambridge University Press) がある．

求 積 法

1.1 1階常微分方程式

本節では正規形1階常微分方程式

$$y' = \frac{dy}{dx} = f(x, y), \quad y(x_0) = y_0 \tag{1}$$

について考察する．x_0, y_0 は与えられた数であり，$y(x_0) = y_0$ は**初期条件**といわれる．$f(x,y)$ は，適当な定義域で与えられた (x,y) の連続関数である．方程式 (1) の解を正確に定義しよう: x_0 を内点に含むある区間を I とする．y が区間 I における (1) の解であるとは，

(i) $y \in C^1(I)$, すなわち，y は I において1回連続微分可能;

(ii) y は (1) を満たす．すなわち，(1) の初期条件とともに

$$y'(x) = f(x, y(x)), \quad x \in I$$

を満たす

ことをいう．(1) の解を求める問題を**初期値問題**という．たとえば，最も簡単な微分方程式:

$$y' = 2y, \quad y(x_0) = y_0$$

の解は一意に定まり，$y(x) = y_0 e^{2(x-x_0)}$ で与えられる．この解はすべての $x \in \mathbb{R}^1$ に対して定義されるが，一般には (1) の右辺に現れる関数 $f(x,y)$ の定義域や性質により，解の存在区間，一意性や滑らかさが問題になる．ただ，求積法ではその点についての厳格な議論よりはむしろ，何とかして具体的に解の

表現を得ることに重点がおかれる．以下では，代表的な微分方程式に限って，その具体的な解法を示す．

1.1.1 変数分離形微分方程式

$f(x,y) = g(x)h(y)$ となる場合，

$$\frac{dy}{dx} = g(x)h(y), \quad y(x_0) = y_0 \tag{2}$$

を変数分離形という．求積法の中では変数分離形に帰着される方程式が多い点で，基本的である．

$g(x), h(y)$ は，それぞれ x_0, y_0 の近傍で連続で，$h(y_0) \neq 0$ と仮定しよう．解 $y(x)$ が x_0 の近傍で存在すると仮定すれば，$h(y(x)) \neq 0$ であるから，x_0 の近傍で，

$$\int_{x_0}^{x} g(x)\,dx = \int_{x_0}^{x} \frac{1}{h(y(x))} \frac{dy}{dx}\,dx = \int_{y_0}^{y} \frac{1}{h(y)}\,dy. \tag{3}$$

第2式においては，変数変換: $y = y(x)$ を利用した．この式は x と y を陰関数の形で関係づけている．今度は，(3) により x と y の関係を与えよう:

$$x \mapsto u: \quad u = \int_{x_0}^{x} g(x)\,dx, \qquad y \mapsto u: \quad u = \int_{y_0}^{y} \frac{1}{h(y)}\,dy$$

は，それぞれ x から u，y から u への変換であり，被積分関数は連続であるから，

$$\frac{du}{dx} = g(x), \qquad \frac{du}{dy} = \frac{1}{h(y)} \neq 0.$$

上式第2の関係から u と y は1対1対応であり，滑らかな逆関数 $y = y(u)$ が $u = 0$ の近傍（0 を内点に含む開区間）で定義される．とくに，

$$\frac{dy}{du} = \left(\frac{du}{dy}\right)^{-1}, \quad y(0) = y_0.$$

この段階で，合成関数 $x \mapsto u \mapsto y: y(u(x)) = Y(x)$ が x_0 の近傍で定義できる．このとき，

$$\frac{dY}{dx} = \frac{dy}{du}\bigg|_{u=u(x)} \cdot \frac{du}{dx} = \left(\frac{1}{h(y(u(x)))}\right)^{-1} g(x) = h(Y(x))g(x),$$

$$Y(x_0) = y(u(x_0)) = y(0) = y_0$$

が成り立つ．以上より，$Y(x)$ は (2) の解になる．

$h(y_0) = 0$ の場合を考えよう．$Y(x) = y_0$ とおけば，
$$\frac{dY}{dx} = 0 = g(x)h(Y), \quad Y(x_0) = y_0$$
であるから，$Y(x)$ は定数となる解である．

(2) は，形式的には $\dfrac{dy}{dx}$ をあたかも分数のように見なして
$$\frac{dy}{h(y)} = g(x)dx$$
とし，積分記号 $\int$ を作用させたものと解釈すればわかりやすい：
$$\int_{y_0}^{y} \frac{dy}{h(y)} = \int_{x_0}^{x} g(x)\,dx.$$
解 $y(x)$ は x_0, y_0 に依存するため，これらを内包するパラメター（任意定数）c を用いて，$y(x;c)$ と書くことがある．$y(x;c)$ を一般解という．考察している方程式は 1 階微分方程式であるから，1 種類のみのパラメターが現れる．これが 2 階微分方程式になれば，一般解には 2 種類のパラメターが現れる．以下の計算では，冒頭で述べたように，解の存在区間や一意性等について厳密な議論を避け，解の具体的な表現に重点をおく．

例題 1. $x_0 \neq 0$ として，
$$\frac{dy}{dx} = \frac{y}{x}, \quad y(x_0) = y_0$$
を x_0 の近傍で解こう．$y_0 \neq 0$ のときは，以下のように計算する：
$$\int_{y_0}^{y} \frac{dy}{y} = \int_{x_0}^{x} \frac{dx}{x},$$
$$\log|y| - \log|y_0| = \log|x| - \log|x_0|,$$
$$y = \frac{y_0}{x_0} x.$$
y_0/x_0 を c で置きかえて，c に依存する直線の族：$y(x;c) = cx$ が一般解である．$y_0 = 0$ のときは $y = 0$ が解になるが，これは $y = cx$ において形式的に $c = 0$ とおいて得られる．

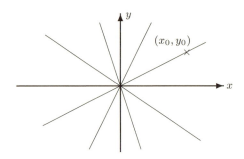

例題 2. 初期条件を初めは指定しないで，
$$\frac{dy}{dx} = -2xy^2$$
を解こう．$y \neq 0$ として，形式的に
$$-\int \frac{dy}{y^2} = \int 2x\,dx, \qquad \frac{1}{y} = x^2 + c, \qquad y = \frac{1}{x^2 + c}$$
を得る．これが一般解である．初期条件 $y(x_0) = y_0$ ($\neq 0$) を与えれば，c は定まる．$y(x_0) = 0$ の場合，$y = 0$ が解になる．

通常は，一般解の c の値を適当に定めて，初期条件を満足させるようにできる．例題 2 では，c の値をどのように選んでも，$y = 0$ なる解は得られない．一般解から得ることができないような解が現れるとき，その解を**特異解**という．

1.1.2 同次形微分方程式

$$\frac{dy}{dx} = f\left(\frac{y}{x}\right), \quad y(x_0) = y_0 \tag{4}$$

と書けるとき，(4) を同次形という．ここで，f は 1 変数関数である．従属変数の変換: $u(x) = y(x)/x$ を行えば，
$$\frac{dy}{dx} = u + x\frac{du}{dx} = f(u)$$
より，u に関する変数分離形の微分方程式
$$\frac{du}{dx} = \frac{f(u) - u}{x}, \quad u(x_0) = \frac{y_0}{x_0}$$
が得られる．

例題 3. $x_0 \neq 0$ として,
$$\frac{dy}{dx} = \frac{x+y}{2x}, \qquad y(x_0) = y_0$$
を x_0 の近傍で解こう. $u = y/x$ とおけば,
$$\frac{du}{dx} = \frac{1-u}{2x}, \qquad u(x_0) = \frac{y_0}{x_0}.$$
$y_0/x_0 \neq 1$ であれば,
$$\int_{y_0/x_0}^{u} \frac{du}{1-u} = \int_{x_0}^{x} \frac{dx}{2x}, \qquad u = 1 + \left(\frac{y_0}{x_0} - 1\right)\sqrt{\frac{x_0}{x}},$$
$$y = x\left(1 + \left(\frac{y_0}{x_0} - 1\right)\sqrt{\frac{x_0}{x}}\right).$$
$y_0/x_0 = 1$ であれば $u = 1$ が解であるから, $y = x$ となる.

$a, b, \ldots, e$ を定数とするとき, 微分方程式
$$\frac{dy}{dx} = \frac{ax + by + c}{dx + ey + f}$$
は一般には同次形ではないが, α, β を定数として変換
$$(x, y) \mapsto (X, Y): \qquad X = x - \alpha, \quad Y = y - \beta$$
を適当に選べば, 同次形に帰着される. 実際, $Y(X) = y(X + \alpha) - \beta$ であるから $\frac{dY}{dX} = \frac{dy}{dx}$ であり,
$$\frac{ax + by + c}{dx + ey + f} = \frac{a(X+\alpha) + b(Y+\beta) + c}{d(X+\alpha) + e(Y+\beta) + f} = \frac{aX + bY + (a\alpha + b\beta + c)}{dX + eY + (d\alpha + e\beta + f)}$$
に注意する. $a\alpha + b\beta + c = 0$, $d\alpha + e\beta + f = 0$ となるように α, β を選べば, 同次形:
$$\frac{dY}{dX} = \frac{aX + bY}{dX + eY}$$
に帰着される. これは, $\det \begin{pmatrix} a & b \\ d & e \end{pmatrix} \neq 0$ であれば可能である. そうでないときは, (a, b) と (d, e) は一次従属であるから, 上記の α, β は必ずしも見出せない. この場合, たとえば $(d, e) = k(a, b)$ とすれば, $u(x) = ax + by(x)$ とおくことにより変数分離形:
$$\frac{du}{dx} = a + b\frac{dy}{dx} = a + \frac{b(u+c)}{ku+f}$$

に帰着される.

例題 4. $\dfrac{dy}{dx} = \dfrac{2x-y}{x-2y-3}$, $y(0) = 1$ を解こう. $X = x - \alpha$, $Y = y - \beta$ とおけば, $Y(X)$ に関する微分方程式

$$\frac{dY}{dX} = \frac{2X - Y + (2\alpha - \beta)}{X - 2Y + (\alpha - 2\beta - 3)}, \qquad Y(-\alpha) = 1 - \beta$$

を得る. 連立方程式: $2\alpha - \beta = 0$, $\alpha - 2\beta - 3 = 0$ を解いて, $(\alpha, \beta) = (-1, -2)$ となるから, $X = x + 1$, $Y = y + 2$ とおけばよい. さらに $U = Y/X$ とおけば,

$$\frac{dU}{dX} = \frac{2(U^2 - U + 1)}{X(1 - 2U)}, \qquad U(1) = 3$$

が得られる. この方程式を解けば, 陰関数の形で,

$$U^2 - U + 1 = \frac{7}{X^2}, \qquad Y^2 - XY + X^2 = 7.$$

したがって, 2 次曲線で表される解を得る:

$$x^2 + y^2 - xy + 3y - 4 = 0.$$

1.1.3　線形微分方程式

$p(x)$, $q(x)$ が x_0 を含む区間 I で連続と仮定するとき,

$$\frac{dy}{dx} + p(x)y = q(x), \qquad y(x_0) = y_0 \tag{5}$$

を線形微分方程式という. とくに $q(x) = 0$ のとき,

$$\frac{dy}{dx} + p(x)y = 0, \qquad y(x_0) = y_0 \tag{6}$$

を同次 (または斉次) 方程式といい, 対応する (5) を非同次 (または非斉次) 方程式という.

$$r(x) = e^{\int_{x_0}^{x} p(s)\, ds} = \exp\left(\int_{x_0}^{x} p(s)\, ds\right) \tag{7}$$

とおけば, 明らかに,

$$\frac{dr}{dx} = p(x)\, e^{\int_{x_0}^{x} p(s)\, ds} = p(x) r(x), \qquad r(x_0) = 1.$$

(5) の解が存在すれば, この関係式から

$$\frac{d}{dx}(ry) = \frac{dr}{dx}y + r\frac{dy}{dx} = (pr)y + r(-py+q) = rq$$

が I で成り立つ．したがって，

$$r(x)y(x) = r(x_0)y(x_0) + \int_{x_0}^{x} r(t)q(t)\,dt = y_0 + \int_{x_0}^{x} r(t)q(t)\,dt$$

あるいは，

$$\begin{aligned}y(x) &= \frac{1}{r(x)}\left(y_0 + \int_{x_0}^{x} r(t)q(t)\,dt\right) \\ &= e^{-\int_{x_0}^{x} p(s)\,ds}\left(y_0 + \int_{x_0}^{x} e^{\int_{x_0}^{t} p(s)\,ds} q(t)\,dt\right).\end{aligned} \quad (8)$$

p, q の連続性から，(8) で与えられる $y(x)$ が (5) のただ一つの解であることは明らか．(7) の $r(x)$ を利用する方法は，応用上しばしば現れる．$r(x)$ の具体的な形を求めることがキーになる．

例題 5. $\dfrac{dy}{dx} + \dfrac{y}{x} = x^2$, $y(x_0) = y_0$ を解こう $(x_0 \neq 0)$．$p(x) = 1/x$ だから $r(x) = x$ であり，

$$\frac{d}{dx}(xy) = y + x\left(-\frac{y}{x} + x^2\right) = x^3, \qquad y = \frac{x^4 - x_0^4 + 4x_0 y_0}{4x}.$$

例題 6. $\dfrac{dy}{dx} - y\tan x = x$, $y(0) = y_0$ を解こう．$x = 0$ の近傍で $e^{-\int_0^x \tan s\,ds} = e^{\log|\cos x|} = \cos x$ であるから，$r(x) = \cos x$ であり，

$$\frac{d}{dx}(y\cos x) = -(\sin x)y + \cos x\,(y\tan x + x) = x\cos x,$$

$$y\cos x - y_0 = \int_0^x x\cos x\,dx = x\sin x + \cos x - 1,$$

$$y = \frac{x\sin x + \cos x + y_0 - 1}{\cos x}.$$

Bernoulli の微分方程式

$$\frac{dy}{dx} + p(x)y = q(x)y^n, \quad n \neq 0, 1 \quad (9)$$

を Bernoulli の微分方程式といい，$y \neq 0$ となる解を求める．この方程式は $n \neq 0, 1$ なので線形ではないが，変数変換: $u(x) = y(x)^{1-n}$ を行えば，線形方程式

$$\frac{du}{dx} + (1-n)p(x)u = (1-n)q(x)$$

に帰着される.

Riccati の微分方程式

$\frac{dy}{dx}$ が y の 2 次式である場合:

$$\frac{dy}{dx} + p(x)y^2 + q(x)y + r(x) = 0 \tag{10}$$

を Riccati の微分方程式という. 一般には初等解法はないが, (10) の一つの解 $y_1(x)$ が何らかの方法で知られている場合には, Bernoulli の方程式に帰着される. 実際, $u(x) = y(x) - y_1(x)$ とおいて, u に関する微分方程式を導こう.

$$\begin{aligned}\frac{du}{dx} &= \frac{dy}{dx} - \frac{dy_1}{dx} = -(py^2 + qy + r) + (py_1^2 + qy_1 + r) \\ &= -qu - p(u + 2y_1)u,\end{aligned}$$

したがって, つぎの Bernoulli の微分方程式に帰着される:

$$\frac{du}{dx} + (q(x) + 2p(x)y_1(x))u = -p(x)u^2.$$

例題 7. $\frac{dy}{dx} + y^2 - 2xy + x^2 - 2 = 0$ は, $y_1(x) = x + 1$ なる解をもつ. $u(x) = y(x) - x - 1$ とおけば,

$$\frac{du}{dx} + 2u = -u^2.$$

これを解いて, 任意定数 c を含む一般解

$$u = \frac{2}{ce^{2x} - 1}, \qquad y = \frac{2}{ce^{2x} - 1} + x + 1$$

が得られる.

1.1.4 全微分方程式

微分方程式 (1) を形式的に $f(x, y)dx - dy = 0$ と書き直したものを一般化すれば,

$$p(x, y)dx + q(x, y)dy = 0, \qquad y(x_0) = y_0 \tag{11}$$

となる. これを全微分方程式という. (11) は, もちろん

$$q(x,y)\frac{dy}{dx} + p(x,y) = 0, \qquad y(x_0) = y_0 \tag{11}'$$

を意味する．$q(x,y) \neq 0$ のときには，正規形微分方程式: $\frac{dy}{dx} = -\frac{p(x,y)}{q(x,y)}$ になる．p, q は領域 $D \subset \mathbb{R}^2$ で連続とする．適当な $\varphi \in C^1(D)$ が存在して

$$\varphi_x = p(x,y), \qquad \varphi_y = q(x,y), \qquad (x,y) \in D \tag{12}$$

が成り立つと仮定すれば，(11) の左辺は φ の全微分 $d\varphi$ であり，

$$d\varphi = \varphi_x dx + \varphi_y dy = p dx + q dy = 0.$$

これより，$\varphi(x,y) = c$ が解を記述すると予想できる．定数 c は，$c = \varphi(x_0, y_0)$ により決まる．このような φ が存在するとき，(11) を**完全微分形**という．関係:

$$\varphi(x,y) = c \; (= \varphi(x_0, y_0)) \tag{13}$$

は，陰関数の形で点 (x_0, y_0) を通る曲線を定義する．たとえば $\varphi_y(x_0, y_0) \neq 0$ であれば，陰関数定理により y が x_0 の近傍で x の関数として表せ，

$$\frac{d}{dx}\varphi(x, y(x)) = \varphi_x(x,y) + \varphi_y(x,y)\frac{dy}{dx} = p(x,y) + q(x,y)\frac{dy}{dx} = 0.$$

したがって，y は (11) の解になる．(11) が完全微分形で，さらに $p, q \in C^1(D)$ ならば，$\varphi \in C^2(D)$ に注意しよう．このとき，

$$p_y = \varphi_{xy} = \varphi_{yx} = q_x \tag{14}$$

が成り立つ．逆に p, q が (14) を満たすとき，(x_0, y_0) の近傍で (12) を満たす φ を見つけよう．第 1 の関係から

$$\varphi(x,y) = \int_{x_0}^x p(s,y)\, ds + g(y)$$

とおけば，

$$\varphi_y = \int_{x_0}^x p_y(s,y)\, ds + g'(y) = \int_{x_0}^x q_s(s,y)\, ds + g'(y)$$
$$= q(x,y) + g'(y) - q(x_0, y).$$

ここで $g'(y) - q(x_0, y) = 0$ となるように g を決めればよいから，$g(y) = \int_{y_0}^y q(x_0, t)\, dt$ とおく．すなわち，

$$\varphi(x,y) = \int_{x_0}^{x} p(s,y)\,ds + \int_{y_0}^{y} q(x_0,t)\,dt$$

とおけば，(12) が成り立つ．(11) の解は，

$$\varphi(x,y) = \int_{x_0}^{x} p(s,y)\,ds + \int_{y_0}^{y} q(x_0,t)\,dt = \varphi(x_0,y_0) \qquad (15)$$

で与えられる．

例題 8. $(xy^2+e^y)dx+(x^2y+2y+xe^y)dy=0,\ y(0)=y_0$ を解こう．これは完全微分形であるから，

$$\varphi(x,y) = \frac{x^2y^2}{2} + xe^y + g(y)$$

とおけば，$\varphi_y = x^2y + xe^y + g'(y) = x^2y + 2y + xe^y,\ g'(y) = y^2$ となる．解 y は，陰関数の形でつぎのように与えられる：

$$\varphi(x,y) = \frac{x^2y^2}{2} + xe^y + y^2 = y_0^2.$$

(11) が完全微分形でないときは，ある関数 $r(x,y)$ を (11) の両辺に乗じて

$$p(x,y)r(x,y)dx + q(x,y)r(x,y)dy = 0, \qquad y(x_0) = y_0 \qquad (16)$$

が完全微分形になる場合がある．関数 $r(x,y)$ を**積分因子**という．たとえば，

$$(x+2y)dx + (2+e^{-x})dy = 0$$

は明らかに完全微分形ではないが，両辺に e^x を乗じた

$$e^x(x+2y)dx + (2e^x+1)dy = 0$$

は完全微分形になる．積分因子 $r(x,y)$ を見つけることは，$p,\ q$ が特別な場合を除いては容易ではなく，特別な場合の解法を列挙することは本書では行わない．

1.1.5 Clairaut の微分方程式

与えられた微分方程式のすべての一般解 $y(x;c)$ に接する曲線（が存在すると仮定して）を**包絡線** (envelope) という．包絡線が現れる典型的な微分方程式を考えよう．正規形ではないつぎの微分方程式を **Clairaut** の微分方程式という：

$$y = xy' + f(y'), \qquad y' = \frac{dy}{dx}. \qquad (17)$$

y が C^2 級,f が C^1 級であると仮定して,(17) の両辺を微分すれば,

$$y' = y' + xy'' + f'(y')y'', \qquad y''(x + f'(y')) = 0.$$

$y'' = 0$ のときは y' は定数 $(= c)$ であるから,一般解

$$y = cx + f(c) \tag{18}$$

を得る.これは,c をパラメーターとする直線族を表す.$x + f'(y') = 0$ のときは,

$$\begin{cases} y = xy' + f(y'), \\ x + f'(y') = 0 \end{cases} \tag{19}$$

から y' を消去して y を求めればよい.

ところで,直線族 (18) の包絡線 C が存在する場合,C の各点 (x_*, y_*) における接線はある c_* における (18) と共通であるから,$y'(x_*) = c_*$ となる.接線の方程式は $y = c_*(x - x_*) + y_*$ であり,これが $y = c_* x + f(c_*)$ に一致するから,

$$y_* = c_* x_* + f(c_*) = x_* y'(x_*) + f\left(y'(x_*)\right).$$

すなわち,C も (17) の解になる.よく知られているように,包絡線の方程式は,

$$y = cx + f(c), \qquad 0 = x + f'(c)$$

から c を消去して得られるが,これは (19) と同じである.

例題 9. $y = xy' + (y')^2 + 2y'$ の一般解は,直線族:$y = cx + c^2 + 2c$ で与えられる.この包絡線は,$y = cx + c^2 + 2c$ と $0 = x + 2c + 2$ から c を消去して $y = -\frac{1}{4}(x+2)^2$ となる.この 2 次曲線は一般解からは得られないので,特異解である.

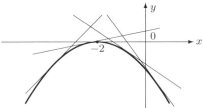

1.2 2階常微分方程式

正規形2階常微分方程式

$$y'' = \frac{d^2y}{dx^2} = f(x,y,y'), \quad y(x_0) = y_0, \quad y'(x_0) = y_1 \tag{20}$$

は，初期値に二つのパラメータ y_0, y_1 を含むので，その一般解は二つの任意定数 c_1, c_2 を含む: $y = y(x; c_1, c_2)$．この形の微分方程式は物理学や工学にしばしば現れ，応用が広い．線形微分方程式の場合には，第2章で整然とした議論ができるので，ここでは前節の1階微分方程式に帰着できる特別な場合を考えよう．

(i) $y'' = f(x, y')$ の場合:

$z(x) = y'(x)$ とおけば，z に関する1階常微分方程式: $z' = f(x, z)$ になる．

例題1. $y'' = x(y')^2$，$y(0) = y_0, y'(0) = y_1$ を解こう．$z = y'$ とおけば，変数分離形: $z' = xz^2$，$z(0) = y_1$ に帰着される．

$$y(x) = \begin{cases} -\dfrac{1}{c} \log \left| \dfrac{x-c}{x+c} \right| + y_0, & y_1 > 0 \quad \left(c = \sqrt{\dfrac{2}{y_1}}\right), \\ -\sqrt{-2y_1} \operatorname{Tan}^{-1} \sqrt{\dfrac{-y_1}{2}}\, x + y_0, & y_1 < 0, \\ y_0, & y_1 = 0 \end{cases}$$

(ii) $y'' = f(y, y')$ の場合:

$y' \neq 0$ と仮定すれば，$y(x)$ は単調増加（または減少）であるから，x のある区間と y のある区間とは1対1対応である: $y = y(x), x = x(y)$．x のかわりに y を独立変数に選び，$z = y'(x) = y'(x(y))$ とおくことにより，1階常微分方程式:

$$\frac{dz}{dy} = y''(x(y)) \frac{dx}{dy} = y''(x(y)) \left(\frac{dy}{dx}\right)^{-1} = \frac{y''}{z} = \frac{f(y,z)}{z}$$

に帰着される．

例題2. $y'' = yy'$，$y(0) = y_0, y'(0) = y_1 (\neq 0)$ を解こう．$z = y'$ とおく

と，$z(y_0) = y_1$ であり，
$$\frac{dz}{dy} = y'' \frac{dx}{dy} = y, \qquad z(y) = \frac{y^2 - (y_0^2 - 2y_1)}{2}.$$
したがって，
$$\frac{dy}{dx} = \frac{y^2 - (y_0^2 - 2y_1)}{2}, \qquad y(0) = y_0$$
を解けば，陰関数の形で
$$\log\left|\frac{y-c}{y+c}\right| = cx + \log\left|\frac{(y_0-c)^2}{2y_1}\right|, \quad y_0^2 - 2y_1 > 0 \quad \left(c = \sqrt{y_0^2 - 2y_1}\right),$$
$$\operatorname{Tan}^{-1}\frac{y}{d} = \frac{d}{2}x + \operatorname{Tan}^{-1}\frac{y_0}{d}, \quad y_0^2 - 2y_1 < 0 \quad \left(d = \sqrt{2y_1 - y_0^2}\right),$$
$$\frac{2}{y} = -x + \frac{2}{y_0}, \quad y_0^2 - 2y_1 = 0.$$
とくに f が y のみの関数の場合，
$$y'' = f(y), \qquad y(x_0) = y_0, \quad y(x_0) = y_1.$$
この場合，もっと直接に解を求められる．f の不定積分の一つを F とすれば，
$$\frac{d}{dx}\left((y')^2 - 2F(y)\right) = 2y'y'' - 2f(y)y' = 0.$$
これから，x_0 の近傍で
$$(y')^2 - 2F(y) = y_1^2 - 2F(y_0) \, (= c),$$
$$\frac{dy}{dx} = \pm\sqrt{2F(y) + c}, \qquad y(x_0) = y_0$$
を解けばよい．複号は，y_1 の正負により選べばよい．

例題 3（単振動）．質量 m の質点が数直線上を運動するとき，時間を t，変位を $y(t)$ で表そう．この質点が変位に比例する力を受けるとき（たとえば，バネによる拘束），運動方程式は
$$my'' = -ky, \qquad y(0) = y_0, \quad y'(0) = y_1 \tag{21}$$
により記述される（$k > 0$ は定数）．

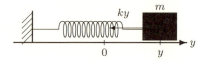

定係数線形微分方程式であるから，第 2 章の方法で大域的な解が見出せる:

$$y(t) = y_0 \cos\omega t + \frac{y_1}{\omega}\sin\omega t = \frac{\sqrt{y_1^2 + \omega^2 y_0^2}}{\omega}\sin(\omega t + \alpha). \tag{22}$$

ここで，$\omega = \sqrt{\frac{k}{m}}$．一方，上の方法では

$$\frac{d}{dt}\left((y')^2 + \omega^2 y^2\right) = 0, \quad (y')^2 + \omega^2 y^2 = y_1^2 + \omega^2 y_0^2 = c^2, \tag{23}$$

$$\frac{1}{2}m(y')^2 + \frac{k}{2}y^2 = \text{const} \tag{24}$$

となる．(21) にはエネルギーを消費する y' の項がなく，実際，(24) はエネルギー保存の法則を意味する．$\frac{1}{2}m(y')^2$ は運動エネルギー，$\frac{k}{2}y^2$ はポテンシャルエネルギーである．たとえば $y_1 > 0$ であれば，(23) から $t = 0$ の近傍で

$$\frac{dy}{dt} = \sqrt{c^2 - \omega^2 y^2},$$

$$t = \int_0^t dt = \int_{y_0}^y \frac{dy}{\sqrt{c^2 - \omega^2 y^2}} = \frac{1}{\omega}\left(\mathrm{Sin}^{-1}\frac{\omega}{c}y - \mathrm{Sin}^{-1}\frac{\omega}{c}y_0\right)$$

となり，(22) の表現を得る．

例題 4（**電気回路**）．抵抗 R，コイル L，コンデンサ C と電源 $E\cos\omega t$ を直列につないだ回路を考えよう．

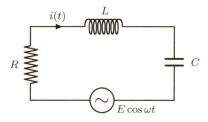

回路を流れる電流を $i(t)$，コンデンサの蓄電量を $q(t)$ とすれば，回路理論でよく知られた **Kirchhoff** の法則により

$$Ri + L\frac{di}{dt} + \frac{q}{C} = E\cos\omega t, \quad i = \frac{dq}{dt},$$

あるいは,
$$L\frac{d^2q}{dt^2} + R\frac{dq}{dt} + \frac{1}{C}q = E\cos\omega t \tag{25}$$
と書ける．これも例題 3 と同様に q に関する定係数線形微分方程式であるから，(q を独立変数にしなくても) 容易に解が求まる: $p(\lambda) = L\lambda^2 + R\lambda + \frac{1}{C} = 0$ の 2 解を λ_1, λ_2 (Re λ_1, Re $\lambda_2 < 0$) とすれば，
$$q(t) = c_1 e^{\lambda_1 t} + c_2 e^{\lambda_2 t} + \frac{CE\cos(\omega t + c_3)}{\sqrt{(1 - LC\omega)^2 + (RC\omega)^2}}$$
と表せる．c_1, c_2 は初期値: $q(0)$, $q'(0)$ により決まる定数，c_3 は R, L, C, E, ω により決まる定数である．この表現から，t が十分大きければ近似的に，
$$q(t) \sim \frac{CE\cos(\omega t + c_3)}{\sqrt{(1 - LC\omega)^2 + (RC\omega)^2}}.$$

例題 5（単ふりこ）．質量 m の質点を天井から糸でぶら下げた場合の質点の運動を考えよう．

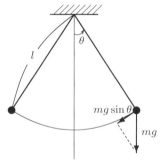

糸の長さを l, 重力加速度を g, 糸の重さや空気抵抗を無視できると考え，鉛直線から測った質点の角度を $\theta(t)$ で表せば，θ は微分方程式:
$$ml\frac{d^2\theta}{dt^2} = -mg\sin\theta, \quad \theta(0) = \theta_0, \quad \frac{d\theta}{dt}(0) = \theta_1 \tag{26}$$
で記述される．θ が十分小さいときは $\sin\theta \sim \theta$ であるから，(26) は単振動 (21) に帰着される．微分方程式 (26) は，任意の初期値 (θ_0, θ_1) に対して一意な大域解（$\mathbb{R}^1$ 全体で定義された解）をもつことが知られている．このことは，第 3 章，3.2 – 3.4 節の結果からしたがう．今 $\theta_0 = 0$, $\theta_1 > 0$ と仮定すれば，
$$\frac{d}{dt}\left(\left(\frac{d\theta}{dt}\right)^2 - 2k^2\cos\theta\right) = 0, \quad k = \sqrt{\frac{g}{l}}$$

であるから，(26) の必要条件として

$$\left(\frac{d\theta}{dt}\right)^2 - 2k^2\cos\theta = \theta_1^2 - 2k^2, \tag{27}$$

$$\frac{d\theta}{dt} = \sqrt{2k^2\cos\theta + \theta_1^2 - 2k^2}, \quad \theta(0) = 0 \tag{28}$$

を得る．(28) は変数分離形であるから，

$$t = \int_0^t dt = \int_0^\theta \frac{d\theta}{\sqrt{2k^2\cos\theta + \theta_1^2 - 2k^2}} \tag{29}$$

により $\theta(t)$ が陰関数の形で求まる．(29) 右辺は，**第1種楕円積分**といわれる．

(i) $\theta_1^2 - 4k^2 > 0$ の場合：

常に $\theta'(t) \geqslant \sqrt{\theta_1^2 - 4k^2}$ であるから θ は増加し続け，$\lim_{t\to\infty}\theta = \infty$ となる．$\theta(t_1) = 2\pi$ となる $t_1 > 0$ を選び $\varphi(t) = \theta(t+t_1) - 2\pi$ とおけば，φ は (28) を満たす：

$$\frac{d\varphi}{dt} = \sqrt{2k^2\cos\varphi + \theta_1^2 - 2k^2}, \quad \varphi(0) = \theta(t_1) - 2\pi = 0.$$

(28) の解の一意性（第 3 章）により，$\varphi(t)$ と $\theta(t)$ とは一致する．すなわち，$\theta(t+t_1) - 2\pi = \theta(t),\ t \geqslant 0$ となる．したがって，

$$\theta(t+nt_1) = \theta(t) + 2n\pi, \quad n = 1, 2, \ldots.$$

一方，(28) より $\theta'(t+t_1) = \theta'(t)$ だから，$\theta'(t)$ は周期 t_1 の関数となる．

(ii) $\theta_1^2 - 4k^2 < 0$ の場合：

$2k^2\cos\theta_2 + \theta_1^2 - 2k^2 = 0$ となる最小の $\theta_2 > 0$ を選ぶ．

$$t_2 = \int_0^{t_2} dt = \int_0^{\theta_2} \frac{d\theta}{\sqrt{2k^2\cos\theta + \theta_1^2 - 2k^2}}$$

とおけば，$\theta(t_2) = \theta_2$，$\theta'(t_2) = 0$ である．このとき，ふりこは最大の振れ幅 θ_2 を達成する．$t > t_2$ のときは $\theta'(t) < 0$ となり，(27) から微分方程式は，

$$\frac{d\theta}{dt} = -\sqrt{2k^2\cos\theta + \theta_1^2 - 2k^2}, \quad \theta(t_2) = \theta_2. \tag{28}'$$

これを解けば，陰関数の形で

$$t - t_2 = -\int_{\theta_2}^\theta \frac{d\theta}{\sqrt{2k^2\cos\theta + \theta_1^2 - 2k^2}}$$

となる．一方,

$$-\int_{\theta_2}^{0} \frac{d\theta}{\sqrt{2k^2\cos\theta + \theta_1^2 - 2k^2}} = \int_{0}^{\theta_2} \cdots d\theta = t_2 = 2t_2 - t_2,$$

$$-\int_{\theta_2}^{-\theta_2} \frac{d\theta}{\sqrt{2k^2\cos\theta + \theta_1^2 - 2k^2}} = \int_{-\theta_2}^{\theta_2} \cdots d\theta = 2t_2 = 3t_2 - t_2$$

より,

$$(\theta(2t_2), \theta'(2t_2)) = (0, -\theta_1), \quad (\theta(3t_2), \theta'(3t_2)) = (-\theta_2, 0)$$

がわかる．$t = 3t_2$ で，微分方程式は (28) に切り替わる．この議論を続ければ $\theta(4t_2) = 0$ となり，結局，周期 $4t_2$ の解が得られる．また，容易にわかるように，つぎの関係が成り立つ：

$$\begin{aligned} \theta(t) - \theta(2t_2 - t) = 0, \quad \theta(t) + \theta(t + 2t_2) = 0, \\ \theta(t + t_2) + \theta(t + 3t_2) = 0, \quad 0 \leqslant t \leqslant t_2. \end{aligned} \tag{30}$$

注意． $(28)'$ には $\theta(t) = \theta_2$ となる定数解もある．すなわち，解の一意性が成り立たない．物理的に起こり得ないことが数学上の解としてあり得るのかという疑問に対しては，つぎのように解答できる：$(28)'$ は運動方程式 (26) の必要条件として得られた方程式であるから，(26) を満たさない解を含む可能性がある．実際，$\theta(t) = \theta_2$ とおけば $\theta'' = 0$ であるが，$\sin\theta_2 \neq 0$ であるから θ は (26) を満たさない．

(iii) $\theta_1^2 - 4k^2 = 0$ の場合：

$\theta' = \sqrt{2k^2(1 + \cos\theta)}$ であるから,

$$t = \int_{0}^{t} dt = \int_{0}^{\theta} \frac{d\theta}{\sqrt{2k^2(1 + \cos\theta)}} \tag{31}$$

により解 θ が求まる．$\theta \to \pi - 0$ のとき，(31) の右辺は ∞ に発散することに注意しよう．このことから,

$$\lim_{t \to \infty} \theta(t) = \pi$$

がわかる．$\{(\theta(t), \theta'(t)); t \geqslant 0\}$ は，$t \geqslant 0$ をパラメーターとする $\theta\theta'$-平面の曲線を定義する．これらの曲線の様子は以下の図のようになる．この平面を相平面 (phase space) といい，安定性解析における重要な概念である（第 5 章参照）.

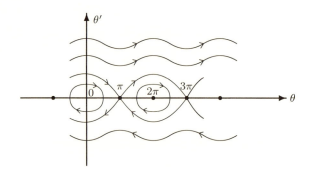

以上の形の方程式の他にも，求積法で解ける高階微分方程式がある（たとえば，x あるいは y についての同次形方程式）．そのうち，Euler の微分方程式といわれる微分方程式については，第 2 章演習問題で簡単に触れてある．その他については，他の書物を参照していただきたい．

第 1 章の演習問題

1.1.1: つぎの微分方程式を解け:
 (i) $\dfrac{dy}{dx} = \dfrac{-y^2}{x^2+1}, \quad y(0) = y_0,$
 (ii) $\dfrac{dy}{dx} = \dfrac{x^2(y+1)}{2x+1}, \quad y(0) = y_0,$
 (iii) $\dfrac{dy}{dx} = \dfrac{x(y^2+4)}{x^2+1}, \quad y(0) = y_0,$
 (iv) $\dfrac{dy}{dx} = \sqrt{x+y}, \quad y(0) = 0,$ （$u(x) = x + y(x)$ とおけばよい）
 (v) $\dfrac{dy}{dx} = -(2x+1)y^2, \quad y(0) = y_0.$

1.1.2: つぎの微分方程式を解け:
 (i) $\dfrac{dy}{dx} = \dfrac{2xy}{x^2-y^2}, \quad y(1) = y_0 \, (\neq 1),$
 (ii) $\dfrac{dy}{dx} = \dfrac{2y+\sqrt{x^2+y^2}}{x}, \quad y(1) = 0,$
 (iii) $\dfrac{dy}{dx} = \dfrac{x+y}{2x-y}, \quad y(1) = y_0 \, (\neq 2),$
 (iv) $\dfrac{dy}{dx} = \dfrac{x-2y+1}{2x-4y+3}, \quad y(0) = y_0,$

(v) $\dfrac{dy}{dx} = \dfrac{x^2+y^2}{x(x+y)}$, $y(1)=y_0$.

1.1.3: つぎの微分方程式の一般解を求めよ：
 (i) $\dfrac{dy}{dx}+2xy=x$,
 (ii) $\dfrac{dy}{dx}+\dfrac{2xy}{1+x^2}=\cos x$,
 (iii) $\dfrac{dy}{dx}+y=2y^2\sin x$,
 (iv) $\dfrac{dy}{dx}+x^2y=x^2y^2$,
 (v) $\dfrac{dy}{dx}+xy^2+2x(1-2x)y+4x^3-4x^2-2=0$, $y_1(x)=2x$,
 (vi) $\dfrac{dy}{dx}-y^2\sin x+\sin x=0$, $y_1(x)=1$.

1.1.4: つぎの全微分方程式を解け：
 (i) $(x-y^2)dx-2xydy=0$, $y(1)=y_0$,
 (ii) $(y\cos x-\cos y)dx+(x\sin y+\sin x)dy=0$, $y(1)=0$,
 (iii) $y^2dx+2(xy-x^2)dy=0$, $y(1)=y_0(\neq 0)$.
 　積分因子 $r(x,y)$ を $x^m y^n$ とおき，完全微分形になるよう m, n を決める．

1.1.5-1: つぎの Clairaut の微分方程式の一般解と特異解を求めよ：
 (i) $y=xy'+\dfrac{1}{y'}$,
 (ii) $y=xy'+\sqrt{1+(y')^2}$,
 (iii) $y=2xy'+x(y')^2$, $x\geqslant 0$.
 　$x=t^2, Y(t)=y(t^2)$ とおけば，Y に関する Clairaut の微分方程式になる．

1.1.5-2: 正規形ではない微分方程式: $F(x,y,y')=0$ の一般解を $y(x;c)$ とし，すべての一般解に接する包絡線 C が存在すれば，C は解の曲線を表すことを示せ．

1.2: つぎの 2 階常微分方程式を解け：
 (i) $y''=4y'+x^2$, $y(0)=y_0, y'(0)=y_1$,
 (ii) $y''=-y'\tan x+(y')^2$, $y(0)=y_0, y'(0)=y_1(\neq 0)$,
 (iii) $y''=e^y$, $y(0)=y_0, y'(0)=y_1(>0)$,
 (iv) $2yy''=(y')^2+2$, $y(0)=y_0(\neq 0), y'(0)=y_1(>0)$,
 (v) $y''=2yy'$, $y(0)=y_0, y'(0)=y_1$.

線形常微分方程式

2.1 線形常微分方程式系

$y_1, \ldots, y_n$ を未知変数とするつぎの常微分方程式系を考えよう:

$$\frac{dy_i}{dx} = \sum_{j=1}^{n} a_{ij}(x) y_j + b_i(x), \quad y_i(x_0) = y_i^0, \quad 1 \leqslant i \leqslant n. \tag{1}$$

ここで, $a_{ij}(x), b_i(x)$ は x_0 を内点とする開区間 I (有界でも非有界でもよい) において連続であると仮定する.すなわち, $a_{ij}, b_i \in C(I)$, $1 \leqslant i, j \leqslant n$. 第 (i,j)-要素が $a_{ij}(x)$ である $n \times n$ 行列を $A(x)$ とし,ベクトル記号

$$\boldsymbol{y}(x) = (y_1(x) \ldots y_n(x))^{\mathrm{T}}, \quad \boldsymbol{y}_0 = (y_1^0 \ldots y_n^0)^{\mathrm{T}}, \quad \boldsymbol{b}(x) = (b_1(x) \ldots b_n(x))^{\mathrm{T}}$$

$((\cdot)^{\mathrm{T}}$ はベクトルの転置を表す) を導入すれば, (1) は

$$\frac{d\boldsymbol{y}}{dx} = A(x)\boldsymbol{y} + \boldsymbol{b}(x), \quad \boldsymbol{y}(x_0) = \boldsymbol{y}_0 \tag{2}$$

と書ける.この方程式系を非斉次線形常微分方程式系という. $\boldsymbol{b}(x)$ は外力項を表す.とくに外力項がない場合 $(\boldsymbol{b}(x) \equiv \boldsymbol{0})$, 斉次線形微分方程式系

$$\frac{d\boldsymbol{y}}{dx} = A(x)\boldsymbol{y}, \quad \boldsymbol{y}(x_0) = \boldsymbol{y}_0 \tag{3}$$

が得られる.線形常微分方程式系は,非線形常微分方程式系の平衡点のまわりでの第一次近似として得られる方程式であり,解が平衡点からあまり逸脱しない限り本来の方程式に対する十分よい近似を与えていると考えられる.また本章で示すように,線形性は (2) や (3) の解に特別に有用な性質を与える点で大

変重要である．つぎの結果は本章を通じて基礎的なものであるが，その証明を第 3 章で述べることにして，ひとまず結果を認めよう．

定理 1．線形常微分方程式系 (2) は，任意の $\boldsymbol{y}_0 \in \mathbb{R}^n$ に対して，区間 I 全体で定義された一意な解をもつ．

$a_1, \ldots, a_n, b \in C(I)$ とし，単独の未知変数 y に関する n 階線形常微分方程式の初期値問題

$$\begin{aligned} y^{(n)} + a_1(x) y^{(n-1)} + \cdots + a_n(x) y = b(x), \quad x \in I, \\ y(x_0) = y_1^0, \quad y'(x_0) = y_2^0, \ldots, y^{(n-1)}(x_0) = y_n^0 \end{aligned} \quad (4)$$

を考えよう．ここで，

$$\boldsymbol{y}(x) = \begin{pmatrix} y_1(x) & y_2(x) & \ldots & y_n(x) \end{pmatrix}^{\mathrm{T}} = \begin{pmatrix} y(x) & y'(x) & \ldots & y^{(n-1)}(x) \end{pmatrix}^{\mathrm{T}},$$
$$\boldsymbol{y}_0 = \begin{pmatrix} y_1^0 & y_2^0 & \ldots & y_n^0 \end{pmatrix}^{\mathrm{T}}$$

とおけば，(4) は線形常微分方程式系 (2) に帰着される．ここで，

$$A(x) = \begin{pmatrix} 0 & 1 & 0 & \cdots & 0 \\ 0 & 0 & 1 & \cdots & 0 \\ \vdots & \vdots & \vdots & \ddots & \vdots \\ 0 & 0 & 0 & \cdots & 1 \\ -a_n & -a_{n-1} & -a_{n-2} & \cdots & -a_1 \end{pmatrix}, \quad \boldsymbol{b}(x) = \begin{pmatrix} 0 \\ 0 \\ \vdots \\ 0 \\ b(x) \end{pmatrix}. \quad (5)$$

逆に，このような係数 $A(x)$, $\boldsymbol{b}(x)$ をもつ (2) の解 $\boldsymbol{y}(x)$ の第 1 要素を $y(x)$ とおくと，容易にわかるように y は (4) を満たす．(4) の解が二つあるとしてその差を y とおけば，方程式の線形性により y は $y(x_0) = y'(x_0) = \ldots = y^{(n-1)}(x_0) = 0$ を満たす，$b(x) \equiv 0$ のときの (4) の解になる．このとき $\boldsymbol{y}$ は $\boldsymbol{y}_0 = \boldsymbol{0}$ を満たす (3) の解になる．定理 1 で保証される解の一意性によって $\boldsymbol{y}(x) = \boldsymbol{0}$, $x \in I$, したがって $y(x) = 0$, $x \in I$ となる．以上をまとめると，

定理 1′．n 階線形常微分方程式 (4) は，任意の $y_1^0, \ldots, y_n^0$ に対して区間 I 全体で定義された一意な解をもつ．

例題 1．第 1 章, 1.2 節で考察した単振動を考えよう．質量 m の質点が数直線上を運動するとき，変位を $y(t)$ で表す．この質点が変位に比例する力を受けるとき，運動方程式は

$$my'' = -ky, \qquad y(0) = y_0, \quad y'(0) = y_1$$

であった.$z(t) = y'(t)$ とおけば,(y, z) は

$$\frac{d}{dt}\begin{pmatrix} y \\ z \end{pmatrix} = \begin{pmatrix} 0 & 1 \\ \frac{-k}{m} & 0 \end{pmatrix}\begin{pmatrix} y \\ z \end{pmatrix}, \qquad \begin{pmatrix} y(0) \\ z(0) \end{pmatrix} = \begin{pmatrix} y_0 \\ y_1 \end{pmatrix}$$

により記述される.同様に,1.2 節で考察した電気回路は,

$$\frac{d}{dt}\begin{pmatrix} q \\ i \end{pmatrix} = \begin{pmatrix} 0 & 1 \\ \frac{-1}{LC} & \frac{-R}{L} \end{pmatrix}\begin{pmatrix} q \\ i \end{pmatrix} + \begin{pmatrix} 0 \\ \frac{E}{L}\cos\omega t \end{pmatrix}, \qquad \begin{pmatrix} q(0) \\ i(0) \end{pmatrix} = \begin{pmatrix} q_0 \\ i_0 \end{pmatrix}$$

により記述される.

すでに見たように,(2) と (4) とは同値であるので,以後は主として (2) を考察し,必要に応じて得られた結果を (4) に対する結果として述べることにする.

2.1.1 斉次線形常微分方程式系

斉次方程式系 (3) の任意の二つの解を $\boldsymbol{y}_1, \boldsymbol{y}_2$ とする(初期条件は一般に異なる).α, β を任意の複素数とするとき

$$\frac{d}{dx}(\alpha\boldsymbol{y}_1 + \beta\boldsymbol{y}_2) = \alpha\frac{d\boldsymbol{y}_1}{dx} + \beta\frac{d\boldsymbol{y}_2}{dx} = A(x)(\alpha\boldsymbol{y}_1 + \beta\boldsymbol{y}_2)$$

であるから,$\boldsymbol{y}_1$ と $\boldsymbol{y}_2$ の線形結合 $\alpha\boldsymbol{y}_1 + \beta\boldsymbol{y}_2$ も (3) の解になる.(3) の解の集合を $\mathcal{S}$ で表せば,$\mathcal{S}$ は線形空間になる.では,$\mathcal{S}$ の次元 $\dim \mathcal{S}$ は何であるのか求めてみよう.

定理 2. 斉次線形常微分方程式系 (3) の解の集合 $\mathcal{S}$ は線形空間であり,その次元は $\dim \mathcal{S} = n$ で与えられる.

定理 2'. $b(x) \equiv 0$ のときの (4) の解の集合 $\mathcal{S}'$ は線形空間であり,その次元は $\dim \mathcal{S}' = n$ で与えられる.

証明.定理 2 のみ証明すればよい.定理 1 により,第 i 要素が 1 でその他の要素が 0 の初期値 $\boldsymbol{y}_{0i} = (0 \ldots 1 \ldots 0)^{\mathrm{T}}$ をもつ (3) の解を $\boldsymbol{y}_i(x)$ とする.$\boldsymbol{y}_1, \ldots, \boldsymbol{y}_n$ は $\mathcal{S}$ の一次独立なベクトルである.実際

$$\alpha_1\boldsymbol{y}_1 + \cdots + \alpha_n\boldsymbol{y}_n = \boldsymbol{0}, \quad \text{あるいは} \quad \alpha_1\boldsymbol{y}_1(x) + \cdots + \alpha_n\boldsymbol{y}_n(x) = \boldsymbol{0}, \quad x \in I$$

と仮定すれば,$x = x_0$ として $\alpha_1 = \ldots = \alpha_n = 0$ が成り立つから,し

たがって，$\dim \mathcal{S} \geqslant n$ である．等号が成り立つことを示そう．(3) の任意の解 $\boldsymbol{y}$，$\boldsymbol{y}(x_0) = \begin{pmatrix} y_1^0 & \cdots & y_n^0 \end{pmatrix}^{\mathrm{T}}$ に対して $\boldsymbol{z}(x) = \sum_{i=1}^{n} y_i^0 \boldsymbol{y}_i(x)$ とおけば，$\boldsymbol{z}$ は $\boldsymbol{z}(x_0) = \boldsymbol{y}(x_0)$ を満たす (3) の解になる．解の一意性（定理 1）により，$\boldsymbol{z}(x) = \boldsymbol{y}(x)$, $x \in I$, すなわち

$$\boldsymbol{y} = \sum_{i=1}^{n} y_i^0 \boldsymbol{y}_i$$

であり，これは一次独立な $\boldsymbol{y}_1, \ldots, \boldsymbol{y}_n$ にどのような $\boldsymbol{y} \in \mathcal{S}$ を付け加えても $\{\boldsymbol{y}_1, \ldots, \boldsymbol{y}_n, \boldsymbol{y}\}$ が一次従属になることを示す．したがって，$\dim \mathcal{S} = n$ を得る．$\{\boldsymbol{y}_1, \ldots, \boldsymbol{y}_n\}$ は，したがって，$\mathcal{S}$ の一組の**基底** (basis) になる． □

注意． 定理 2 の証明からわかるように，$\boldsymbol{y}_1, \ldots, \boldsymbol{y}_n$ の選び方は一意ではない．実際，$\boldsymbol{y}_{0i}$, $1 \leqslant i \leqslant n$ を任意の一次独立なベクトルとし，$\boldsymbol{y}_i$ を $\boldsymbol{y}_i(x_0) = \boldsymbol{y}_{0i}$ となる (3) の解としても $\mathcal{S}$ の基底 $\{\boldsymbol{y}_1, \ldots, \boldsymbol{y}_n\}$ が得られる．$\mathcal{S}$ の基底をこの場合，(3) の**基本解**ともいう．

Wronskian: 斉次線形常微分方程式系 (3) の任意の n 個の解 $\boldsymbol{y}_i(x) = \begin{pmatrix} y_{1i}(x) & \cdots & y_{ni}(x) \end{pmatrix}^{\mathrm{T}}$, $1 \leqslant i \leqslant n$ を横に並べてできる $n \times n$ 行列の行列式 $W(x)$ を，(3) に対する **Wronskian**，または**ロンスキー行列式**という：

$$W(x) = \det \begin{pmatrix} \boldsymbol{y}_1(x) & \cdots & \boldsymbol{y}_n(x) \end{pmatrix} = \begin{vmatrix} y_{11}(x) & y_{12}(x) & \cdots & y_{1n}(x) \\ y_{21}(x) & y_{22}(x) & \cdots & y_{2n}(x) \\ \vdots & \vdots & \ddots & \vdots \\ y_{n1}(x) & y_{n2}(x) & \cdots & y_{nn}(x) \end{vmatrix}. \quad (6)$$

与えられた $\boldsymbol{y}_1, \ldots, \boldsymbol{y}_n \in \mathcal{S}$ が一次独立かそうでないかを，Wronskian $W(x)$ の言葉で記述できることを以下で示そう．まず，つぎの公式（**Abel の公式**）が成り立つ：

$$W(x) = W(x_0) \exp\left(\int_{x_0}^{x} \operatorname{tr}(A(t)) \, dt\right), \quad x \in I. \quad (7)$$

ここで，$\operatorname{tr}(A(t))$ は行列 $A(t)$ の**跡** (trace) であり，

$$\operatorname{tr}(A(t)) = a_{11}(t) + a_{22}(t) + \cdots + a_{nn}(t).$$

Abel の公式 (7) を証明しよう．行列の微分は，一行ずつまたは一列ずつ微分したものをすべて加えればよい．行列式の基本的な性質（各行（列）を何倍かし

て他の行（列）に加えても行列式の値は変わらない）を利用して，

$$\frac{dW}{dx} = \begin{vmatrix} y'_{11} & y'_{12} & \cdots & y'_{1n} \\ y_{21} & y_{22} & \cdots & y_{2n} \\ \vdots & \vdots & \ddots & \vdots \\ y_{n1} & y_{n2} & \cdots & y_{nn} \end{vmatrix} + \begin{vmatrix} y_{11} & y_{12} & \cdots & y_{1n} \\ y'_{21} & y'_{22} & \cdots & y'_{2n} \\ \vdots & \vdots & \ddots & \vdots \\ y_{n1} & y_{n2} & \cdots & y_{nn} \end{vmatrix} + \cdots$$

$$+ \begin{vmatrix} y_{11} & y_{12} & \cdots & y_{1n} \\ y_{21} & y_{22} & \cdots & y_{2n} \\ \vdots & \vdots & \ddots & \vdots \\ y'_{n1} & y'_{n2} & \cdots & y'_{nn} \end{vmatrix}$$

$$= \begin{vmatrix} \sum_{i=1}^n a_{1i}y_{i1} & \sum_{i=1}^n a_{1i}y_{i2} & \cdots & \sum_{i=1}^n a_{1i}y_{in} \\ y_{21} & y_{22} & \cdots & y_{2n} \\ \vdots & \vdots & \ddots & \vdots \\ y_{n1} & y_{n2} & \cdots & y_{nn} \end{vmatrix} + \cdots$$

$$= a_{11}(x) \begin{vmatrix} y_{11} & y_{12} & \cdots & y_{1n} \\ y_{21} & y_{22} & \cdots & y_{2n} \\ \vdots & \vdots & \ddots & \vdots \\ y_{n1} & y_{n2} & \cdots & y_{nn} \end{vmatrix} + \cdots + a_{nn}(x) \begin{vmatrix} y_{11} & y_{12} & \cdots & y_{1n} \\ y_{21} & y_{22} & \cdots & y_{2n} \\ \vdots & \vdots & \ddots & \vdots \\ y_{n1} & y_{n2} & \cdots & y_{nn} \end{vmatrix}$$

$$= (a_{11}(x) + \cdots + a_{nn}(x))W(x).$$

これは $W(x)$ に関する1階線形常微分方程式であり，すでに第1章で学んでいる．これから直ちに，解の公式 (7) を得る．

Abel の公式により，$W(x)$ は決して 0 にならないか，または恒等的に 0 になるかのいずれか一方の場合のみが起こる．したがって，つぎの結果を得る:

定理 3. 斉次線形常微分方程式系 (3) の解 $\boldsymbol{y}_1, \ldots, \boldsymbol{y}_n$ が一次独立（基本解）になるための必要十分条件は，その Wronskian $W(x)$ が決して 0 にならないことである.

証明. ($\Rightarrow$) もし $W(x_1) = 0$ となる $x_1 \in I$ があれば，$\boldsymbol{y}_1(x_1), \ldots, \boldsymbol{y}_n(x_1)$ は一次従属，したがって，適当な $(\alpha_1\ \alpha_2 \ldots \alpha_n) \neq (0\ 0 \ldots 0)$ が存在して，$\sum_{i=1}^n \alpha_i \boldsymbol{y}(x_1) = \boldsymbol{0}$ となる．$\boldsymbol{y}(x) = \sum_{i=1}^n \alpha_i \boldsymbol{y}_i(x)$ とおけば $\boldsymbol{y} \in \mathcal{S}$ であり，とくに $\boldsymbol{y}(x_1) = \boldsymbol{0}$ を得る．解の一意性により，$\boldsymbol{y} = \boldsymbol{0} = \sum_{i=1}^n \alpha_i \boldsymbol{y}_i$ となり，仮定に反する．

($\Leftarrow$) $\boldsymbol{y}_1, \ldots, \boldsymbol{y}_n$ が一次従属とすれば，明らかに $W(x) \equiv 0$ となり，やはり

仮定に反する． □

$b(x) \equiv 0$ のときの n 階線形常微分方程式 (4) の解 $y_1(x), \ldots, y_n(x)$ については，その Wronskian $W(x)$ を

$$W(x) = \begin{vmatrix} y_1(x) & y_2(x) & \cdots & y_n(x) \\ y_1'(x) & y_2'(x) & \cdots & y_n'(x) \\ \vdots & \vdots & \ddots & \vdots \\ y_1^{(n-1)}(x) & y_2^{(n-1)}(x) & \cdots & y_n^{(n-1)}(x) \end{vmatrix} \qquad (6)'$$

により定義する．Abel の公式 (7) はこの場合，

$$W(x) = W(x_0) \exp\left(\int_{x_0}^{x} -a_1(t)\,dt\right), \quad x \in I \qquad (7)'$$

と書かれる．$\boldsymbol{y}_i = \left(y_i\; y_i'\; \ldots\; y_i^{(n-1)}\right)^{\mathrm{T}}$ とおくことにより，定理 3 はつぎのように言いかえられる：

定理 3′． $b(x) \equiv 0$ のときの n 階線形常微分方程式 (4) の解 $y_1, \ldots, y_n$ が一次独立であるための必要十分条件は，$(6)'$ で与えられる $W(x)$ が決して 0 にならないことである．

2.1.2 非斉次線形常微分方程式系

外力項 $\boldsymbol{b}(x)$ が存在するときの (2) の解について考えよう．斉次線形常微分方程式系 (3) の一組の基本解（$\mathcal{S}$ の基底）$\boldsymbol{y}_1, \ldots, \boldsymbol{y}_n$ を横に並べてできる $n \times n$ 行列を，$Y(x)$ とする：$Y(x) = (\boldsymbol{y}_1(x) \ldots \boldsymbol{y}_n(x))$．この行列 $Y(x)$ を，(3) の**基本解行列**という．$\det Y(x) = W(x) \neq 0,\; x \in I$ に注意しよう．したがって $Y^{-1}(x)$ も微分可能であり，$Y(x)Y^{-1}(x) = I_n$（単位行列）の両辺を微分すれば，

$$O_n = \frac{dY}{dx}Y^{-1} + Y\frac{dY^{-1}}{dx} = A(x)Y\,Y^{-1} + Y\frac{dY^{-1}}{dx}, \quad O_n : 零行列.$$

ここで，dY/dx は $Y(x)$ の各成分を x で微分してできる行列を表す．したがって，関係式：

$$\frac{d}{dx}Y^{-1}(x) = -Y^{-1}(x)A(x), \quad x \in I$$

を得る．定理 1 により，$a_{ij}, b_i \in C(I)$ のとき (2) は一意な解 $\boldsymbol{y}$ をもつから，

$$\frac{d}{dx}\left(Y^{-1}(x)\boldsymbol{y}(x)\right) = -Y^{-1}(x)A(x)\boldsymbol{y}(x) + Y^{-1}(x)\left(A(x)\boldsymbol{y}(x) + \boldsymbol{b}(x)\right)$$
$$= Y^{-1}(x)\boldsymbol{b}(x).$$

上式両辺を x_0 から x まで積分すれば（ベクトル値関数の積分は各要素ごとに行う），

$$Y^{-1}(x)\boldsymbol{y}(x) - Y^{-1}(x_0)\boldsymbol{y}_0 = \int_{x_0}^{x} Y^{-1}(\xi)\boldsymbol{b}(\xi)\,d\xi, \quad \text{あるいは}$$

$$\begin{aligned}\boldsymbol{y}(x) &= Y(x)Y^{-1}(x_0)\boldsymbol{y}_0 + Y(x)\int_{x_0}^{x} Y^{-1}(\xi)\,\boldsymbol{b}(\xi)\,d\xi \\ &= Y(x)Y^{-1}(x_0)\boldsymbol{y}_0 + \int_{x_0}^{x} Y(x)Y^{-1}(\xi)\,\boldsymbol{b}(\xi)\,d\xi \\ &= \boldsymbol{y}_1(x) + \boldsymbol{y}_2(x)\end{aligned} \qquad (8)$$

を得る．これは，$\boldsymbol{y}_0$, $\boldsymbol{b}(x)$ が与えられた場合の (2) の解の公式を与える．(8) 式の右辺第 1 項 $\boldsymbol{y}_1$ は斉次微分方程式系 (3) の解，右辺第 2 項 $\boldsymbol{y}_2$ は $\boldsymbol{y}_0 = \boldsymbol{0}$ のときの (2) の解を表す．

定数変化法： n 階線形常微分方程式 (4) について，解の公式 (8) に相当するものが何かを調べよう．簡単のため $n = 2$ とすれば，微分方程式は

$$y'' + a_1(x)y' + a_2(x)y = b(x), \quad x \in I, \quad y(x_0) = y_1^0, \quad y'(x_0) = y_2^0 \qquad (4)'$$

となる．斉次微分方程式の基本解を y_1, y_2 として，$(4)'$ の解を

$$y(x) = c_1(x)y_1(x) + c_2(x)y_2(x), \quad x \in I \qquad (9)$$

の形で求めよう．c_1, c_2 が定数の場合には y は斉次方程式の解になるので，これらを x の関数として非斉次微分方程式 $(4)'$ が成り立つように決めることになる．この方法は，**定数変化法**として広く知られている．(9) の両辺を微分して，

$$y' = (c_1'y_1 + c_2'y_2) + (c_1y_1' + c_2y_2').$$

$c_1'y_1 + c_2'y_2 = 0$ と仮定すれば，$y' = c_1y_1' + c_2y_2'$ となる．このとき，

$$y'' + a_1(x)y' + a_2(x)y = c_1'y_1' + c_2'y_2' = b$$

となるから，c_1', c_2' を連立方程式

$$c_1'y_1 + c_2'y_2 = 0, \qquad c_1'y_1' + c_2'y_2' = b$$

の解,すなわち,

$$c_1'(x) = -\frac{b(x)}{W(x)} y_2(x), \quad c_2'(x) = \frac{b(x)}{W(x)} y_1(x), \quad W(x) = y_1 y_2' - y_1' y_2$$

とおけばよい.初期値については,

$$c_1(x_0)y_1(x_0) + c_2(x_0)y_2(x_0) = y_0, \qquad c_1(x_0)y_1'(x_0) + c_2(x_0)y_2'(x_0) = y_1$$

より,

$$\begin{pmatrix} c_1(x_0) \\ c_2(x_0) \end{pmatrix} = Y^{-1}(x_0) \begin{pmatrix} y_0 \\ y_1 \end{pmatrix}.$$

したがって,

$$\begin{pmatrix} c_1(x) \\ c_2(x) \end{pmatrix} = \begin{pmatrix} c_1(x_0) \\ c_2(x_0) \end{pmatrix} + \int_{x_0}^{x} \begin{pmatrix} c_1'(\xi) \\ c_2'(\xi) \end{pmatrix} d\xi$$

$$= Y^{-1}(x_0) \begin{pmatrix} y_0 \\ y_1 \end{pmatrix} + \int_{x_0}^{x} \frac{b(\xi)}{W(\xi)} \begin{pmatrix} -y_2(\xi) \\ y_1(\xi) \end{pmatrix} d\xi$$

を得て,

$$\begin{aligned} y(x) = \frac{y_2'(x_0)y_0 - y_2(x_0)y_1}{W(x_0)} y_1(x) + \frac{-y_1'(x_0)y_0 + y_1(x_0)y_1}{W(x_0)} y_2(x) \\ + \int_{x_0}^{x} \frac{b(\xi)(-y_1(x)y_2(\xi) + y_2(x)y_1(\xi))}{W(\xi)} d\xi \end{aligned} \quad (10)$$

となる.この表現と (9) からできる $y(x)$ は (8) の第 1 成分と一致する.

注意. $c_1'y_1 + c_2'y_2 = 0$ と仮定するのは,いささか作為的に見えるかもしれない.$\boldsymbol{y} = (y\ y')^{\mathrm{T}}$ とおいて (4)$'$ を (2) に書きかえれば,自然に解 $\boldsymbol{y}$ の表現 (8) が得られる.ここで,$Y = \begin{pmatrix} y_1 & y_2 \\ y_1' & y_2' \end{pmatrix}$ であり,$(Y^{-1}\boldsymbol{y})' = Y^{-1}\boldsymbol{b}$ であった.$\boldsymbol{c} = Y^{-1}\boldsymbol{y} = (c_1(x)\ c_2(x))^{\mathrm{T}}$ とおけば,$\boldsymbol{y}(x) = Y(x)\boldsymbol{c}(x)$ の第 1 成分は $y = c_1 y_1 + c_2 y_2$ であり,この c_1, c_2 は

$$Y(x)\boldsymbol{c}'(x) = \boldsymbol{b}(x), \quad \text{あるいは} \quad \begin{pmatrix} y_1 & y_2 \\ y_1' & y_2' \end{pmatrix} \begin{pmatrix} c_1' \\ c_2' \end{pmatrix} = \begin{pmatrix} 0 \\ b \end{pmatrix}$$

から求まるのである.

具体的な例題は,つぎの節で $A(x)$ が x に依存しない定係数の場合に述べることにする.

2.2 定係数線形常微分方程式系

前項で述べたように，解の公式 (9) には基本解行列 $Y(x)$ の存在が重要である．変数係数 $A(x)$ の場合には，しかしながら，$Y(x)$ の具体的な形を知るのは容易ではない．$n = 1$ の場合のみが知られているだけである．本節ではとくに，$A(x)$ が x に依存しない特別な場合に基本解行列を初等的に求められることを示すとともに，n 階定係数線形常微分方程式についても考察する．

2.2.1 行列の指数関数 e^{xA}

$A(x)$ が x に依存せず $A(x) = A$ の場合に，e^A を定義しよう．$a \in \mathbb{R}^1$ のとき，0 を中心とする e^a の Taylor 展開（Maclaurin 展開）は $e^a = \sum_{k=0}^{\infty} \dfrac{a^k}{k!}$ であった．これからの類推で，$n \times n$ 行列 A に対して，

$$e^A = \sum_{k=0}^{\infty} \frac{A^k}{k!} \tag{11}$$

と定義する．上式右辺は $n \times n$ 行列の各要素ごとの収束を意味する．

$$A^k = \begin{pmatrix} a_{11}^{(k)} & a_{12}^{(k)} & \cdots & a_{1n}^{(k)} \\ a_{21}^{(k)} & a_{22}^{(k)} & \cdots & a_{2n}^{(k)} \\ \vdots & \vdots & \ddots & \vdots \\ a_{n1}^{(k)} & a_{n2}^{(k)} & \cdots & a_{nn}^{(k)} \end{pmatrix}, \quad k = 0, 1, 2, \ldots, \quad A^0 = I_n, \quad A^1 = A$$

とおけば，(11) の右辺は

$$\sum_{k=0}^{\infty} \frac{a_{ij}^{(k)}}{k!}, \quad 1 \leqslant i, j \leqslant n$$

を表している．(11) の右辺が確かにある行列に収束して，意味をもつことを示そう．$n \times n$ 行列全体の集合は通常の和とスカラー倍に関して線形空間（ベクトル空間）を成し，各要素（行列）A にノルム $\|A\|$ を

$$\|A\| = \sqrt{\sum_{i,j=1}^{n} |a_{ij}|^2}$$

により与えれば，容易にわかるように

(i) $\|A\| = 0 \Leftrightarrow A = O_n$;
(ii) $\|A + B\| \leqslant \|A\| + \|B\|$ （三角不等式）;
(iii) $\|cA\| = |c|\, \|A\|, \quad c \in \mathbb{R}^1$;
(iv) $\|AB\| \leqslant \|A\|\, \|B\|$

が成り立つ（章末演習問題）．上の (i), (ii), (iii) によって, $n \times n$ 行列全体からなる空間は，距離 $\|\cdot\|$ を備えた距離空間になる．$A \to 0$ $(\|A\| \to 0)$ は，定義から明らかに, $a_{ij} \to 0$, $1 \leqslant i, j \leqslant n$ を意味する.

もとに戻って，
$$\|A^k\| \leqslant \|A\|\,\|A^{k-1}\| \leqslant \|A\|^2\,\|A^{k-2}\| \leqslant \cdots \leqslant \|A\|^k, \quad k = 0, 1, \ldots$$
が成り立つ．したがって，三角不等式 (ii) と $\sum_{k=1}^{\infty} \dfrac{\|A\|^k}{k!} < \infty$ とから, (11) の右辺（の各成分）はある行列に絶対収束する．それを e^A とする．同様に，任意の $R > 0$ に対して $|x| \leqslant R$, $x \in \mathbb{R}^1$ のとき,
$$e^{xA} = \sum_{k=0}^{\infty} \frac{x^k A^k}{k!} \tag{12}$$
は $|x| \leqslant R$ において絶対かつ一様収束する．e^{xA} のこの性質により，つぎの項別微分が許されて（微分と無限和の順序交換），
$$\frac{d}{dx} e^{xA} = \frac{d}{dx} \sum_{k=0}^{\infty} \frac{x^k A^k}{k!} = \sum_{k=0}^{\infty} \frac{d}{dx} \frac{x^k A^k}{k!}$$
$$= \sum_{k=1}^{\infty} \frac{k x^{k-1} A^k}{k!} = A \sum_{k=0}^{\infty} \frac{x^k A^k}{k!} = \sum_{k=0}^{\infty} \frac{x^k A^k}{k!} A$$
が成り立つ．したがって,
$$\frac{d}{dx} e^{xA} = A e^{xA} = e^{xA} A, \quad x \in \mathbb{R}^1. \tag{13}$$

一般に, $n \times n$ 行列 A と B が交換可能 $(AB = BA)$ のとき,
$$e^{A+B} = e^A e^B = e^B e^A \tag{14}$$
が成り立つことを示そう．定義により，行列のノルム $\|\cdot\|$ の意味で
$$\sum_{k=0}^{2N} \frac{(A+B)^k}{k!} \to e^{A+B}, \quad N \to \infty$$

である. A と B との交換可能性から,上式左辺は

$$\sum_{k=0}^{2N} \frac{(A+B)^k}{k!} = \sum_{k=0}^{2N} \frac{1}{k!} \sum_{l=0}^{k} \frac{k!}{l!(k-l)!} A^l B^{k-l}$$
$$= \sum_{l=0}^{2N} \frac{A^l}{l!} \sum_{k=l}^{2N} \frac{B^{k-l}}{(k-l)!} = \sum_{l=0}^{2N} \frac{A^l}{l!} \sum_{k=0}^{2N-l} \frac{B^k}{k!}$$

と書ける. これを利用して,

$$\left(\sum_{l=0}^{2N} \frac{A^l}{l!}\right)\left(\sum_{k=0}^{2N} \frac{B^k}{k!}\right) - \sum_{k=0}^{2N} \frac{(A+B)^k}{k!}$$
$$= \sum_{l=1}^{2N} \frac{A^l}{l!} \sum_{k=2N-l+1}^{2N} \frac{B^k}{k!} = \sum_{\mathrm{I}} + \sum_{\mathrm{II}} + \sum_{\mathrm{III}} \to 0.$$

ここで,I, II, III は正整数の組 (k, l) の集合で,

$$\mathrm{I} = \{(k, l);\ 2N - l + 1 \leqslant k \leqslant N,\ N + 1 \leqslant l \leqslant 2N\},$$
$$\mathrm{II} = \{(k, l);\ N + 1 \leqslant k \leqslant 2N,\ N + 1 \leqslant l \leqslant 2N\},$$
$$\mathrm{III} = \{(k, l);\ 2N - l + 1 \leqslant k \leqslant 2N,\ 1 \leqslant l \leqslant N\}.$$

実際,たとえば

$$\left\|\sum_{\mathrm{I}} \cdots\right\| \leqslant \left(\sum_{l=N+1}^{2N} \frac{\|A^l\|}{l!}\right)\left(\sum_{k=1}^{N} \frac{\|B^k\|}{k!}\right)$$
$$\leqslant \left(\sum_{l=N+1}^{2N} \frac{\|A\|^l}{l!}\right)\left(\sum_{k=1}^{N} \frac{\|B\|^k}{k!}\right) \to 0, \quad N \to \infty.$$

II, III についても同様である. 一方

$$\left(\sum_{l=0}^{2N} \frac{A^l}{l!}\right)\left(\sum_{k=0}^{2N} \frac{B^k}{k!}\right) \to e^A e^B, \quad N \to \infty$$

であるから,(14) が示された.

$x, \xi \in \mathbb{R}^1$ のとき,xA と ξA とは交換可能であるから,(14) よりとくに,

$$\begin{aligned} e^{(x+\xi)A} &= e^{xA} e^{\xi A} = e^{\xi A} e^{xA}, \quad x, \xi \in \mathbb{R}^1, \\ e^{0A} &= I_n \end{aligned} \tag{15}$$

がしたがう. この性質により,e^{xA} は群 (group) を成すという. 任意の $\boldsymbol{y}_0 \in \mathbb{R}^n$

に対して，$\boldsymbol{y}(x) = e^{(x-x_0)A}\boldsymbol{y}_0$ は (3) の解であり，e^{xA} は (3) の一つの基本解行列を成す．また (15) より明らかに，

$$(e^{xA})^{-1} = e^{-xA}, \quad x \in \mathbb{R}^1$$

が成り立つ．

行列 A が $A = \mathrm{diag}\,(A_1\ A_2\ \ldots\ A_m)$ と表現される場合，A^k も同様に，

$$A^k = \mathrm{diag}\,(A_1^k\ A_2^k\ \ldots\ A_m^k), \quad k = 0,\ 1,\ \ldots$$

したがって，e^A はこのとき，

$$e^A = \sum_{k=0}^{\infty} \frac{1}{k!}\,\mathrm{diag}\,(A_1^k\ \ldots\ A_m^k) = \mathrm{diag}\,\left(\sum_{k=0}^{\infty} \frac{A_1^k}{k!}\ \ldots\ \sum_{k=0}^{\infty} \frac{A_m^k}{k!}\right)$$

$$= \mathrm{diag}\,\left(e^{A_1}\ \ldots\ e^{A_m}\right) = \begin{pmatrix} e^{A_1} & O & \cdots & O \\ O & e^{A_2} & \cdots & O \\ \vdots & \vdots & \ddots & \vdots \\ O & O & \cdots & e^{A_m} \end{pmatrix}.$$

とくに A 自身が対角行列，すなわち，$A = \mathrm{diag}\,(\lambda_1\ \lambda_2\ \ldots\ \lambda_n)$ のとき，

$$e^A = \mathrm{diag}\,\left(e^{\lambda_1}\ e^{\lambda_2}\ \ldots\ e^{\lambda_n}\right)$$

となる．e^{xA} を具体的に計算してみよう．

例題 1. 減衰のない振動の方程式は，x を時間として

$$y''(x) + \omega^2 y(x) = 0, \quad y(x_0) = y_1^0, \quad y'(x_0) = y_2^0$$

により表される（前節例題 1 では，$\omega^2 = k/m$）．$\boldsymbol{y} = (y\ y'/\omega)^\mathrm{T}$ とおけば，$A = \begin{pmatrix} 0 & \omega \\ -\omega & 0 \end{pmatrix}$ として (3) を得る．このとき，

$$A^{2k} = (-1)^k \omega^{2k} I_2, \quad A^{2k+1} = (-1)^k \omega^{2k} A, \quad k = 0,\ 1,\ \ldots.$$

となる．絶対収束級数は，和の順序を任意に変更してもその値は変わらないので，

$$e^{xA} = \sum_{k=0}^{\infty} \frac{x^{2k} A^{2k}}{(2k)!} + \sum_{k=0}^{\infty} \frac{x^{2k+1} A^{2k+1}}{(2k+1)!}$$

$$= \sum_{k=0}^{\infty} (-1)^k \frac{(\omega x)^{2k}}{(2k)!} I_2 + \sum_{k=0}^{\infty} (-1)^k \frac{(\omega x)^{2k}}{(2k+1)!} A$$

$$= \begin{pmatrix} \sum_{k=0}^{\infty}(-1)^k \frac{(\omega x)^{2k}}{(2k)!} & \sum_{k=0}^{\infty}(-1)^k \frac{(\omega x)^{2k+1}}{(2k+1)!} \\ -\sum_{k=0}^{\infty}(-1)^k \frac{(\omega x)^{2k+1}}{(2k+1)!} & \sum_{k=0}^{\infty}(-1)^k \frac{(\omega x)^{2k}}{(2k)!} \end{pmatrix}$$

$$= \begin{pmatrix} \cos \omega x & \sin \omega x \\ -\sin \omega x & \cos \omega x \end{pmatrix}.$$

ほとんどの場合，上の例のように定義に基づき e^{xA} を計算することは困難である．一般に，行列 A は適当な正則行列 P を見つけて Jordan 標準形にでき，その特別な場合が対角形である．A の固有値を，重複を許して $\lambda_1, \ldots, \lambda_n$ とする．各 λ_i に対応する固有ベクトル $\boldsymbol{p}_i$, $1 \leqq i \leqq n$ が一次独立である場合[*)]，

$$A(\boldsymbol{p}_1 \ \boldsymbol{p}_2 \ \ldots \ \boldsymbol{p}_n) = (A\boldsymbol{p}_1 \ A\boldsymbol{p}_2 \ \ldots \ A\boldsymbol{p}_n) = (\lambda_1 \boldsymbol{p}_1 \ \lambda_2 \boldsymbol{p}_2 \ \ldots \ \lambda_n \boldsymbol{p}_n)$$
$$= (\boldsymbol{p}_1 \ \boldsymbol{p}_2 \ \ldots \ \boldsymbol{p}_n) \, \mathrm{diag}\,(\lambda_1 \ \lambda_2 \ \ldots \ \lambda_n)$$

に注意する．$P = (\boldsymbol{p}_1 \ \boldsymbol{p}_2 \ \ldots \ \boldsymbol{p}_n)$ とおくと，P は正則であり，

$$AP = P\Lambda, \quad \text{あるいは} \quad P^{-1}AP = \Lambda, \quad \Lambda = \mathrm{diag}\,(\lambda_1 \ \lambda_2 \ \ldots \ \lambda_n).$$

このとき，$\Lambda^k = (P^{-1}AP)^k = \underbrace{P^{-1}AP \times \cdots \times P^{-1}AP}_{k} = P^{-1}A^k P$ であるから，

$$e^{x\Lambda} = \sum_{k=0}^{\infty} P^{-1} \frac{x^k A^k}{k!} P = P^{-1} \left(\sum_{k=0}^{\infty} \frac{x^k A^k}{k!} \right) P = P^{-1} e^{xA} P,$$
$$e^{xA} = P e^{x\Lambda} P^{-1} = P \, \mathrm{diag}\,\left(e^{\lambda_1 x} \ e^{\lambda_2 x} \ \ldots \ e^{\lambda_n x}\right) P^{-1}. \tag{16}$$

例題 2. $A = \begin{pmatrix} -2 & 2 \\ 1 & -3 \end{pmatrix}$ のとき，e^{xA} を計算せよ．

A の固有値は，$\det(\lambda I_2 - A) = \lambda^2 + 5\lambda + 4 = 0$ より $\lambda_1 = -4$, $\lambda_2 = -1$ となる．対応する固有ベクトルは，$\boldsymbol{p}_1 = (1 \ -1)^{\mathrm{T}}$, $\boldsymbol{p}_2 = (2 \ 1)^{\mathrm{T}}$ であるから，

$$P = (\boldsymbol{p}_1 \ \boldsymbol{p}_2) = \begin{pmatrix} 1 & 2 \\ -1 & 1 \end{pmatrix}, \quad P^{-1} = \frac{1}{3} \begin{pmatrix} 1 & -2 \\ 1 & 1 \end{pmatrix}.$$

[*)] たとえば A が対称行列，あるいは A の固有値がすべて相異なる場合には，確かに $\boldsymbol{p}_i$, $1 \leqq i \leqq n$ が一次独立であるようにできる．

したがって，
$$e^{xA} = P e^{x\Lambda} P^{-1} = \begin{pmatrix} 1 & 2 \\ -1 & 1 \end{pmatrix} \begin{pmatrix} e^{-4x} & 0 \\ 0 & e^{-x} \end{pmatrix} \frac{1}{3} \begin{pmatrix} 1 & -2 \\ 1 & 1 \end{pmatrix}$$
$$= \frac{1}{3} \begin{pmatrix} e^{-4x} + 2e^{-x} & -2e^{-4x} + 2e^{-x} \\ -e^{-4x} + e^{-x} & 2e^{-4x} + e^{-x} \end{pmatrix}, \quad x \in \mathbb{R}^1.$$

例題 3. A が歪対称行列，すなわち，$A + A^{\mathrm{T}} = O$ であることと
$$\langle A\boldsymbol{y}, \boldsymbol{y} \rangle = 0, \quad \forall \boldsymbol{y} \in \mathbb{R}^n$$
とは同値である．ここで，$\langle \cdot, \cdot \rangle$ は $\mathbb{R}^n$ における内積を表す．定義から明らかに
$$\frac{d}{dx} \left| e^{xA} \boldsymbol{y}_0 \right|^2 = \frac{d}{dx} \langle e^{xA} \boldsymbol{y}_0, e^{xA} \boldsymbol{y}_0 \rangle = 2 \langle A e^{xA} \boldsymbol{y}_0, e^{xA} \boldsymbol{y}_0 \rangle = 0$$
であるから，エネルギー保存則：
$$\left| e^{xA} \boldsymbol{y}_0 \right| = |\boldsymbol{y}_0|, \quad x \in \mathbb{R}^1$$
がしたがう．例題 1 における A は，そのような例になっている．

例題 4. $A = \begin{pmatrix} 2 & 1 & 1 \\ 0 & -1 & -3 \\ 0 & -3 & -1 \end{pmatrix}$ のとき，e^{xA} を計算せよ．

$\det(\lambda I_3 - A) = (\lambda - 2)^2 (\lambda + 4) = 0$ より，A の固有値は $\lambda = -4, 2$ である．対応する固有ベクトルとして
$$(-4I_3 - A)\boldsymbol{p} = \boldsymbol{0} \quad \Rightarrow \quad \boldsymbol{p}_1 = (1\ -3\ -3)^{\mathrm{T}},$$
$$(2I_3 - A)\boldsymbol{p} = \boldsymbol{0} \quad \Rightarrow \quad \boldsymbol{p}_2 = (1\ 0\ 0)^{\mathrm{T}}, \quad \boldsymbol{p}_3 = (0\ 1\ -1)^{\mathrm{T}}$$
を選べば，$\boldsymbol{p}_1, \boldsymbol{p}_2, \boldsymbol{p}_3$ は一次独立である．
$$P = (\boldsymbol{p}_1\ \boldsymbol{p}_2\ \boldsymbol{p}_3) = \begin{pmatrix} 1 & 1 & 0 \\ -3 & 0 & 1 \\ -3 & 0 & -1 \end{pmatrix}$$
とおけば，$e^{xA} = P e^{x P^{-1} A P} P^{-1}$ は，
$$e^{xA} = \begin{pmatrix} 1 & 1 & 0 \\ -3 & 0 & 1 \\ -3 & 0 & -1 \end{pmatrix} \begin{pmatrix} e^{-4x} & 0 & 0 \\ 0 & e^{2x} & 0 \\ 0 & 0 & e^{2x} \end{pmatrix} \frac{1}{6} \begin{pmatrix} 0 & -1 & -1 \\ 6 & 1 & 1 \\ 0 & 3 & -3 \end{pmatrix}$$
$$= \frac{1}{6} \begin{pmatrix} 6e^{2x} & -e^{-4x} + e^{2x} & -e^{-4x} + e^{2x} \\ 0 & 3e^{-4x} + 3e^{2x} & 3e^{-4x} - 3e^{2x} \\ 0 & 3e^{-4x} - 3e^{2x} & 3e^{-4x} + 3e^{2x} \end{pmatrix}, \quad x \in \mathbb{R}^1.$$

今度は，非斉次線形微分方程式系を考えよう．(2) はこの場合

$$\frac{d\boldsymbol{y}}{dx} = A\boldsymbol{y} + \boldsymbol{b}(x), \quad \boldsymbol{y}(x_0) = \boldsymbol{y}_0 \tag{17}$$

と書ける．基本解行列 $Y(x)$ をとくに e^{xA} とすれば，解の公式 (8) は簡単に

$$\boldsymbol{y}(x) = e^{(x-x_0)A}\boldsymbol{y}_0 + \int_{x_0}^{x} e^{(x-\xi)A}\boldsymbol{b}(\xi)\,d\xi \tag{18}$$

により与えられる．

例題 5. $A = \begin{pmatrix} -2 & 2 \\ 1 & -3 \end{pmatrix}$ を係数行列としてもつ非斉次方程式

$$\frac{d\boldsymbol{y}}{dx} = A\boldsymbol{y} + \boldsymbol{b}(x), \quad \boldsymbol{y}(0) = \boldsymbol{0}, \quad \boldsymbol{b}(x) = \begin{pmatrix} 0 \\ x \end{pmatrix}$$

の解 $\boldsymbol{y}(x)$ は，例題 2 と部分積分を利用して，

$$\begin{aligned}
\boldsymbol{y}(x) &= \int_0^x e^{(x-\xi)A}\boldsymbol{b}(\xi)\,d\xi \\
&= \int_0^x \frac{1}{3}\begin{pmatrix} e^{-4(x-\xi)} + 2e^{-(x-\xi)} & -2e^{-4(x-\xi)} + 2e^{-(x-\xi)} \\ -e^{-4(x-\xi)} + e^{-(x-\xi)} & 2e^{-4(x-\xi)} + e^{-(x-\xi)} \end{pmatrix}\begin{pmatrix} 0 \\ \xi \end{pmatrix}d\xi \\
&= \frac{1}{3}\begin{pmatrix} \dfrac{3x}{2} - \dfrac{15}{8} - \dfrac{e^{-4x}}{8} + 2e^{-x} \\ \dfrac{3x}{2} - \dfrac{9}{8} + \dfrac{e^{-4x}}{8} + e^{-x} \end{pmatrix}.
\end{aligned}$$

一般には，必ずしも n 個の一次独立な固有ベクトルが得られるとは限らない．行列 A が重複する固有値をもつが，その多重度の数だけの一次独立な固有ベクトルが得られない場合である．そのような場合，A の対角化は期待できず，かわりに Jordan 標準形が得られる．そのためには，固有ベクトルの他に，一般化固有ベクトルを登場させる必要がある．Jordan 標準形を導くための考え方，アプローチは，本章末に「第 2 章補足」として簡単に紹介してあるので，それを参照されたい．結論はつぎのようになる：ある正則行列 P が存在して，

$$P^{-1}AP = \mathrm{diag}\,(J_1\ J_2\ \ldots\ J_m), \tag{19}$$

$$J_k = \begin{pmatrix} \lambda_k & 1 & & \\ & \ddots & \ddots & \\ & & \lambda_k & 1 \\ & & & \lambda_k \end{pmatrix}; \quad l_k \times l_k, \quad l_1 + \cdots + l_m = n \tag{20}$$

2.2 定係数線形常微分方程式系

と書ける．λ_k はもちろん，A の固有値であり，行列の表記に現れない成分は，すべて 0 である．小行列 J_k は，**Jordan 細胞**といわれる．

例題 6. $A = \begin{pmatrix} 1 & 4 & -8 \\ -1 & -3 & 5 \\ 0 & 0 & -3 \end{pmatrix}$ のとき，A の Jordan 標準形を求めよ．

$\det(\lambda I_3 - A) = (\lambda+3)(\lambda+1)^2 = 0$ より，A の固有値は -3 と -1 である．$\lambda = -3$ に対する一つの固有ベクトル $\boldsymbol{p}_1 = (5\ -3\ 1)^{\mathrm{T}}$ を選ぶと，固有空間 W_{-3} は

$$W_{-3} = \{c\,\boldsymbol{p}_1;\ c \in \mathbb{C}\}$$

により記述される．一方，$\lambda = -1$ に対する固有ベクトルは，$(-2\ 1\ 0)^{\mathrm{T}}$ の定数倍しかないから，固有空間 W_{-1} は

$$W_{-1} = \left\{c\,(-2\ 1\ 0)^{\mathrm{T}};\ c \in \mathbb{C}\right\}$$

となる．そこで，

$$(I_3 + A)^2 \boldsymbol{p} = \begin{pmatrix} 0 & 0 & 20 \\ 0 & 0 & -12 \\ 0 & 0 & 4 \end{pmatrix} \begin{pmatrix} x \\ y \\ z \end{pmatrix} = \boldsymbol{0}$$

を満たす $\boldsymbol{p} = (x\ y\ z)^{\mathrm{T}}$ を求めると，x, y は任意，$z = 0$ となる．このような $\boldsymbol{p}\ (\neq \boldsymbol{0})$ を固有値 -1 に対する**一般化固有ベクトル**という．一般化固有ベクトル $\boldsymbol{p}_2$ を，とくに $\boldsymbol{p}_2 \notin W_{-1}$ となるように選ぶ．たとえば，$\boldsymbol{p}_2 = (1\ 0\ 0)^{\mathrm{T}}$ は確かにそうなっている．このとき $(I_3 + A)\boldsymbol{p}_2,\ \boldsymbol{p}_2,\ \boldsymbol{p}_1$ は一次独立であり，$N = I_3 + A$ とおけば，

$$A(N\boldsymbol{p}_2\ \boldsymbol{p}_2\ \boldsymbol{p}_1) = (-N\boldsymbol{p}_2\ A\boldsymbol{p}_2\ -3\boldsymbol{p}_1)$$

$$= (N\boldsymbol{p}_2\ \boldsymbol{p}_2\ \boldsymbol{p}_1)\left(\begin{array}{cc|c} -1 & 1 & 0 \\ 0 & -1 & 0 \\ \hline 0 & 0 & -3 \end{array}\right) = (N\boldsymbol{p}_2\ \boldsymbol{p}_2\ \boldsymbol{p}_1)J$$

を得る．最右辺に現れる J が求めるべき Jordan 標準形である．

(15) で示したように，e^{xA} の計算には各 e^{xJ_k} を計算すればよい．

$$J_k = \lambda_k I_{l_k} + N, \quad N = \begin{pmatrix} 0 & 1 & & \\ & \ddots & \ddots & \\ & & 0 & 1 \\ & & & 0 \end{pmatrix}$$

と分解すれば，容易にわかるように $N^{l_k} = O$, すなわち，N はベキ零行列である．この場合,

$$\begin{aligned}
e^{xJ_k} &= e^{x(\lambda_k I_{l_k} + N)} = e^{\lambda_k x I_{l_k}} e^{xN} = e^{\lambda_k x} e^{xN} \\
&= e^{\lambda_k x} \sum_{m=0}^{\infty} \frac{x^m N^m}{m!} = e^{\lambda_k x} \left(I_{l_k} + \frac{x}{1!} N + \cdots + \frac{x^{l_k-1}}{(l_k-1)!} N^{l_k-1} \right) \\
&= e^{\lambda_k x} \begin{pmatrix} 1 & x & \frac{x^2}{2!} & \cdots & \frac{x^{l_k-1}}{(l_k-1)!} \\ & 1 & x & \ddots & \vdots \\ & & \ddots & \ddots & \frac{x^2}{2!} \\ & & & \ddots & x \\ & & & & 1 \end{pmatrix}.
\end{aligned} \tag{21}$$

この表現から，つぎの関係が得られる:

$$\begin{aligned}
\det e^{xJ_k} &= e^{l_k \lambda_k x}, \\
\det e^{xA} &= \det e^{xP^{-1}AP} = \det e^{x \,\mathrm{diag}\,(J_1 \ldots J_m)} \\
&= \prod_{k=1}^{m} \det e^{xJ_k} = e^{(l_1 \lambda_1 + \cdots + l_m \lambda_m)x} = e^{(\mathrm{tr}\, A)x}.
\end{aligned}$$

2.2.2 n 階定係数線形常微分方程式

$a_1, \ldots, a_n \in \mathbb{R}^1$ のとき，n 階定係数線形常微分方程式 (4) は

$$\begin{aligned}
Ly &= y^{(n)} + a_1 y^{(n-1)} + \cdots + a_n y = b(x), \quad x \in I, \\
y(x_0) &= y_1^0, \quad y'(x_0) = y_2^0, \ldots, y^{(n-1)}(x_0) = y_n^0
\end{aligned} \tag{22}$$

と書ける．すでに見たように，(22) は等価な 1 階線形常微分方程式系 (2) に書きかえられる．ここでは，(2) を経由しないで直接，(22) の基本解や解の公式を導いてみる．(22) の特性方程式を

$$p(\lambda) = \lambda^n + a_1 \lambda^{n-1} + \cdots + a_n = 0$$

により定める．$p(\lambda)$ は**特性多項式**といわれる．代数学の基本定理として知られているように，特性方程式 $p(\lambda) = 0$ は重複を許して n 個の（複素）解をもち，これらは A の固有値になる．そのうち相異なるものを $\lambda_1, \ldots, \lambda_m$ とし，λ_k

2.2 定係数線形常微分方程式系

の多重度を l_k とすれば,

$$p(\lambda) = (\lambda - \lambda_1)^{l_1} \times \cdots \times (\lambda - \lambda_m)^{l_m} = \prod_{k=1}^{m}(\lambda - \lambda_k)^{l_k}, \quad l_1 + \cdots + l_m = n$$

と因数分解される.解 λ_k の具体的な値や近似値を求めることは数値解析上の問題として興味があるが,ここではそれに言及しない.

定理 4. $b(x) \equiv 0$ のときの n 階線形常微分方程式 (22) の基本解は,

$$e^{\lambda_k x}, \ x e^{\lambda_k x}, \ldots, x^{l_k - 1} e^{\lambda_k x}, \quad 1 \leqslant k \leqslant m \tag{23}$$

により与えられる.

証明. $\lambda, \ x$ を変数と考えて, $L e^{\lambda x} = p(\lambda) e^{\lambda x}$ であるから,とくに $L e^{\lambda_k x} = p(\lambda_k) e^{\lambda_k x} = 0$ を得る.上式の両辺を λ で j 回 $(1 \leqslant j \leqslant l_k - 1)$ 微分すれば,

$$\frac{\partial^j}{\partial \lambda^j} L e^{\lambda x} = L \frac{\partial^j}{\partial \lambda^j} e^{\lambda x} = L(x^j e^{\lambda x})$$
$$= \sum_{i=0}^{j} \binom{j}{i} p^{(i)}(\lambda) x^{j-i} e^{\lambda x}.$$

$p^{(i)}(\lambda_k) = 0, \ i = 0, 1, \ldots, l_k - 1$ だから, $L(x^j e^{\lambda_k x}) = 0, \ j = 0, 1, \ldots, l_k - 1$ となり, (23) で与えられる関数は,確かに (22) の解 ($b(x) \equiv 0$) になる.

これらが一次独立になることを示そう.これらの線形結合をとって,

$$\sum_{k=1}^{m} p_k(x) e^{\lambda_k x} = \sum_{k=1}^{m} e^{\lambda_k x} \sum_{j=0}^{l_k - 1} c_{jk} x^j = 0, \quad x \in \mathbb{R}^1. \tag{24}$$

この関係式から, $p_k(x) \equiv 0, \ 1 \leqslant k \leqslant m$ を示せばよい.結論を否定すれば,そのうちの少なくとも一つは恒等的には 0 ではない.必要なら番号を付けかえて, $p_m(x) \not\equiv 0$ としよう. (24) の両辺を $e^{\lambda_1 x}$ で割って,

$$p_1(x) + p_2(x) e^{(\lambda_2 - \lambda_1)x} + \cdots + p_m(x) e^{(\lambda_m - \lambda_1)x} = 0.$$

p_1 は高々 $l_1 - 1$ 次の多項式で, l_1 回微分すれば 0 になる.上式を微分すれば,

$$p_1(x)' + (p_2(x)' + (\lambda_2 - \lambda_1) p_2(x)) e^{(\lambda_2 - \lambda_1)x} + \cdots$$
$$+ (p_m(x)' + (\lambda_m - \lambda_1) p_m(x)) e^{(\lambda_m - \lambda_1)x} = 0$$

であり，p_m に対する仮定から $p_m(x)' + (\lambda_m - \lambda_1)p_m(x) \not\equiv 0$ である．微分を l_1 回繰り返せば，q_k を高々 $(l_k - 1)$ 次多項式として，

$$q_2(x)e^{\mu_2 x} + \cdots + q_m(x)e^{\mu_m x} = 0, \quad \mu_k = \lambda_k - \lambda_1 \neq 0, \quad q_m(x) \not\equiv 0.$$

これは，和の数が一つ減ったことを除いて (24) と同じ関係式である．また，$\mu_2, \ldots, \mu_m$ はすべて相異なる．この操作を続ければ結局，

$$r_m(x)e^{\nu_m x} = 0, \quad x \in \mathbb{R}^1, \quad \nu_m \neq 0, \quad r_m(x) \not\equiv 0$$

となり，矛盾が生じる．したがって，$p_k(x) \equiv 0$, $1 \leqslant k \leqslant m$ が示された． □

注意． 関数系 (23) の一次独立性には，別証明が可能である．λ を $\mathrm{Re}\,\lambda > \max_{1 \leqslant k \leqslant m} \mathrm{Re}\,\lambda_k$ となる任意の複素数とする．(24) の両辺に $e^{-\lambda x}$ を乗じて 0 から ∞ まで積分すれば[*]，

$$\int_0^\infty \sum_{k=1}^m \sum_{j=0}^{l_k-1} c_{jk} x^j e^{-(\lambda - \lambda_k)x}\,dx = \sum_{k=1}^m \sum_{j=0}^{l_k-1} c_{jk} \frac{j!}{(\lambda - \lambda_k)^{j+1}} = 0. \quad (25)$$

(25) は $\mathrm{Re}\,\lambda > \max_{1 \leqslant k \leqslant m} \mathrm{Re}\,\lambda_k$ なる半平面において成り立つのであるが，その右辺は λ_k, $1 \leqslant k \leqslant m$ 以外で正則関数である．関数論における一致の定理（解析接続）により，(25) は λ_k, $1 \leqslant k \leqslant m$ 以外のすべての複素数 λ に対して成り立つことがわかる．このとき，

$$\lim_{\lambda \to \lambda_1} (\lambda - \lambda_1)^{l_1} \sum_{k=1}^m \sum_{j=0}^{l_k-1} c_{jk} \frac{j!}{(\lambda - \lambda_k)^{j+1}} = (l_1 - 1)!\, c_{(l_1 - 1)\,1} = 0.$$

つぎに

$$\lim_{\lambda \to \lambda_1} (\lambda - \lambda_1)^{l_1 - 1} \sum_{k=1}^m \sum_{j=0}^{l_k-1} c_{jk} \frac{j!}{(\lambda - \lambda_k)^{j+1}} = (l_1 - 2)!\, c_{(l_1 - 2)\,1} = 0$$

を得，順次 $c_{(l_1 - 1)\,1} = c_{(l_1 - 2)\,1} = \ldots = c_{01} = 0$ を得る．この操作を繰り返せば，結局 $c_{jk} = 0$, $1 \leqslant k \leqslant m$, $0 \leqslant j \leqslant l_k - 1$ を得る．

例題 7． $Ly = y^{(3)} + 2y'' - y' - 2y$ の場合．

$p(\lambda) = \lambda^3 + 2\lambda^2 - \lambda - 2 = (\lambda + 2)(\lambda + 1)(\lambda - 1) = 0$ であるから，基本解は

---

[*] これは (24) の Laplace 変換を考えていることを意味するが，Laplace 変換についての知識は必要としない．

e^{-2x}, e^{-x}, e^x となる.

例題 8. $Ly = y^{(4)} + 5y^{(3)} + 9y'' + 7y' + 2y$ の場合.
$p(\lambda) = \lambda^4 + 5\lambda^3 + 9\lambda^2 + 7\lambda + 2 = (\lambda+2)(\lambda+1)^3 = 0$ であるから,基本解は e^{-2x}, e^{-x}, xe^{-x}, x^2e^{-x} となる.

特性方程式の解に複素数が現れれば, (23) で得られる基本解も複素数値になる. たとえば $\lambda_1 = a + ib$, $b \neq 0$, $i = \sqrt{-1}$ とすると, $y_1(x) = e^{\lambda_1 x} = e^{ax}e^{ibx} = e^{ax}(\cos bx + i \sin bx)$ となる. L の係数 $a_1, \ldots, a_n$ はすべて実数だから, $\overline{\lambda_1} = a - ib$ も特性方程式の解になり, $y_2(x) = e^{\overline{\lambda_1} x} = e^{ax}(\cos bx - i \sin bx)$ は基本解の一つになる.

$$z_1(x) = \frac{y_1(x) + y_2(x)}{2} = e^{ax}\cos bx, \quad z_2(x) = \frac{y_1(x) - y_2(x)}{2i} = e^{ax}\sin bx$$

とおく. (23) において y_1, y_2 を z_1, z_2 で入れかえれば,容易にわかるように,入れかえられた (23) も基本解を構成する. このようにすれば,基本解としてすべて実数値関数を選ぶことができる.

例題 9. $Ly = y^{(5)} + y^{(4)} + 4y^{(3)} + 4y'' + 4y' + 4y$ の場合.
$p(\lambda) = \lambda^5 + \lambda^4 + 4\lambda^3 + 4\lambda^2 + 4\lambda + 4 = (\lambda^2+2)^2(\lambda+1) = 0$ であるから,基本解は, $e^{i\sqrt{2}x}$, $xe^{i\sqrt{2}x}$, $e^{-i\sqrt{2}x}$, $xe^{-i\sqrt{2}x}$, e^{-x} である. あるいは,実数値関数の枠内で $\cos\sqrt{2}x$, $x\cos\sqrt{2}x$, $\sin\sqrt{2}x$, $x\sin\sqrt{2}x$, e^{-x} としてもよい.

非斉次常微分方程式の解: n 階線形常微分方程式 (22) の解 y とともに,必ずしも同じ初期条件を満たさない (22) の解 y_1 を考える. 初期条件を,たとえば $y_1(x_0) = \overline{y}_1^0$, $y_1'(x_0) = \overline{y}_2^0, \ldots, y_1^{(n-1)}(x_0) = \overline{y}_n^0$ としておく. このとき

$$L(y - y_1) = b - b = 0$$

であるから, $y - y_1 \, (= y_0)$ は斉次方程式の解であり,初期条件, $y_0(x_0) = y_1^0 - \overline{y}_1^0$, $y_0'(x_0) = y_2^0 - \overline{y}_2^0, \ldots, y_0^{(n-1)}(x_0) = y_n^0 - \overline{y}_n^0$ を満たす. したがって,

$$y = y_0 + y_1 = (斉次微分方程式の解) + (非斉次微分方程式の解) \quad (26)$$

と表される. y_0 についてはすでにその構造がわかっており, (23) の関数系の線形結合で表される. y を求めるには,したがって,何らかの方法で y_1 を求めればよいことになる.

形式的な微分作用素 D, D^m, $m = 2, 3, \ldots$ を

$$Dy = \frac{dy}{dx}, \quad D^2 y = D\,Dy = \frac{d}{dx}\frac{dy}{dx} = \frac{d^2 y}{dx^2}, \ldots, \\ D^m y = D\,D^{m-1} y = \frac{d}{dx}\frac{d^{m-1} y}{dx^{m-1}} = \frac{d^m y}{dx^m}, \ldots \tag{27}$$

により定義すれば，(22) は初期条件を別にして

$$Ly = p(D)y = (D^n + a_1 D^{n-1} + \cdots + a_n)y = b(x)$$

と書ける．$p(D)$ の表現においては，D をあたかも数のごとく扱っている．多項式 $p(\lambda)$ を因数分解して

$$p(\lambda) = (\lambda - \lambda_1)(\lambda - \lambda_2) \times \cdots \times (\lambda - \lambda_n) = \prod_{k=1}^n (\lambda - \lambda_k)$$

とするとき，同様に

$$\begin{aligned} p(D) &= D^n + a_1 D^{n-1} + \cdots + a_n \\ &= (D - \lambda_1)(D - \lambda_2) \times \cdots \times (D - \lambda_n) = \prod_{k=1}^n (D - \lambda_k) \end{aligned} \tag{28}$$

が成り立つ．実際，$n = 2$ の最も簡単な場合には，定義にしたがって，

$$\begin{aligned} (D - \lambda_1)(D - \lambda_2)y &= (D - \lambda_1)(y' - \lambda_2 y) = (y' - \lambda_2 y)' - \lambda_1(y' - \lambda_2 y) \\ &= y'' - (\lambda_1 + \lambda_2)y' + \lambda_1 \lambda_2 y \\ &= (D^2 - (\lambda_1 + \lambda_2)D + \lambda_1 \lambda_2)y. \end{aligned}$$

$n \geqq 3$ のときも，n に関する帰納法により容易に示すことができる．

λ_1 と λ_2 を入れかえれば，$(D - \lambda_1)(D - \lambda_2)y = (D - \lambda_2)(D - \lambda_1)y$ が成り立つ．この関係を一般化すれば，任意の多項式 $p_1(\lambda)$, $p_2(\lambda)$ に対して

$$p_1(D)p_2(D) = p_2(D)p_1(D)$$

が成り立つ．線形微分方程式

$$(D - \lambda_1)y = b(x), \quad \text{あるいは} \quad y' - \lambda_1 y = b(x)$$

を，$(e^{-\lambda_1 x} y)' = e^{-\lambda_1 x}(y' - \lambda_1 y) = e^{-\lambda_1 x} b(x)$ のように書きかえると，その一つの解は

$$y(x) = e^{\lambda_1 x} \int e^{-\lambda_1 x} b(x)\,dx$$

で与えられる．(22) の一つの解を求めよう．(22) を

$$(D - \lambda_1) \prod_{k=2}^{n}(D - \lambda_k)y = b(x)$$

と書くことにより，

$$\prod_{k=2}^{n}(D - \lambda_k)y = e^{\lambda_1 x} \int e^{-\lambda_1 x} b(x)\, dx = b_1(x)$$

を得る．$b_1(x)$ は既知関数である．したがって，この操作を繰り返して，

$$\prod_{k=3}^{n}(D - \lambda_k)y = e^{\lambda_2 x} \int e^{-\lambda_2 x} b_1(x)\, dx = b_2(x), \ldots,$$
$$y(x) = e^{\lambda_n x} \int e^{-\lambda_n x} b_{n-1}(x)\, dx$$

を得る．一般にはこれで十分であるが，計算能率の点で若干問題があることがある．

$b(x)$ が初等関数であるとき，あらかじめ解の形がわかっていることが多い．この点に少し触れておこう．細かい計算技巧については本書では詳しくは触れず，基本的な事項に限定する．a を複素数，$m \geqslant 0$ を整数として，

$$Ly = x^m e^{ax}$$

の一つの解は，つぎのような形をもつ:

$$y(x) = r(x)\, e^{ax}.$$

ここで，(i) $p(a) \neq 0$ ならば，$r(x)$ は m 次多項式．(ii) a が特性方程式の l 重解ならば，すなわち，$p(\lambda) = (\lambda - a)^l q(\lambda)$, $q(a) \neq 0$ ならば，$r(x)$ は $l + m$ 次の多項式である．このことを示そう．(i) の場合，部分積分により，

$$\prod_{k=2}^{n}(D - \lambda_k)y = e^{\lambda_1 x} \int e^{-\lambda_1 x} x^m e^{ax}\, dx = e^{ax} r_1(x).$$

r_1 は，m 次の多項式である．同様に

$$\prod_{k=3}^{n}(D - \lambda_k)y = e^{\lambda_2 x} \int e^{-\lambda_2 x} r_1(x) e^{ax}\, dx = e^{ax} r_2(x)$$

を得，r_2 も m 次である．これを繰り返せば，$r(x)$ を m 次の多項式とする上記の形の解 $y(x)$ が得られる．

(ii) の場合，$\lambda_1 = \ldots = \lambda_l = a$ とすれば，

$$\prod\nolimits_{k=2}^{n}(D-\lambda_k)y = e^{\lambda_1 x}\int e^{-\lambda_1 x} x^m\, e^{ax}\,dx = e^{ax}\,\frac{x^{m+1}}{m+1}.$$

これを繰り返して,

$$\prod\nolimits_{k=l+1}^{n}(D-\lambda_k)y = e^{ax}\,\frac{x^{l+m}}{(l+m)(l+m-1)\cdots(m+1)}.$$

これ以降の計算は (i) と同じで, $r(x)$ を $l+m$ 次の多項式とする上記の解が得られる.

例題 10. $Ly = y'' + 3y' + 2y = xe^{-2x}$ の一つの解を求めよ.

$p(D)y = (D+2)(D+1)y = xe^{-2x}$ であるから,

$$(D+1)y = e^{-2x}\int e^{2x} xe^{-2x}\,dx = \frac{x^2}{2}e^{-2x},$$

$$y = e^{-x}\int e^x \frac{x^2}{2} e^{-2x}\,dx = \frac{1}{2}(-x^2-2x-2)e^{-2x}.$$

あるいは, この場合には解の形がわかっているので, $y = (ax^2+bx+c)e^{-2x}$ とおいて, 方程式に代入する.

$$Ly = \bigl(4ax^2 + 4(-2a+b)x + 2a - 4b + 4c\bigr)e^{-2x}$$
$$+ 3(-2ax^2 + (2a-2b)x - 2c)e^{-2x} + 2(ax^2+bx+c)e^{-2x} = xe^{-2x}.$$

両辺の係数を比較して, $2a = b = -1$ を得る, c は任意でよいので, $y = -\frac{1}{2}(x^2+2x)e^{-2x}$ が一つの解になる. e^{-2x} は斉次方程式の解であるから, これを付け加えても加えなくてもよい. 初期条件が変わるだけである.

定数変化法 (2.1 節) を用いても解は求められる. $y(x) = c_1(x)e^{-2x} + c_2(x)e^{-x}$ とおいて, 連立方程式

$$c_1' e^{-2x} + c_2' e^{-x} = 0, \qquad -2c_1' e^{-2x} - c_2' e^{-x} = xe^{-2x}$$

を解けば, $c_1' = -x$, $c_2' = xe^{-x}$ を得る. それらの不定積分の一つは, $c_1 = -\frac{1}{2}x^2$, $c_2 = -e^{-x}(x+1)$ となり, $y = -\frac{1}{2}(x^2+2x+2)e^{-2x}$ を得る. 得られる解は, 斉次方程式の解の差を除いては一意に決まる.

例題 11. $Ly = y'' + 4y = \cos 2x$ の一つの解を求めよ.

$LY = Y'' + 4Y = e^{i2x}$ の解 Y を求めて $y = \mathrm{Re}\,Y$ とおけば, $\cos 2x = \mathrm{Re}\,e^{i2x}$ と L の係数がすべて実数であることから, y は求める解になる.

$p(\lambda) = \lambda^2 + 4 = (\lambda + i2)(\lambda - i2)$ であるから, $Y = (ax+b)e^{i2x}$ とおける. これを方程式に代入して,

$$LY = \bigl(-4ax + 4i(a+ib)\bigr)e^{i2x} + 4(ax+b)e^{i2x} = e^{i2x}.$$

係数を比較して, $a = -i/4$ を得る(b は任意). したがって,

$$y = \mathrm{Re}\,\frac{-ix}{4}\,e^{i2x} = \mathrm{Re}\,\frac{-ix}{4}\,(\cos 2x + i\sin 2x) = \frac{x}{4}\sin 2x.$$

例題 12. $Ly = y'' + 4y' + 8y = 10\,e^{-x}\sin x$ の一つの解を求めよ.

$\mathrm{Im}\,10\,e^{(-1+i)x} = 10\,e^{-x}\sin x$ であるから, $LY = 10\,e^{(-1+i)x}$ の一つの解 $Y(x)$ を求めて $y(x) = \mathrm{Im}\,Y(x)$ とすれば, この y が一つの解になる. 特性多項式は $p(\lambda) = \lambda^2 + 4\lambda + 8$ であるから, $p(-1+i) \neq 0$ である. したがって, $Y = a\,e^{(-1+i)x}$ の形の解がある. 微分方程式に代入すれば,

$$\begin{aligned}LY &= \bigl((-1+i)^2 + 4(-1+i) + 8\bigr)\,a\,e^{(-1+i)x} \\ &= p(-1+i)\,a\,e^{(-1+i)x} = 10 e^{(-1+i)x}.\end{aligned}$$

両辺の係数を比較して, $a = \dfrac{10}{p(-1+i)} = \dfrac{10}{4+2i} = 2-i$ を得る. したがって,

$$y = \mathrm{Im}\,(2-i)\,e^{(-1+i)x} = e^{-x}(-\cos x + 2\sin x)$$

となる. ついでながら, $Ly = 10\,e^{-x}\sin x$ のすべての解は, c_1, c_2 を定数として, $y = e^{-2x}(c_1\cos 2x + c_2\sin 2x) + e^{-x}(-\cos x + 2\sin x)$ と表される.

2.2.3 行列の関数

2.2.1 項では, $n \times n$ 行列 A に対して, 指数関数 e^A は (11) で定義されたが, これは以下で述べる行列の関数の特別な場合である. 複素数 λ が A の固有値でなければ, $(\lambda I_n - A)^{-1}$ が存在する. $(\lambda I_n - A)^{-1}$ を, A のリゾルベント (resolvent) という. 単位行列 I_n を, 簡単に I と記す. $|\lambda|$ が十分大きければ, $\|A\|$ を A のノルムとして (2.2.1 項),

$$(\lambda I - A)^{-1} = \sum_{k=0}^{\infty} \frac{A^k}{\lambda^{k+1}}, \quad |\lambda| > \|A\| \tag{29}$$

が成り立つ. (29) の右辺が $|\lambda| > \|A\|$ において, 広義一様, かつ絶対収束する

ことは明らかであろう．(29) が成り立つことは，

$$(\lambda I - A) \sum_{k=0}^{\infty} \frac{A^k}{\lambda^{k+1}} = \sum_{k=0}^{\infty} \frac{A^k}{\lambda^k} - \sum_{k=0}^{\infty} \frac{A^{k+1}}{\lambda^{k+1}} = I$$

からわかる．A の固有値の集合を A のスペクトラム (spectrum) といい，$\sigma(A)$ で表す．(29) より，$\sigma(A)$ は，すべて半径 $\|A\|$ の円内に存在することになる．$(\lambda I - A)^{-1}$ は，明らかに $\sigma(A)$ 以外で正則である [*)．$\sigma(A)$ を囲み，かつ円：$|\lambda| = \|A\|$ の外にある単純閉曲線を Γ とする．多項式 $f(\lambda) = \lambda^l$ に対して，

$$\frac{1}{2\pi i} \int_\Gamma \lambda^l (\lambda I - A)^{-1} \, d\lambda = \frac{1}{2\pi i} \int_\Gamma \lambda^l \sum_{k=0}^{\infty} \frac{A^k}{\lambda^{k+1}} \, d\lambda$$

$$= \sum_{k=0}^{\infty} \frac{1}{2\pi i} \int_\Gamma \frac{d\lambda}{\lambda^{k-l+1}} A^k = A^l.$$

ここで，上式右辺の級数は Γ 上で絶対かつ一様収束であること，したがって，積分と無限和の交換が許されることを使った．また，$\int_\Gamma \lambda^m \, d\lambda = 2\pi i,\ m = -1$;$= 0,\ m \neq -1$ である．多項式 $p(\lambda) = \lambda^l + a_1 \lambda^{l-1} + \cdots + a_l$ に対して，形式的に $p(A) = A^l + a_1 A^{l-1} + \cdots + a_l I$ とおけば，上で得られた関係式より，

$$p(A) = A^l + a_1 A^{l-1} + \cdots + a_l I = \frac{1}{2\pi i} \int_\Gamma p(\lambda)(\lambda I - A)^{-1} \, d\lambda. \quad (30)$$

(30) の積分においては，被積分関数が $\sigma(A)$ 以外で正則であることに注意する．Cauchy の積分定理により，積分路 Γ を，単に $\sigma(A)$ を囲む単純閉曲線と変更しても積分値は変わらない．

関係式 (30) に基づき，$\sigma(A)$ を囲む単純閉曲線 Γ およびその内部で正則な関数 $f(\lambda)$ に対して，

$$f(A) = \frac{1}{2\pi i} \int_\Gamma f(\lambda)(\lambda I - A)^{-1} \, d\lambda \quad (31)$$

と定義する．積分路 Γ を，$f(\lambda)$ が正則な範囲で $\sigma(A)$ を内部に囲むよう変更しても，積分値 (31) は変わらないことに注意する．(31) は (30) の拡張になっている．とくに，f が 0 を中心とするベキ級数

$$f(\lambda) = \sum_{k=0}^{\infty} a_k \lambda^k, \quad |\lambda| < r$$

[*) $n \times n$ 行列 $(\lambda I - A)^{-1}$ の各要素が λ の正則関数であることを意味する．

に展開されるとしよう ($r > 0$ は収束半径). $f(\lambda)$ の収束円: $|\lambda| < r$ が $\sigma(A)$ をその内部に含む場合, $r_1 < r$ を十分 r に近く選んで $\sigma(A) \subsetneq \{\lambda \in \mathbb{C}; |\lambda| \leqslant r_1\}$ とできる. このとき, Γ を 0 を中心とする半径 r_1 の円周に選べば, $f_N(\lambda) = \sum_{k=0}^{N} a_k \lambda^k$ は Γ 上 $f(\lambda)$ に絶対一様収束する. (30) を利用すれば, したがって,

$$f(A) = \frac{1}{2\pi i} \int_\Gamma f(\lambda)(\lambda I - A)^{-1} \, d\lambda = \lim_{N \to \infty} \frac{1}{2\pi i} \int_\Gamma f_N(\lambda)(\lambda I - A)^{-1} \, d\lambda$$
$$= \lim_{N \to \infty} \sum_{k=0}^{N} a_k A^k = \sum_{k=0}^{\infty} a_k A^k. \tag{32}$$

たとえば $f(\lambda) = e^{x\lambda}$, $x \in \mathbb{R}^1$ とすれば, f の収束半径は $r = \infty$ であり, $e^{x\lambda} = \sum_{k=0}^{\infty} \frac{x^k}{k!} \lambda^k$, $|\lambda| < \infty$ と展開される. したがって,

$$f(A) = e^{xA} = \frac{1}{2\pi i} \int_\Gamma e^{x\lambda}(\lambda I - A)^{-1} \, d\lambda = \sum_{k=0}^{\infty} \frac{x^k A^k}{k!}$$

となり, これは (12) で定義したものと一致する.

例題 13. $A = \begin{pmatrix} -2 & 2 \\ 1 & -3 \end{pmatrix}$ のとき, e^{xA} を A の対角化を経由してすでに計算している (例題 2). 今度は (31) を経由して計算しよう. $(\lambda I - A)^{-1}$ は $\lambda = -1, -4$ で位数 1 の極をもつから, 留数計算によって,

$$e^{xA} = \frac{1}{2\pi i} \int_\Gamma e^{x\lambda}(\lambda I - A)^{-1} \, d\lambda = \frac{1}{2\pi i} \int_\Gamma \frac{e^{x\lambda}}{(\lambda+1)(\lambda+4)} \begin{pmatrix} \lambda+3 & 2 \\ 1 & \lambda+2 \end{pmatrix} d\lambda$$
$$= \frac{1}{3} \begin{pmatrix} e^{-4x} + 2e^{-x} & -2e^{-4x} + 2e^{-x} \\ -e^{-4x} + e^{-x} & 2e^{-4x} + e^{-x} \end{pmatrix}.$$

行列 A のスペクトラム $\sigma(A)$ を囲む単純閉曲線, およびその内部で正則な関数 $f(\lambda)$, $g(\lambda)$ に対して,

$$f(A) = \frac{1}{2\pi i} \int_{\Gamma_1} f(\lambda)(\lambda I - A)^{-1} \, d\lambda, \quad g(A) = \frac{1}{2\pi i} \int_{\Gamma_2} g(\lambda)(\lambda I - A)^{-1} \, d\lambda$$

であった. ここで, 単純閉曲線 Γ_2 は Γ_1 をその内部に含むように選ぶ. つぎの等式はリゾルベント方程式 (resolvent equation) といわれ, 容易に確かめることができる:

$$(\lambda I - A)^{-1} - (\mu I - A)^{-1} = (\mu - \lambda)(\lambda I - A)^{-1}(\mu I - A)^{-1}. \tag{33}$$

実際, A が複素数のときには明らかな等式である. このとき,

$$
\begin{aligned}
f(A)g(A) &= \frac{1}{2\pi i}\int_{\Gamma_1} f(\lambda)(\lambda I - A)^{-1}\,d\lambda\, \frac{1}{2\pi i}\int_{\Gamma_2} g(\mu)(\mu I - A)^{-1}\,d\mu \\
&= \left(\frac{1}{2\pi i}\right)^2 \int_{\Gamma_1} d\lambda \int_{\Gamma_2} f(\lambda)g(\mu)(\lambda I - A)^{-1}(\mu I - A)^{-1}\,d\mu \\
&= \left(\frac{1}{2\pi i}\right)^2 \int_{\Gamma_1} d\lambda \int_{\Gamma_2} f(\lambda)g(\mu)\frac{(\lambda I - A)^{-1} - (\mu I - A)^{-1}}{\mu - \lambda}\,d\mu \\
&= \frac{1}{2\pi i}\int_{\Gamma_1} f(\lambda)(\lambda I - A)^{-1}\,d\lambda\, \frac{1}{2\pi i}\int_{\Gamma_2} \frac{g(\mu)}{\mu - \lambda}\,d\mu \\
&\quad - \frac{1}{2\pi i}\int_{\Gamma_2} g(\mu)(\mu I - A)^{-1}\,d\mu\, \frac{1}{2\pi i}\int_{\Gamma_1} \frac{f(\lambda)}{\mu - \lambda}\,d\lambda \\
&= \frac{1}{2\pi i}\int_{\Gamma_1} f(\lambda)g(\lambda)(\lambda I - A)^{-1}\,d\lambda.
\end{aligned}
\tag{34}
$$

ここで, 明らかな関係式:

$$
\frac{1}{2\pi i}\int_{\Gamma_2}\frac{g(\mu)}{\mu - \lambda}\,d\mu = g(\lambda), \qquad \frac{1}{2\pi i}\int_{\Gamma_1}\frac{f(\lambda)}{\mu - \lambda}\,d\lambda = 0
$$

を用いた.

Jordan 標準形を論じる際に現れた $n\times n$ ベキ零行列 N:

$$
N = \begin{pmatrix} 0 & 1 & & \\ & \ddots & \ddots & \\ & & 0 & 1 \\ & & & 0 \end{pmatrix}
$$

を思い起こそう. N の固有値は 0 のみ, したがって, $\sigma(N) = \{0\}$ である. 対数関数 $\log(1+\lambda)$ の 0 を中心とするベキ級数展開は, $\log 1 = 0$ となる主枝を選べば,

$$
\log(1+\lambda) = \sum_{k=1}^{\infty}\frac{(-1)^{k+1}\lambda^k}{k}, \quad |\lambda| < 1
$$

である. $\log(I+N)$ は, $N^n = O$ であることに注意すれば,

$$
\begin{aligned}
\log(I+N) &= \frac{1}{2\pi i}\int_{\Gamma}\log(1+\lambda)(\lambda I - N)^{-1}\,d\lambda \\
&= N - \frac{1}{2}N^2 + \frac{1}{3}N^3 + \cdots + \frac{(-1)^n}{n-1}N^{n-1}
\end{aligned}
$$

により定義される．このとき，

$$e^{\log(I+N)} = \exp\left(\sum_{k=1}^{n-1} \frac{(-1)^{k+1} N^k}{k}\right)$$
$$= \prod_{k=1}^{n-1} \exp\left(\frac{(-1)^{k+1} N^k}{k}\right) = e^N e^{-\frac{1}{2}N^2} e^{\frac{1}{3}N^3} \cdots e^{\frac{(-1)^n}{n-1} N^{n-1}}$$

となる．上式の積の各項において，たとえば

$$e^{-\frac{1}{2}N^2} = \sum_{k=0}^{\infty} \frac{1}{k!} \left(-\frac{N^2}{2}\right)^k = \frac{1}{2\pi i} \int_{\Gamma} \sum_{k=0}^{\infty} \frac{1}{k!} \left(-\frac{\lambda^2}{2}\right)^k (\lambda I - N)^{-1} d\lambda$$
$$= \frac{1}{2\pi i} \int_{\Gamma} e^{-\frac{1}{2}\lambda^2} (\lambda I - N)^{-1} d\lambda$$

のように計算する．等式 (34) と明らかな恒等式: $e^{\log(1+\lambda)} = 1+\lambda$ を利用すれば，

$$e^{\log(I+N)} = \frac{1}{2\pi i} \int_{\Gamma} e^{\lambda} e^{-\frac{1}{2}\lambda^2} \cdots e^{\frac{(-1)^n}{n-1} \lambda^{n-1}} (\lambda I - N)^{-1} d\lambda$$
$$= \frac{1}{2\pi i} \int_{\Gamma} e^{\lambda - \frac{1}{2}\lambda^2 + \cdots + \frac{(-1)^n}{n-1} \lambda^{n-1}} (\lambda I - N)^{-1} d\lambda$$
$$= \frac{1}{2\pi i} \int_{\Gamma} e^{\lambda - \frac{1}{2}\lambda^2 + \cdots + \frac{(-1)^m}{m-1} \lambda^{m-1}} (\lambda I - N)^{-1} d\lambda, \quad \forall m > n$$
$$\to \frac{1}{2\pi i} \int_{\Gamma} \exp\left(\sum_{k=1}^{\infty} \frac{(-1)^{k-1}}{k} \lambda^k\right) (\lambda I - N)^{-1} d\lambda, \quad m \to \infty$$
$$= \frac{1}{2\pi i} \int_{\Gamma} (1+\lambda)(\lambda I - N)^{-1} d\lambda = I + N.$$

今度は $\lambda \neq 0$ のとき，$\lambda I + N = e^B$ となる行列 B を求めよう．形式的な計算では $I + \frac{N}{\lambda} = \frac{1}{\lambda} e^B = e^{-\log \lambda + B}$ であるから，

$$\begin{aligned}B &= (\log \lambda) I + \log\left(I + \frac{N}{\lambda}\right) \\ &= (\log \lambda) I + \frac{N}{\lambda} - \frac{1}{2}\left(\frac{N}{\lambda}\right)^2 + \frac{1}{3}\left(\frac{N}{\lambda}\right)^3 + \cdots + \frac{(-1)^n}{n-1}\left(\frac{N}{\lambda}\right)^{n-1}\end{aligned} \quad (35)$$

とおけばよいと予想される．実際，このとき

$$e^B = e^{(\log \lambda) I + \log(I+N/\lambda)} = \lambda e^{\log(I+N/\lambda)} = \lambda(I+N/\lambda) = \lambda I + N$$

であるから，(35) で定義される B が求める行列である．B は上半三角行列で，

その対角要素が $\log \lambda$ であるから，B の固有値は $\log \lambda$ である．$\det A \neq 0$ であれば，A の固有値は 0 ではない．A を Jordan 標準形に変換して

$$PAP^{-1} = \mathrm{diag}\,(J_1\ J_2\ \ldots\ J_m), \quad J_k = \lambda_k I_{l_k} + N_{l_k}, \quad \lambda_k \neq 0$$

と表すとき，(35) の形の $l_k \times l_k$ 行列 B_k が存在して，$e^{B_k} = J_k$, $1 \leqslant k \leqslant m$ とできる．したがって，

$$\mathrm{diag}\,(J_1\ J_2\ \ldots\ J_m) = \mathrm{diag}\,(e^{B_1}\ e^{B_2}\ \ldots\ e^{B_m})$$
$$= \exp\bigl(\mathrm{diag}\,(B_1\ B_2\ \ldots\ B_m)\bigr) = e^B,$$
$$A = P^{-1} e^B P = e^{P^{-1} B P} = e^{\widehat{B}}$$

とできる．$\widehat{B}$ の固有値は同様に，$\log \lambda_k$, $1 \leqslant k \leqslant m$ である．

例題 14. A が Jordan 標準形: $\begin{pmatrix} 2 & 1 & 0 \\ 0 & 2 & 0 \\ 0 & 0 & 3 \end{pmatrix}$ で与えられるとき，$A = e^B$ となる B を求めよ．

$\begin{pmatrix} 2 & 1 \\ 0 & 2 \end{pmatrix} = 2I + N$ であるから，

$$B_1 = (\log 2) I + \log\left(I + \frac{N}{2}\right) = (\log 2) I + \frac{N}{2} = \begin{pmatrix} \log 2 & \frac{1}{2} \\ 0 & \log 2 \end{pmatrix}.$$

また $B_2 = \log 3$ とおけば，

$$B = \mathrm{diag}\,(B_1\ B_2) = \begin{pmatrix} \log 2 & \frac{1}{2} & 0 \\ 0 & \log 2 & 0 \\ 0 & 0 & \log 3 \end{pmatrix}.$$

Hamilton-Cayley の定理によれば，$\det(\lambda I - A) = \lambda^n + a_1 \lambda^{n-1} + \cdots + a_n$ と表すことにより

$$A^n + a_1 A^{n-1} + \cdots + a_n I = O_n$$

が成り立つ．したがって，A^n あるいは一般に A^k, $k \geqslant n$ はすべて A^{n-1}, $A^{n-2}, \ldots, A, I$ の線形結合で表現できる．この事実から，(32) のベキ級数も $A^{n-1}, A^{n-2}, \ldots, A, I$ の線形結合で表現できることが予想される．これを示すために，A のリゾルベント $(\lambda I - A)^{-1}$ を

$$(\lambda I - A)^{-1} = b_1(\lambda)A^{n-1} + b_2(\lambda)A^{n-2} + \cdots + b_n(\lambda)I \tag{36}$$

と表して，$b_k(\lambda)$ を求めてみよう．

$$\begin{aligned}
I &= (\lambda I - A)(b_1 A^{n-1} + b_2 A^{n-2} + \cdots + b_n I) \\
&= \big((\lambda + a_1)b_1 - b_2\big)A^{n-1} + (a_2 b_1 + \lambda b_2 - b_3)A^{n-2} \\
&\quad + (a_3 b_1 + \lambda b_3 - b_4)A^{n-3} + \cdots \\
&\quad + (a_{n-1}b_1 + \lambda b_{n-1} - b_n)A + (a_n b_1 + \lambda b_n)I
\end{aligned}$$

が成り立てばよいから，$b_1, \ldots, b_{n-1}$ は連立方程式

$$\begin{pmatrix} \lambda + a_1 & -1 & & & \\ a_2 & \lambda & -1 & & \\ a_3 & & \ddots & \ddots & \\ \vdots & & & \ddots & -1 \\ a_n & & & & \lambda \end{pmatrix} \begin{pmatrix} b_1 \\ b_2 \\ b_3 \\ \vdots \\ b_n \end{pmatrix} = \begin{pmatrix} 0 \\ 0 \\ 0 \\ \vdots \\ 1 \end{pmatrix} \tag{37}$$

を満たせばよい．係数行列の表記に現れない成分は，すべて 0 である．この行列の行列式は，容易にわかるように $\det(\lambda I - A)$ に等しい．したがって，(37) を解けば，$b_1(\lambda), \ldots, b_n(\lambda)$ を有理関数として (36) を得る．各 $b_k(\lambda)$ は，$\sigma(A)$ の各点を極としてもつ．(36) の表現により，$f(A)$ は

$$\begin{aligned}
f(A) &= \frac{1}{2\pi i} \int_\Gamma f(\lambda) \sum_{k=1}^n b_k(\lambda) A^{n-k} \, d\lambda \\
&= \sum_{k=1}^n \left(\frac{1}{2\pi i} \int_\Gamma f(\lambda) b_k(\lambda) \, d\lambda \right) A^{n-k} = \sum_{k=1}^n c_k A^{n-k}
\end{aligned} \tag{38}$$

のように，$A^{n-1}, A^{n-2}, \ldots, A, I$ の線形結合により表現できる．

2.3　周期係数線形常微分方程式系

　係数行列 $A(x)$ が x に依存しない場合には，前節のように整然とした結果が得られた．一般には，しかしながら，基本解行列 $Y(x)$ の計算は容易ではない．本節では，$Y(x)$ の様子が幾分かわかる微分方程式系を考える．斉次線形微分方程式 (3) において，$A(x)$ の各要素 $a_{ij}(x)$ が周期 $\omega > 0$ の連続関数ならば，

$$A(x+\omega) = A(x), \quad x \in \mathbb{R}^1 \tag{39}$$

が成り立つ. 基本解行列 $Y(x) = \begin{pmatrix} \boldsymbol{y}_1(x) & \boldsymbol{y}_2(x) & \ldots & \boldsymbol{y}_n(x) \end{pmatrix}$ は

$$\frac{d}{dx}Y(x+\omega) = A(x+\omega)Y(x+\omega) = A(x)Y(x+\omega)$$

を満たすから, $Y(x+\omega)$ も (3) の基本解行列である. $Y(x+\omega)$ の各列を $\boldsymbol{y}_1(x), \ldots, \boldsymbol{y}_n(x)$ の線形結合で表せば,

$$\boldsymbol{y}_j(x+\omega) = \sum_{k=1}^{n} c_{kj}\boldsymbol{y}_k(x), \quad 1 \leqslant j \leqslant n, \quad Y(x+\omega) = Y(x)C \tag{40}$$

となる正則行列 C が存在する. 行列 C の固有値を, **特性乗数** (Floquet's multiplier) という. 2.2.3 項で見たように, $C = e^{\omega B}$ となる行列 B が存在する. C の相異なる固有値 (特性乗数) を $\lambda_k \, (\neq 0)$, $1 \leqslant k \leqslant m$ とすれば, B の固有値はすべて $\mu_k = \omega^{-1} \log \lambda_k$ で与えられる. $Z(x) = Y(x)e^{-xB}$ とおけば,

$$Z(x+\omega) = Y(x+\omega)e^{-(x+\omega)B} = Y(x)C\,e^{-\omega B}e^{-xB} = Z(x), \quad x \in \mathbb{R}^1,$$

すなわち, $Z(x)$ は周期 ω の関数である. つぎの結果は **Floquet** の定理といわれる:

$$Y(x) = Z(x)e^{xB}, \quad Z(x+\omega) = Z(x), \quad x \in \mathbb{R}^1. \tag{41}$$

Jordan 標準形に対する指数関数の表現 (21) で見たように, e^{xB} の各要素は, $x^i e^{\mu_k x}$ の形の関数の線形結合である. (41) の表現により, (3) の解 $\boldsymbol{y}(x)$ は $p_j(x)x^i e^{\mu_k x}$ の形の関数の線形結合 ($p_j(x+\omega) = p_j(x)$) で表されることがわかる. 最も簡単な単独の方程式の場合,

$$y'(x) = a(x)y(x), \quad y(0) = y_0, \quad a(x+\omega) = a(x), \quad x \in \mathbb{R}^1$$

となる. このとき

$$z(x) = y_0 \exp\left(\int_0^x a(t)\,dt - \frac{x}{\omega}\int_0^\omega a(t)\,dt\right)$$

とおけば, $z(x)$ は周期 ω をもち, 解 $y(x)$ は

$$y(x) = z(x)e^{bx}, \quad b = \frac{1}{\omega}\int_0^\omega a(t)\,dt$$

で表される.

行列 $A(x)$ が周期関数である場合，(3) の解 $\boldsymbol{y}(x)$ の $x \to \infty$ の際の挙動について，簡単に触れておこう．

(i) 特性乗数 λ_k がすべて $|\lambda_k| < 1$ ならば，$\mathrm{Re}\,\mu_k = \frac{1}{\omega}\log|\lambda_k| < 0$ より $p_j(x)x^i e^{\mu_k x} \to 0$, $x \to \infty$ となる．したがって，(3) の任意の解 $\boldsymbol{y}(x)$ は，指数関数的に $\lim_{x\to\infty} \boldsymbol{y}(x) = 0$ を満たす．

(ii) 一方 $|\lambda_k| > 1$ となる λ_k が存在する場合，λ_k に対応する C の固有ベクトルを $\boldsymbol{z}_0$ とし，初期値として $\boldsymbol{y}(0) = Y(0)\boldsymbol{z}_0$ を選べば，

$$\boldsymbol{y}(m\omega) = Y(m\omega)Y^{-1}(0)\boldsymbol{y}(0) = Y(0)C^m \boldsymbol{z}_0$$
$$= \lambda_k^m Y(0)\boldsymbol{z}_0 \to \infty, \quad m \to \infty$$

となる．したがって，有界でない解が存在することになる．

(iii) すべて $|\lambda_k| \leqslant 1$ となる場合，$\mathrm{Re}\,\mu_k \leqslant 0$ だから，解は有界であると予想しがちである．B が対角行列に相似であれば，e^{xB} の各要素は $e^{\mu_k x}$ の線形結合で表されるから，(41) により解は確かに有界である．しかしながら，B の標準形が対角行列ではなく，$\mathrm{Re}\,\mu_k = 0$ に対応する Jordan 細胞を含む場合には，$x^i e^{\mu_k x}$ なる形の関数が e^{xB} に現れることになり，非有界な解が現れる．

例題 1.
$$\frac{d}{dx}\begin{pmatrix} y_1 \\ y_2 \end{pmatrix} = \begin{pmatrix} \cos x & 1 \\ 0 & \cos x \end{pmatrix}\begin{pmatrix} y_1 \\ y_2 \end{pmatrix}, \quad \begin{pmatrix} y_1(0) \\ y_2(0) \end{pmatrix} = \begin{pmatrix} y_{10} \\ y_{20} \end{pmatrix}.$$

この方程式の係数行列は，周期 $\omega = 2\pi$ をもつ．解は求積法で求まり，

$$\boldsymbol{y}(x) = \begin{pmatrix} y_1(x) \\ y_2(x) \end{pmatrix} = \begin{pmatrix} e^{\sin x} & x e^{\sin x} \\ 0 & e^{\sin x} \end{pmatrix}\begin{pmatrix} y_{10} \\ y_{20} \end{pmatrix} = Y(x)\begin{pmatrix} y_{10} \\ y_{20} \end{pmatrix}.$$

$Y(0) = I$ であるから，$C = Y(2\pi) = \begin{pmatrix} 1 & 2\pi \\ 0 & 1 \end{pmatrix}$ を得る．したがって，特性乗数は 1 となる．この場合，明らかに解は $x \to \infty$ の際，非有界になる．

例題 2. Hill の方程式

$$y'' + f(x)y = 0 \tag{42}$$

において，$f(x)$ は周期 ω の連続関数であるとする．$\boldsymbol{y} = (y\ y')^\mathrm{T}$ とおけば，$\boldsymbol{y}$ の微分方程式系

$$\frac{d\boldsymbol{y}}{dx} = A(x)\boldsymbol{y}, \qquad A(x) = \begin{pmatrix} 0 & 1 \\ -f(x) & 0 \end{pmatrix}$$

が得られる．この基本解行列の一つを $Y(x)$ とし，$W(x) = \det Y(x)$ (Wronskian) とおけば，(40) と Abel の公式 (7) により，

$$W(0) \det C = W(\omega) = W(0) \exp\left(\int_0^\omega \operatorname{tr}(A(t))\,dt\right) = W(0).$$

したがって，$\det C = 1$ を得る．特性乗数（C の固有値）を λ_1, λ_2 とすれば，$\lambda_1 \lambda_2 = 1$ となる．たとえば λ_1, λ_2 がともに実数で $\lambda_1 \neq \lambda_2$ であれば，一方の絶対値が 1 より大きくなって，有界でない解が現れる．

2.4　第 2 章補足: Jordan 標準形

2.2 節においては，与えられた正方行列を相似な Jordan 標準形，(19), (20) に変換できることを，証明なしで述べた．最小多項式等，Jordan 標準形に関係する線形代数学の内容は豊かである．本項では，Jordan 標準形を導くために必要な事項について，最小限の枠内で簡単に解説する．まず，

補題 A． $f_1(x), \ldots, f_s(x)$ を 1 次多項式以上の共通因子をもたない x の多項式とすれば，

$$M_1(x) f_1(x) + \cdots + M_s(x) f_s(x) = 1$$

を満たす多項式 $M_i(x)$, $1 \leqslant i \leqslant s$ を見出せる．

例題 A． $f_1(x) = (x-a)^2$, $f_2(x) = x - b$, $a \neq b$ であれば，

$$r(x-a)^2 + (px+q)(x-b) = 1, \quad r = -p = \frac{1}{(a-b)^2}, \quad q = \frac{2a-b}{(a-b)^2}$$

とすればよい．

証明． $M_i(x)$, $1 \leqslant i \leqslant s$ を任意の多項式として，多項式の集合 $\mathscr{A}$ を $\mathscr{A} = \left\{g(x) = \sum_{1 \leqslant i \leqslant s} M_i(x) f_i(x)\right\}$ により定めれば，明らかに
(i) g_1, $g_2 \in \mathscr{A}$ ならば，$g_1 + g_2 \in \mathscr{A}$．
(ii) 任意の多項式 M に対して，$g \in \mathscr{A}$ ならば，$Mg \in \mathscr{A}$．
$g_0 (\neq 0) \in \mathscr{A}$ を，$\mathscr{A}$ の中で次数最小の多項式とする．任意の $g \in \mathscr{A}$ を g_0 で割って，余りが h であるとすれば，

$$g = M g_0 + h, \quad \#h < \#g_0$$

と書ける（$\#h$ は，h の次数を表す）．しかしながら，$h = g - M g_0 \in \mathscr{A}$ であり，$\#h < \#g_0$ であるから，$g_0 \in \mathscr{A}$ が最小次数であることに反する．したがって，$h = 0$.

2.4 第2章補足: Jordan 標準形

すなわち,任意の $g \in \mathscr{A}$ は g_0 で割り切れる(すべての $g \in \mathscr{A}$ は g_0 を因数にもつ).また,$f_i \in \mathscr{A}$ であるから,g_0 は $f_1, \ldots, f_s$ の共通因子(公約数)になる.仮定により g_0 は 1 次以上の多項式ではあり得ないので,$g_0(x) = 1$. □

行列 A の相異なる固有値を λ_i,$1 \leqslant i \leqslant s$ とし,$f_A(\lambda)$ を A の特性多項式とする:$f_A(\lambda) = \det(\lambda I - A) = \prod_{1 \leqslant i \leqslant s}(\lambda - \lambda_i)^{m_i}$ とする(m_i は λ_i の多重度を表す).

$$f_i(\lambda) = \frac{f_A(\lambda)}{(\lambda - \lambda_i)^{m_i}} = \prod_{j \neq i}(\lambda - \lambda_j)^{m_j}, \quad 1 \leqslant i \leqslant s$$

とおけば,$f_1, \ldots, f_s$ は共通因子をもたない.したがって,補題 A により,

$$\exists M_i, 1 \leqslant i \leqslant s; \quad M_1(\lambda)f_1(\lambda) + \cdots + M_s(\lambda)f_s(\lambda) = 1$$

が恒等的に成り立つ.λ に A を代入して,

$$M_1(A)f_1(A) + \cdots + M_s(A)f_s(A) = P_1 + \cdots + P_s = I, \quad P_i = M_i(A)f_i(A).$$

行列 P_i は射影行列であることを示そう.$i \neq j$ のとき $f_i f_j$ は f_A で割り切れるから,Hamilton-Cayley の定理により $f_i(A)f_j(A) = O$.したがって,$P_i P_j = O$,つぎに,

$$P_i = P_i(P_1 + \cdots + P_s) = P_i^2$$

がわかる.以上より,$\mathbb{R}^n$ は不変部分空間 $P_i \mathbb{R}^n = \{x \in \mathbb{R}^n; P_i x = x\}$ の直和に分解される:$\mathbb{R}^n = \sum_i P_i \mathbb{R}^n$.実は,

$$P_i \mathbb{R}^n = \widetilde{W}_{\lambda_i} = \{x; (\lambda_i I - A)^l x = 0 \text{ for some } l \geqslant 1\}$$

になる.実際,$(\lambda - \lambda_i)^{m_i} f_i(\lambda) = f_A(\lambda)$ であるから,$(\lambda_i I - A)^{m_i} f_i(A) = O$.したがって,$(\lambda_i I - A)^{m_i} P_i = O$ であるから,$P_i \mathbb{R}^n \subset \widetilde{W}_{\lambda_i}$.

逆に $x \in \widetilde{W}_{\lambda_i}$,$(\lambda_i I - A)^l x = 0$,$l \geqslant 1$ であれば,$(\lambda - \lambda_i)^l$ と $M_i(\lambda)f_i(\lambda)$ とは共通因子をもたない.実際,もし $M_i f_i$ が因子 $\lambda - \lambda_i$ をもてば,$M_j f_j$,$j \neq i$ が因子 $\lambda - \lambda_i$ をもつ,したがってすべての $M_j f_j$ が共通因子 $\lambda - \lambda_i$ をもつことになり,補題 A に矛盾する.再び補題 A により,

$$\exists M, N; \quad M(\lambda)(\lambda - \lambda_i)^l + N(\lambda)M_i(\lambda)f_i(\lambda) = 1,$$
$$M(A)(A - \lambda_i I)^l + N(A)M_i(A)f_i(A) = I, \quad \text{あるいは}$$
$$N(A)P_i = I - (-1)^l M(A)(\lambda_i I - A)^l.$$

すなわち $P_i N(A) x = N(A) P_i x = x$ であるから,$x \in P_i \mathbb{R}^n$. □

注意.上の証明により,$P_i \mathbb{R}^n = \widetilde{W}_{\lambda_i} = \{x; (\lambda_i I - A)^{m_i} x = 0\}$ であり,したがって $(\lambda_i I - A)^k x = 0$,$k > m_i$ ならば,自動的に $(\lambda_i I - A)^{m_i} x = 0$ となる.

定理 A. $\mathbb{R}^n = \widetilde{W}_{\lambda_1} + \cdots + \widetilde{W}_{\lambda_s}, \quad \dim \widetilde{W}_{\lambda_i} = m_i.$

証明. 前半は, O.K. 後半部分において, $\dim \widetilde{W}_{\lambda_i} = n_i$ としよう. $\mathbb{R}^n$ の直和分解において, 各 $\widetilde{W}_{\lambda_i}$ の n_i 個の基底, $p_{ij}, 1 \leqslant j \leqslant n_i$ を選ぶ. $Ap_{ij} = \sum_{1 \leqslant k \leqslant m_i} \alpha^i_{jk} p_{ik}$ $\in \widetilde{W}_{\lambda_i}$ と表し, $\widehat{P}_i = (p_{i1}\ p_{i2}\ \ldots\ p_{in_i}), n \times n_i$ とおけば,

$$A\widehat{P}_i = \widehat{P}_i A_i, \quad A_i = \begin{pmatrix} \alpha^i_{jk}; & j & \to & 1, \ldots, n_i \\ & k & \downarrow & 1, \ldots, n_i \end{pmatrix}, \quad 1 \leqslant i \leqslant s.$$

$P = \begin{pmatrix} \widehat{P}_1\ \widehat{P}_2\ \ldots\ \widehat{P}_s \end{pmatrix}, n \times n$ とおけば,

$$P^{-1}AP = \mathrm{diag}\begin{pmatrix} A_1 & A_2 & \ldots & A_s \end{pmatrix}$$

となる. このとき, $f_A(\lambda) = f_{P^{-1}AP}(\lambda) = \prod_{1 \leqslant i \leqslant s} f_{A_i}(\lambda)$ で,

$$\begin{array}{ccc} x \in \widetilde{W}_{\lambda_i} & \longleftrightarrow & \boldsymbol{x} = (x_{i1}\ x_{i2}\ \ldots\ x_{in_i})^{\mathrm{T}} \\ \downarrow & & \downarrow \\ Ax \in \widetilde{W}_{\lambda_i} & \longleftrightarrow & A_i \boldsymbol{x} \end{array}$$

となる. $\forall x \in \widetilde{W}_{\lambda_i}$ に対して, $(\lambda_i I - A)^{m_i} x = 0$ だから, $(\lambda_i I_{n_i} - A_i)^{m_i} \boldsymbol{x} = 0$, $\forall \boldsymbol{x} \in \mathbb{R}^{n_i}$. したがって, $(\lambda_i I_{n_i} - A_i)^{m_i} = O$, すなわち, $n_i \times n_i$ 行列 $N_i = A_i - \lambda_i I_{n_i}$ はベキ零 (nilpotent) になる.

$$f_{N_i}(\lambda) = \det(\lambda I_{n_i} - N_i) = \det\bigl((\lambda + \lambda_i)I_{n_i} - A_i)\bigr) = \lambda^{n_i},$$
$$f_{A_i}(\lambda) = \det(\lambda I_{n_i} - A_i) = (\lambda - \lambda_i)^{n_i}.$$

したがって,

$$f_A(\lambda) = \prod_{1 \leqslant i \leqslant s} f_{A_i}(\lambda) = \prod_{1 \leqslant i \leqslant s} (\lambda - \lambda_i)^{n_i} = \prod_{1 \leqslant i \leqslant s} (\lambda - \lambda_i)^{m_i}.$$

ゆえに, $n_i = m_i, 1 \leqslant i \leqslant s$. $\square$

定理 A で述べた相似変換において, A_i は $m_i \times m_i$ 行列になる. A_i が Jordan 細胞になるように, $\widehat{P}_i$, or $p_{ij}, 1 \leqslant j \leqslant m_i$ を上手に選ぼう. 以後, 固定した i について考える. $N = A - \lambda_i I$ とおけば,

$$W^{(k)} = \left\{ x \in \mathbb{C}^n;\ N^k x = 0 \right\}, \quad k \geqslant 1,$$
$$\Rightarrow \quad W^{(1)} \subset W^{(2)} \subset \ldots \subset W^{(m_i)} = \widetilde{W}_{\lambda_i}$$

である. すでに示したように, $W^{(k)} = W^{(m_i)}, k > m_i$ である. $W^{(i)} = W^{(i+1)}$ と仮定しよう. このとき $x \in W^{(i+2)}$ であれば, $Nx \in W^{(i+1)}$ より $Nx \in W^{(i)}$, したがって $x \in W^{(i+1)}$ であり, とくに $W^{(i)} = W^{(i+1)} = W^{(i+2)} = \ldots$ となる. $W^{(i)} = W^{(i+1)}$ となる最小の i を ν で表すと,

2.4 第2章補足: Jordan 標準形

$$W^{(1)} \subsetneq W^{(2)} \subsetneq \ldots \subsetneq W^{(\nu-1)} \subsetneq W^{(\nu)} = W^{(\nu+1)} = \ldots = \widetilde{W}_{\lambda_i}.$$

$\dim W^{(k)} = l_k$ とし, $l_k - l_{k-1} = r_k$, $1 \leqslant k \leqslant \nu$ とおく ($l_0 = 0$, $l_\nu = m_i$). $W^{(\nu-1)} \subsetneq W^{(\nu)}$ であるから, $W^{(\nu-1)}$ の任意の基底に適当な $p_1, \ldots, p_{r_\nu} \in W^{(\nu)} \setminus W^{(\nu-1)}$ を加えて, それらが $W^{(\nu)}$ の基底になるようにできる:

$$\text{span}\{p_1, \ldots, p_{r_\nu}\} + W^{(\nu-1)} = W^{(\nu)}. \quad \text{(直和)}$$

$Np_1, \ldots, Np_{r_\nu} \in W^{(\nu-1)}$ であるが, これらは一次独立であり, かつ

$$\text{span}\{Np_1, \ldots, Np_{r_\nu}\} \cap W^{(\nu-2)} = \{0\}.$$

実際, $c_1 Np_1 + \ldots + c_{r_\nu} Np_{r_\nu} \in W^{(\nu-2)}$ とすれば,

$$N^{\nu-2}(c_1 Np_1 + \ldots + c_{r_\nu} Np_{r_\nu}) = N^{\nu-1}(c_1 p_1 + \ldots + c_{r_\nu} p_{r_\nu}) = 0$$

であり, $c_1 p_1 + \ldots + c_{r_\nu} p_{r_\nu} \in W^{(\nu-1)}$. ところが, $\text{span}\{p_1, \ldots, p_{r_\nu}\} \cap W^{(\nu-1)} = \{0\}$. したがって, $c_1 p_1 + \ldots + c_{r_\nu} p_{r_\nu} = 0$, あるいは $c_1 = \ldots = c_{r_\nu} = 0$ を得る.

上記により, $r_\nu + \dim W^{(\nu-2)} \leqslant \dim W^{(\nu-1)}$ となり, $r_\nu + l_{\nu-2} \leqslant l_{\nu-1}$, あるいは $r_\nu \leqslant r_{\nu-1}$ がわかる. 言いかえれば, $W^{(\nu-1)}$ を構成する基底ベクトルとしては, (1) $l_{\nu-2}$ 個の $W^{(\nu-2)}$ の任意の基底, (2) $Np_1, \ldots, Np_{r_\nu}$ の合計 $r_\nu + l_{\nu-2}$ 個に加えて, (3) $l_{\nu-1} - (l_{\nu-2} + r_\nu) = r_{\nu-1} - r_\nu$ 個の一次独立なベクトル $p_{r_\nu+1}, \ldots, p_{r_{\nu-1}} \in W^{(\nu-1)} \setminus W^{(\nu-2)}$ を選ぶ必要がある:

$$\text{span}\{Np_1, \ldots, Np_{r_\nu}, p_{r_\nu+1}, \ldots, p_{r_{\nu-1}}\} + W^{(\nu-2)} = W^{(\nu-1)}. \quad \text{(直和)}$$

$N^2 p_1, \ldots, N^2 p_{r_\nu}, Np_{r_\nu+1}, \ldots, Np_{r_{\nu-1}} \in W^{(\nu-2)}$ であるが, これらは一次独立であり, 同様に,

$$\text{span}\{N^2 p_1, \ldots, N^2 p_{r_\nu}, Np_{r_\nu+1}, \ldots, Np_{r_{\nu-1}}\} \cap W^{(\nu-3)} = \{0\}.$$

実際, $c_1 N^2 p_1 + \ldots + c_{r_\nu} N^2 p_{r_\nu} + d_{r_\nu+1} Np_{r_\nu+1} + \ldots + d_{r_{\nu-1}} Np_{r_{\nu-1}} \in W^{(\nu-3)}$ とすれば,

$$0 = N^{\nu-3}(c_1 N^2 p_1 + \ldots + c_{r_\nu} N^2 p_{r_\nu} + d_{r_\nu+1} Np_{r_\nu+1} + \ldots + d_{r_{\nu-1}} Np_{r_{\nu-1}})$$
$$= N^{\nu-2}(c_1 Np_1 + \ldots + c_{r_\nu} Np_{r_\nu} + d_{r_\nu+1} p_{r_\nu+1} + \ldots + d_{r_{\nu-1}} p_{r_{\nu-1}})$$

であり, $c_1 Np_1 + \ldots + c_{r_\nu} Np_{r_\nu} + d_{r_\nu+1} p_{r_\nu+1} + \ldots + d_{r_{\nu-1}} p_{r_{\nu-1}} \in W^{(\nu-2)}$, したがって $= 0$, あるいは $c_i = 0$, $d_i = 0$ となる. $r_{\nu-1} + l_{\nu-3} \leqslant l_{\nu-2}$ であるから, $W^{(\nu-2)}$ を構成する基底ベクトルとして, $l_{\nu-2} - (r_{\nu-1} + l_{\nu-3}) = r_{\nu-2} - r_{\nu-1}$ 個の一次独立なベクトル $p_{r_{\nu-1}+1}, \ldots, p_{r_{\nu-2}} \in W^{(\nu-2)} \setminus W^{(\nu-3)}$ を選ぶ必要がある:

$$\text{span}\{N^2 p_1, \ldots, N^2 p_{r_\nu}, Np_{r_\nu+1}, \ldots, Np_{r_{\nu-1}}, p_{r_{\nu-1}+1}, \ldots, p_{r_{\nu-2}}\}$$
$$+ W^{(\nu-3)} = W^{(\nu-2)}. \quad \text{(直和)}$$

以下同様にして，

$$r_\nu \leqslant r_{\nu-1} \leqslant \ldots \leqslant r_1 = l_1 = \dim W^{(1)}$$

がわかる．このようにして順次選んだベクトルは，$W^{(\nu)} = \widetilde{W}_{\lambda_i}$ の基底を構成する．
基底を並べれば，以下の表，図のようになる：

$p_1, \ldots, p_{r_\nu}$				
$Np_1 \ldots Np_{r_\nu}$	$p_{r_\nu+1} \ldots p_{r_{\nu-1}}$			
$\vdots$	$\vdots$	$\vdots$		
$N^{\nu-2}p_1 \ldots N^{\nu-2}p_{r_\nu}$	$N^{\nu-3}p_{r_\nu+1} \ldots N^{\nu-3}p_{r_{\nu-1}}$	$\ldots$	$p_{r_3+1} \ldots p_{r_2}$	
$N^{\nu-1}p_1 \ldots N^{\nu-1}p_{r_\nu}$	$N^{\nu-2}p_{r_\nu+1} \ldots N^{\nu-2}p_{r_{\nu-1}}$	$\ldots$	$Np_{r_3+1} \ldots Np_{r_2}$	$p_{r_2+1} \ldots p_{r_1}$
$\underbrace{\qquad}_{r_\nu}$	$\underbrace{\qquad}_{r_{\nu-1}-r_\nu}$		$\underbrace{\qquad}_{r_2-r_3}$	$\underbrace{\qquad}_{r_1-r_2}$

表を構成する列に注目しよう．各 p_j, $j = r_k + 1, \ldots, r_{k-1}$ に対して，

$$N\begin{pmatrix} N^{k-2}p_j & N^{k-3}p_j & \ldots & p_j \end{pmatrix} = \begin{pmatrix} 0 & N^{k-2}p_j & \ldots & Np_j \end{pmatrix}$$

$$= \begin{pmatrix} N^{k-2}p_j & N^{k-3}p_j & \ldots & p_j \end{pmatrix} \begin{pmatrix} 0 & 1 & & & \\ & \ddots & \ddots & & \\ & & & 0 & 1 \\ & & & & 0 \end{pmatrix}$$

となるから，

$$A\begin{pmatrix}N^{k-2}p_j & N^{k-3}p_j & \ldots & p_j\end{pmatrix} = \begin{pmatrix}N^{k-2}p_j & N^{k-3}p_j & \ldots & p_j\end{pmatrix}J_k,$$

$$J_k = \begin{pmatrix}\lambda_i & 1 & & \\ & \ddots & \ddots & \\ & & \lambda_i & 1 \\ & & & \lambda_i\end{pmatrix}; \quad (k-1)\times(k-1).$$

ここで,J_k は Jordan 細胞である.固定した k について基底 $\begin{pmatrix}N^{k-2}p_j & N^{k-3}p_j & \ldots & p_j\end{pmatrix}$ を $j=r_k+1, \ldots, r_{k-1}$ について横に並べ,次いで $k=\nu+1, \ldots, 3, 2$ について横に並べてできる行列により,A の不変部分空間 $W^{(\nu)}=\widetilde{W}_{\lambda_i}$ における表現行列として J_k を対角ブロックにもつ行列(Jordan 標準形)が得られる.この操作をすべての固有値 λ_i,$1\leqslant i\leqslant s$ に対して行えば,最終的に (19), (20) で記述される標準形が得られる.

A が固有値 $\lambda=a+ib$,$b\neq 0$ をもつ場合,Jordan 細胞は複素数を成分にもつ行列になる.$\mu=\overline{\lambda}=a-ib$ も固有値であるから,対応する Jordan 細胞も現れる.かわりに実数値を成分とする標準形が得られることを,簡単な例題を経由して示そう.

$$A\begin{pmatrix}p & q & r\end{pmatrix} = \begin{pmatrix}p & q & r\end{pmatrix}\begin{pmatrix}\lambda & 1 & 0 \\ 0 & \lambda & 1 \\ 0 & 0 & \lambda\end{pmatrix} = \begin{pmatrix}p & q & r\end{pmatrix}J$$

とする.このとき,$\mu=a-ib$ に関しては,$A\overline{p}=\mu\overline{p}$,$A\overline{q}=\overline{p}+\mu\overline{q}$,$A\overline{r}=\overline{q}+\mu\overline{r}$ であるから,

$$A\begin{pmatrix}\overline{p} & \overline{q} & \overline{r}\end{pmatrix} = \begin{pmatrix}\overline{p} & \overline{q} & \overline{r}\end{pmatrix}\begin{pmatrix}\mu & 1 & 0 \\ 0 & \mu & 1 \\ 0 & 0 & \mu\end{pmatrix} = \begin{pmatrix}\overline{p} & \overline{q} & \overline{r}\end{pmatrix}\overline{J}$$

となる.$p, q, r \in \widetilde{W}_\lambda$,$\overline{p}, \overline{q}, \overline{r} \in \widetilde{W}_\mu$ であるから,$p, q, \ldots, \overline{r}$ は一次独立になることに注意しよう.このとき,

$$A\begin{pmatrix}p & q & r & \overline{p} & \overline{q} & \overline{r}\end{pmatrix} = \begin{pmatrix}p & q & r & \overline{p} & \overline{q} & \overline{r}\end{pmatrix}\begin{pmatrix}J & 0 \\ 0 & \overline{J}\end{pmatrix}$$

であるが,$p, q, \ldots, \overline{r}$ の配列を変えると,

$$A\underbrace{\begin{pmatrix}p & \overline{p} & q & \overline{q} & r & \overline{r}\end{pmatrix}}_{\Psi} = \begin{pmatrix}p & \overline{p} & q & \overline{q} & r & \overline{r}\end{pmatrix}\begin{pmatrix}\lambda & 0 & 1 & 0 & 0 & 0 \\ 0 & \mu & 0 & 1 & 0 & 0 \\ \hline 0 & 0 & \lambda & 0 & 1 & 0 \\ 0 & 0 & 0 & \mu & 0 & 1 \\ \hline 0 & 0 & 0 & 0 & \lambda & 0 \\ 0 & 0 & 0 & 0 & 0 & \mu\end{pmatrix} = \Psi\Lambda$$

とも書ける．
$$\begin{pmatrix} \lambda & 0 \\ 0 & \mu \end{pmatrix} S = S \begin{pmatrix} a & -b \\ b & a \end{pmatrix} = SD, \quad S = \begin{pmatrix} 1 & i \\ i & 1 \end{pmatrix}$$

であるから，$\mathrm{diag}\,(S\ S\ S) = \mathscr{S}$ とおけば，

$$\mathscr{S}^{-1} \Lambda \mathscr{S} = \begin{pmatrix} D & I_2 & O \\ O & D & I_2 \\ O & O & D \end{pmatrix} = \widetilde{\Lambda}, \quad D = \begin{pmatrix} a & -b \\ b & a \end{pmatrix}, \quad I_2 = \begin{pmatrix} 1 & 0 \\ 0 & 1 \end{pmatrix}.$$

$\Lambda \mathscr{S} = \mathscr{S} \widetilde{\Lambda}$ であるから，

$$A(\Psi \mathscr{S}) = \Psi \Lambda \mathscr{S} = (\Psi \mathscr{S}) \widetilde{\Lambda}$$

となる．この $\widetilde{\Lambda}$ が，A の実数値の枠内での標準形になる．ここで，変換行列は，

$$\Psi \mathscr{S} = \Big((p\ \overline{p})S \quad (q\ \overline{q})S \quad (r\ \overline{r})S \Big)$$
$$= \Big(p + i\overline{p} \quad ip + \overline{p} \quad q + i\overline{q} \quad iq + \overline{q} \quad r + i\overline{r} \quad ir + \overline{r} \Big).$$

以上を一般化すれば，複素固有値 λ に対する一般化固有空間 $\widetilde{W}_\lambda$ の代数構造に応じて，実数値を成分とする

$$\widetilde{\Lambda} = \begin{pmatrix} D & I_2 & & & \\ & \ddots & \ddots & & \\ & & & D & I_2 \\ & & & & D \end{pmatrix}$$

の形の対角ブロックが現れる．

第 2 章の演習問題

2.1.1: $n = 2$ の場合に，Abel の公式 (7) をもっと直接に確かめよ．

2.1.2: (8) の右辺第 2 項 $\boldsymbol{y}_2 = \int_{x_0}^{x} Y(x) Y^{-1}(\xi) \boldsymbol{b}(\xi)\, d\xi$ は，$\boldsymbol{y}_0 = \boldsymbol{0}$ のときの (2) の解を表すことを示せ．

2.2.1-1: $n \times n$ 行列 A のノルムを $\|A\| = \sqrt{\sum_{i,j=1}^{n} |a_{ij}|^2}$ により与えるとき，

(i) $\|A\| = 0 \Leftrightarrow A = O_n$; (ii) $\|A + B\| \leqslant \|A\| + \|B\|$（三角不等式）;

(iii) $\|cA\| = |c|\,\|A\|, \quad c \in \mathbb{R}^1$; (iv) $\|AB\| \leqslant \|A\|\,\|B\|$;

(v) $|A\boldsymbol{y}| \leqslant \|A\|\,|\boldsymbol{y}|, \qquad \boldsymbol{y} \in \mathbb{R}^n, \quad |\boldsymbol{y}| = \sqrt{\sum_{i=1}^{n} y_i^2}$

が成り立つことを示せ．

2.2.1-2: 前問において A のノルムを，かわりに $\|A\| = \max_{|\boldsymbol{y}|=1} |A\boldsymbol{y}|$ と定義すれば，上の (i) – (v) が成り立つことを示せ．一般には，作用素ノルムをこのように定義する．なお，第 6 章，6.5.2 項を参照のこと．

2.2.1-3: つぎの各 A について，固有値，固有ベクトルを求めることにより e^{xA} をそれぞれ計算せよ：

(i) $A = \begin{pmatrix} 0 & \omega \\ -\omega & 0 \end{pmatrix}$, (ii) $A = \begin{pmatrix} 2 & -1 \\ 4 & -3 \end{pmatrix}$, (iii) $\begin{pmatrix} a & -b \\ b & a \end{pmatrix}$, $b \neq 0$.

2.2.1-4: (i) $A = \begin{pmatrix} 4 & 1 & 0 \\ -4 & 0 & 0 \\ 10 & 5 & 2 \end{pmatrix}$, (ii) $A = \begin{pmatrix} -2 & -3 & 2 \\ -5 & 10 & -10 \\ -12 & 27 & -23 \end{pmatrix}$ のとき，A の Jordan 標準形をそれぞれ求めよ．

2.2.1-5: 前問，(i), (ii) において，e^{xA} をそれぞれ計算せよ．

2.2.1-6: $n \times n$ 行列 A は，
$$\operatorname{Re}\langle A\boldsymbol{y}, \boldsymbol{y}\rangle \leqslant 0, \quad \boldsymbol{y} \in \mathbb{C}^n$$
を満たすとき，消散的 (dissipative) であるといわれる．A が消散的であれば，$|e^{xA}\boldsymbol{y}_0|$ は $x \to \infty$ のとき，単調非増加であることを示せ．さらに強く，$\operatorname{Re}\langle A\boldsymbol{y}, \boldsymbol{y}\rangle < 0$, $\boldsymbol{y}(\neq \boldsymbol{0}) \in \mathbb{R}^n$ であれば，
$$\left\|e^{xA}\right\| \leqslant \operatorname{const} e^{-ax}, \quad x \geqslant 0$$
となる $a > 0$ が存在することを示せ．

2.2.1-7: 行列 A が $n \times l$ 行列 B $(n > l)$ により $A = -BB^*$ と表されるとき，$e^{xA}\boldsymbol{y}_0$ の $x \geqslant 0$ における挙動について述べよ．

2.2.1-8: $n \times n$ 行列 A に対して $\mathbb{R}^n$ のある部分空間 E が存在して，$AE \subset E$ となるとき，E は A-不変であるといわれる．E が A-不変であれば，$e^{xA}E \subset E$ となることを示せ．

2.2.2-1: (22) を 1 階常微分方程式系 (2) に書きかえたとき，(5) で表される係数行列 A により
$$p(\lambda) = \det(\lambda I_n - A)$$
となることを示せ．

2.2.2-2: つぎの線形常微分方程式の一般解を求めよ：

(i) $y'' + 3y' + 2y = 4x^2$,

(ii) $y'' + 3y' + 2y = 20\cos 2x$,

(iii) $y'' + 4y = 4\cos 2x$,

(iv) $y'' + 4y' + 5y = 5x^2 + 3x - 2$,

(v) $y'' + y' - 2y = 18xe^{-2x}$,

(vi) $y'' + y' - 2y = -50xe^{-2x}\cos x$,

(vii) $y'' + 6y' + 8y = 2e^{-2x} + 85\sin x$,

(viii) $x^2 y'' + 4xy' + 2y = 0, \quad x > 0$.

$x = e^t$ とおいて，$z(t) = y(e^t)$ に関する微分方程式に帰着させればよい *).

2.2.3-1: $f(\lambda) = \cos x\lambda,\ \sin x\lambda,\ x \in \mathbb{C}$ に対して，$\cos xA,\ \sin xA$ を (31) を経由してそれぞれ定義するとき，

$$\frac{d}{dx}\cos xA = -A\sin xA, \quad \frac{d}{dx}\sin xA = A\cos xA,$$
$$(\cos xA)^2 + (\sin xA)^2 = I$$

となることを示せ．

2.2.3-2: 問 **2.2.1-4** で与えられる二つの行列 A について，e^{xA}, $x \in \mathbb{R}^1$ を (31) を経由して，それぞれ計算せよ．

（問 **2.2.1-5** において，Jordan 標準形を経由して求めた結果と一致することを確かめよ．）

2.2.3-3: $A = \begin{pmatrix} -2 & 2 \\ 1 & -3 \end{pmatrix}$ のとき，(i) e^{xA}, (ii) $\cos xA$ を $c_1(x)A + c_2(x)I$ と表現する関数 c_1, c_2 をそれぞれ求めよ．

2.3: Hill の方程式 (42) に現れる C の固有値 λ_1, λ_2 を分類して，(42) の解の $x \to \infty$ の際の漸近挙動について論ぜよ．

---

*) より一般に，$a_1, \ldots, a_n$ を定数とするとき，
$$Ly = x^n y^{(n)} + a_1 x^{n-1} y^{(n-1)} + \cdots + a_n y = 0, \qquad x > 0$$
を **Euler** の微分方程式という．$x = e^t$, $z(t) = y(e^t)$ とおけば，z に関する定係数常微分方程式に帰着される．この微分方程式は，楕円形偏微分方程式を変数分離の方法で解く際にも現れる（第 7 章，7.2 節）．

3

常微分方程式の解の存在と一意性

3.1 Gronwall の不等式

本節では,次節で述べられる微分方程式の解の存在定理に必要な Gronwall の不等式を紹介する.この不等式は他に,解の比較的粗い評価や安定性等にも広い応用がある有用な不等式である.

x_0 の近傍で連続な関数 $y(x) \geqslant 0$, $a(x) \geqslant 0$, $b(x) \geqslant 0$ が,

$$y(x) \leqslant b(x) + \left| \int_{x_0}^{x} a(t)y(t)\,dt \right| \tag{1}$$

を x_0 の近傍で満たしていると仮定する.

$$\Phi(x) = \int_{x_0}^{x} a(t)y(t)\,dt$$

とおけば,$\Phi(x)$ は x_0 の近傍で C^1 級であり,$\Phi'(x) = a(x)y(x)$, $\Phi(x_0) = 0$ となる.$x \geqslant x_0$ のとき,

$$\Phi'(x) = a(x)y(x) \leqslant a(x)b(x) + a(x)\Phi(x),$$
$$\frac{d}{dx}\left(e^{-\int_{x_0}^{x} a(s)\,ds}\Phi(x)\right) \leqslant e^{-\int_{x_0}^{x} a(s)\,ds}a(x)b(x).$$

第 2 の不等式を x_0 から x まで積分すれば,

$$e^{-\int_{x_0}^{x} a(s)\,ds}\Phi(x) \leqslant \int_{x_0}^{x} \left(e^{-\int_{x_0}^{t} a(s)\,ds}\right) a(t)b(t)\,dt.$$

したがって,

$$y(x) \leqslant b(x) + e^{\left|\int_{x_0}^{x} a(s)\,ds\right|} \left| \int_{x_0}^{x} \left(e^{-\left|\int_{x_0}^{t} a(s)\,ds\right|}\right) a(t)b(t)\,dt \right| \tag{2}$$

を得る．$x \leqslant x_0$ の場合も，まったく同様にして (2) を得る．(2) を **Gronwall の不等式**という．つぎの特別な場合を考えよう．以下の評価は，いずれも容易に得られる．

(i) $b(x) \equiv b$ の場合には，
$$y(x) \leqslant b\, e^{\left|\int_{x_0}^{x} a(t)\, dt\right|}. \tag{3}$$

(ii) $a(x) \equiv a,\ b(x) \equiv b$ の場合には，
$$y(x) \leqslant b\, e^{a|x-x_0|}. \tag{4}$$

(iii) $a(x) \equiv a,\ b(x) = b_0 + b_1|x - x_0|$ の場合には，
$$y(x) \leqslant b_0\, e^{a|x-x_0|} + \frac{b_1}{a}\left(e^{a|x-x_0|} - 1\right). \tag{5}$$

3.2 正規形 1 階常微分方程式の初期値問題

関数 y が
$$\frac{dy}{dx} = f(x, y), \quad y(x_0) = y_0 \tag{6}$$
の解であるとは，y が $x = x_0$ の近傍で与えられた C^1 級関数で，(6) を満たすことをいう．本節では，(6) の解の存在と一意性や定性的性質について論じる．関数 $f(x, y)$ はつぎの条件を満たすと仮定する：

(i) $f(x, y)$ は，閉矩形集合 $\overline{R} = \{(x, y);\ |x - x_0| \leqslant a,\ |y - y_0| \leqslant b\}$ において連続，すなわち，$f \in C(\overline{R})$;

(ii) $f(x, y)$ は，$\overline{R}$ において Lipschitz 連続，すなわち，
$$\exists L > 0;\quad |f(x, y_1) - f(x, y_2)| \leqslant L|y_1 - y_2|, \quad (x, y_1), (x, y_2) \in \overline{R}. \tag{7}$$

このとき，f は $\overline{R}$ で有界であるから
$$\sup_{(x, y) \in \overline{R}} |f(x, y)| = M < \infty$$
とおく．$a_1 = \min(a, b/M)$ とおくとき，つぎの存在定理が成り立つ：

定理 1. f が上記 (i), (ii) の仮定を満たすとき，(6) の解 y が少なくとも $|x - x_0| \leqslant a_1$ において存在し，しかもそのような解は一意に定まる．

定理 1 を二つの方法で証明しよう．

3.2.1 逐次近似法

(i) (6) の解を求めることと，積分方程式

$$y(x) = y_0 + \int_{x_0}^x f(t, y(t))\, dt \tag{8}$$

を満たす $x = x_0$ の近傍で連続な y を求めることとは同値であることを示そう．(6) が解をもてば，(6) の両辺を x_0 から x まで積分して (8) を得る．逆に y が (8) を満たせば，$f(t, y(t))$ は $t = x_0$ の近傍で連続，$\int_{x_0}^x f(t, y(t))\, dt$ は x_0 の近傍で C^1 級である．したがって，y も自動的に C^1 級となり，

$$\frac{dy}{dx} = f(x, y(x))$$

が成り立つ．(8) において $x \to x_0$ とすれば明らかに，初期条件 $y(x_0) = y_0$ も満たされる．今後は，(6) を解くかわりに積分方程式 (8) を解けばよい．

(ii) 区間 $\bar{I}: |x - x_0| \leqslant a_1$ における関数列 $\{y_n(x)\}$ を

$$\begin{aligned} y_0(x) &\equiv y_0, \\ y_n(x) &= y_0 + \int_{x_0}^x f(t, y_{n-1}(t))\, dt, \quad n = 1, 2, \ldots \end{aligned} \tag{9}$$

により定める．まず，この関数列が意味をもつことを示す．y_1 は確かに $|x-x_0| \leqslant a_1$ で連続で，

$$|y_1(x) - y_0| = \left|\int_{x_0}^x f(t, y_0)\, dt\right| \leqslant \left|\int_{x_0}^x M\, dt\right| = M|x - x_0| \leqslant b$$

より，$\{(t, y_1(t)); |t - x_0| \leqslant a_1\} \subset \bar{R}$ がわかる．したがって，$y_2(x)$ が定義され，$|x - x_0| \leqslant a_1$ で連続となる．以下，順次 $y_n \in C(\bar{I})$ が定義される．

(iii) 関数列 $\{y_n\}_{n=0}^\infty$ は，$C(\bar{I})$ における一様収束列であることを示そう．$f(x, y)$ の Lipschitz 連続性により，

$$\begin{aligned} |y_1(x) - y_0(x)| &\leqslant M|x - x_0|, \\ |y_2(x) - y_1(x)| &\leqslant \left|\int_{x_0}^x \bigl(f(t, y_1(t)) - f(t, y_0(t))\bigr)\, dt\right| \\ &\leqslant \left|\int_{x_0}^x L|y_1(t) - y_0(t)|\, dt\right| \\ &\leqslant \left|\int_{x_0}^x M|t - x_0|\, dt\right| = \frac{LM}{2!} |x - x_0|^2. \end{aligned}$$

そして帰納的に，
$$|y_k(x) - y_{k-1}(x)| \leqslant \frac{L^{k-1}M}{k!}|x - x_0|^k, \quad x \in \bar{I}, \quad k \geqslant 1$$
を得る．$m > n$ とすれば，この評価を用いて，
$$|y_m(x) - y_n(x)| \leqslant \sum_{k=n+1}^{m} |y_k(x) - y_{k-1}(x)| \leqslant \sum_{k=n+1}^{m} \frac{L^{k-1}M}{k!} a_1^k \to 0$$
であり，この収束は $\bar{I}$ において一様である．したがって，関数列 $\{y_n\}_{n=0}^{\infty}$ は $C(\bar{I})$ における Cauchy 列であり，ある $y \in C(\bar{I})$ に一様収束する．逐次近似 (9) において
$$\left|\int_{x_0}^{x} f(t, y_{n-1}(t))\,dt - \int_{x_0}^{x} f(t, y(t))\,dt\right|$$
$$\leqslant \left|\int_{x_0}^{x} L|y_{n-1}(t) - y(t)|\,dt\right| \to 0, \quad n \to \infty$$
であるから，
$$y(x) = \lim_{n \to \infty} y_n(x) = y_0 + \lim_{n \to \infty} \int_{x_0}^{x} f(t, y_{n-1(t)})\,dt$$
$$= y_0 + \int_{x_0}^{x} f(t, y(t))\,dt$$
となって，$y(x)$ が (6) の解になる．

(iv) 解の一意性を示そう．(6) の解を y, z とすれば，積分方程式 (8) を経由して，
$$|y(x) - z(x)| \leqslant \left|\int_{x_0}^{x} \bigl(f(t, y(t)) - f(t, z(t))\bigr)\,dt\right|$$
$$\leqslant \left|\int_{x_0}^{x} L|y(t) - z(t)|\,dt\right|.$$
Gronwall の不等式 (4) により
$$0 \leqslant |y(x) - z(x)| \leqslant 0\, e^{L|x - x_0|} = 0$$
となり，$y(x) \equiv z(x)$ を得る． □

注意． 端点 $x = x_0 \pm a_1$ においては，(6) の左辺をたとえば
$$\left.\frac{dy}{dx}\right|_{x_0 - a_1} = \lim_{h \to +0} \frac{y(x_0 - a_1 + h) - y(x_0 - a_1)}{h} \quad \text{(右微分)}$$
の意味に解釈しなければならず，煩雑である．そのため，解は開区間 $|x - x_0| < a_1$ で存在すると主張する方がよいのかも知れない．

3.2.2　Cauchy の折れ線法

(i) 各 $n = 1, 2, \ldots$ に対して，解の近似列（折れ線）$y_n(x)$ をつぎのようにつくる：$f(x,y)$ は $\overline{R}$ で一様連続であるから，$\delta = \delta(n) > 0$ が存在して，

$$|f(x_1, y_1) - f(x_2, y_2)| < \frac{1}{n}, \tag{10}$$
$$|x_1 - x_2| < \delta, \quad |y_1 - y_2| < \delta, \quad (x_1, y_1), \quad (x_2, y_2) \in \overline{R}.$$

十分大きい $N = N(n)$ に対して区間 $\overline{I} : |x - x_0| \leqslant a_1$ を $2N$ 等分し，その分点を x_k, $k = 0, \pm 1, \ldots, \pm N$ とする．ここで，

$$\frac{a_1}{N} = \gamma < \min\left(\delta, \frac{\delta}{M}, \frac{b}{M}\right), \quad x_k = x_0 + k\gamma, \quad k = 0, \pm 1, \ldots, \pm N.$$

折れ線の角 (x_k, y_k), $k = \pm 1, \ldots, \pm N$ を

$$y_{k+1} = y_k + f(x_k, y_k)\gamma, \quad y_{-k-1} = y_{-k} - f(x_{-k}, y_{-k})\gamma, \quad k = 1, \ldots, N$$

によって定めれば，$y_n(x)$ は各 $k = 0, \ldots, N$ に対して

$$y_n(x) = \begin{cases} y_k + f(x_k, y_k)(x - x_k), & x_k \leqslant x \leqslant x_{k+1}, \\ y_{-k} + f(x_{-k}, y_{-k})(x - x_{-k}), & x_{-k-1} \leqslant x \leqslant x_{-k} \end{cases} \tag{11}$$

により記述される（下図参照）．

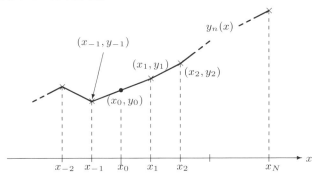

ここで，y_k が定義されるかどうかが問題になる．実際，$(x_j, y_j) \in \overline{R}$, $1 \leqslant j \leqslant k$ とすれば，

$$|y_{k+1} - y_0| \leqslant \sum_{j=0}^{k} |y_{j+1} - y_j| \leqslant \sum_{j=0}^{k} M\gamma \leqslant MN\gamma = Ma_1 \leqslant b$$

となり，確かに $(x_{k+1}, y_{k+1}) \in \overline{R}$ となる．(x_{-k}, y_{-k}) についても同様である．

(ii) (11) で与えられる関数列 $y_n(x)$ は，$C(\overline{I})$ における一様収束列になることを示そう．y_n は，各 x_k 以外で

$$\frac{dy_n}{dx} = \begin{cases} f(x_k, y_k), & x_k < x < x_{k+1}, \\ f(x_{-k}, y_{-k}), & x_{-k-1} < x < x_{-k} \end{cases}$$

を満たすが，一方，それぞれの小区間で，

$$|x - x_k| \leqslant \gamma < \delta, \qquad |y_n(x) - y_k| \leqslant M\gamma < \delta$$

であるから，f の一様連続性 (10) によって，

$$\left| \frac{dy_n}{dx} - f(x, y_n(x)) \right| = |f(x_k, y_k) - f(x, y_n(x))| \leqslant \frac{1}{n}, \tag{12}$$
$$x_k < x < x_{k+1}, \quad \text{あるいは} \quad x_{-k-1} < x < x_{-k}.$$

同様に，十分大きい m に対して $y_m(x)$ をつくれば，$\overline{I}$ の有限個の点以外では

$$\left| \frac{dy_m}{dx} - \frac{dy_n}{dx} \right| \leqslant \left| \frac{dy_m}{dx} - f(x, y_m(x)) \right|$$
$$+ |f(x, y_m(x)) - f(x, y_n(x))| + \left| f(x, y_n(x)) - \frac{dy_n}{dx} \right|$$
$$\leqslant L|y_m(x) - y_n(x)| + \frac{1}{m} + \frac{1}{n} \tag{13}$$

が成り立つ．y_m, y_n は折れ線ではあるが，連続であることから

$$y_m(x) - y_n(x) = \int_{x_0}^{x} \left(\frac{dy_m}{dt} - \frac{dy_n}{dt} \right) dt, \quad x \in \overline{I}$$

が成り立つことに注意する．評価 (13) により，

$$|y_m(x) - y_n(x)| \leqslant L \left| \int_{x_0}^{x} |y_m(t) - y_n(t)| \, dt \right| + \left(\frac{1}{m} + \frac{1}{n} \right) |x - x_0|.$$

Gronwall の不等式 (5) により

$$|y_m(x) - y_n(x)| \leqslant \frac{1}{L} \left(\frac{1}{m} + \frac{1}{n} \right) \left(e^{L|x-x_0|} - 1 \right), \quad x \in \overline{I} \tag{14}$$
$$\to 0, \quad m, n \to \infty$$

を得る．この収束は $\overline{I}$ において一様であるから，$\{y_n(x)\}$ は $C(\overline{I})$ における

Cauchy 列になる．したがって，
$$\exists y \in C(\bar{I}); \quad y(x) = \lim_{n \to \infty} y_n(x).$$
この y が積分方程式 (8) を満たすことを示そう．折れ線 y_n の連続性と (12) により，
$$\left| y_n(x) - y_0 - \int_{x_0}^x f(t, y_n(t))\,dt \right| = \left| \int_{x_0}^x \left(\frac{dy_n}{dt} - f(t, y_n(t)) \right) dt \right|$$
$$\leqslant \frac{a_1}{n} \to 0, \quad n \to \infty.$$
したがって，
$$y(x) - y_0 - \int_{x_0}^x f(t, y(t))\,dt = \lim_{n \to 0} \left(y_n(x) - y_0 - \int_{x_0}^x f(t, y_n(t))\,dt \right) = 0$$
となって，(8) を得る．逐次近似法で示したように，$y(x)$ は (6) の一意な解になる． □

3.2.3　逐次近似法の別の見方（縮小写像）

積分方程式 (8) を，縮小写像の原理を利用して解くことが可能である．これは本質的には逐次近似法と同じであるが，応用が広いのでここで述べることにする．
$$(Fy)(x) = y_0 + \int_{x_0}^x f(t, y(t))\,dt, \quad y \in C(\bar{I}) \tag{15}$$
とおけば，F は $C(\bar{I})$ から $C(\bar{I})$ への写像になる．$C(\bar{I})$ は通常の和とスカラー倍について明らかに線形空間であり，$\|y\| = \max_{x \in \bar{I}} |y(x)|$ とおくと，$\|\cdot\|$ は $C(\bar{I})$ における距離（ノルムという）を与える：

(i) $\|y\| \geqslant 0$, $\|y\| = 0 \Leftrightarrow y = 0$;

(ii) $\|\alpha y + \beta z\| \leqslant |\alpha|\,\|y\| + |\beta|\,\|z\|$, $\alpha, \beta \in \mathbb{C}$.

空間 $C(\bar{I})$ は，ノルム $\|\cdot\|$ に関して**完備** (complete) である．すなわち，$C(\bar{I})$ における Cauchy 列は $C(\bar{I})$ の要素に収束する．実際，$\{y_n\}$ を Cauchy 列とすると，
$$\max_{x \in \bar{I}} |y_m(x) - y_n(x)| = \|y_m - y_n\| \to 0, \quad m, n \to \infty.$$
これは，$y_n(x)$ が有界閉区間 $\bar{I}$ で一様収束することを意味し，初等解析学でよ

く知られた結果により，$y = \lim_{n\to\infty} y_n$ となる $y \in C(\bar{I})$ が一意に存在し，$\lim_{n\to\infty} \|y_n - y\| = 0$ となる．

写像 F が**縮小写像** (contraction) であるとは，

$$0 < \exists \alpha < 1; \quad \|Fy - Fz\| \leqslant \alpha \|y - z\|, \quad \forall y, \forall z \in C(\bar{I}) \qquad (16)$$

が成り立つことをいう．もし $La_1 < 1$ であれば，(15) の F は，

$$\|Fy - Fz\| = \max_{x \in \bar{I}} \left| \int_{x_0}^{x} (f(t, y(t)) - f(t, z(t))) \, dt \right|$$

$$\leqslant L \left| \int_{x_0}^{x} |y(t) - z(t)| \, dt \right| \leqslant La_1 \|y - z\|$$

となって，F は縮小写像になる．(8) を書きかえると $y = Fy$ であり，y は F のいわゆる**不動点** (a fixed point) である．(9) で与えられる逐次近似列は $y_n = Fy_{n-1}$ と書かれ，

$$\|y_n - y_{n-1}\| \leqslant La_1 \|y_{n-1} - y_{n-2}\| \leqslant \cdots \leqslant (La_1)^{n-1} \|y_1 - y_0\|,$$

$$\|y_m - y_n\| \leqslant \sum_{k=n+1}^{m} \|y_k - y_{k-1}\|$$

$$\leqslant \|y_1 - y_0\| \sum_{k=n+1}^{m} (La_1)^{k-1} \to 0, \quad m, n \to \infty$$

となり，y_n は $C(\bar{I})$ で収束する: $\lim_{n\to\infty} y_n = y$．この y が解になる．

一般には必ずしも $La_1 < 1$ は期待できないので，上の議論はそのままでは適用できない．しかしながら，F^N が縮小写像になる正整数 N が存在する．実際，帰納的に

$$|(F^2 y)(x) - (F^2 z)(x)| = \left| \int_{x_0}^{x} (f(t, (Fy)(t)) - f(t, (Fz)(t))) \, dt \right|$$

$$\leqslant L \|Fy - Fz\| \, |x - x_0|,$$

$$\cdots \quad \cdots \quad \cdots$$

$$|(F^N y)(x) - (F^N z)(x)| = \left| \int_{x_0}^{x} \left(f\left(t, (F^{N-1} y)(t)\right) - f\left(t, (F^{N-1} z)(t)\right) \right) dt \right|$$

$$\leqslant \frac{L^{N-1}}{(N-1)!} \|Fy - Fz\| \, |x - x_0|^{N-1}$$

であるから，十分大きい N に対して，

$$\|F^N y - F^N z\| \leqslant \frac{(La_1)^N}{(N-1)!} \|y-z\|, \quad y, z \in C(\bar{I}), \quad \frac{(La_1)^N}{(N-1)!} < 1. \quad (17)$$

したがって，$y = \lim_{n \to \infty} F^{nN} y_0 \in C(\bar{I})$ が存在するが，F の連続性により，

$$Fy = \lim_{n \to \infty} F^{nN} F y_0$$

となることに注意する．$\alpha = (La_1)^{N-1}/(N-1)! < 1$ とおけば，

$$\left\| F^{nN} F y_0 - F^{nN} y_0 \right\| \leqslant \alpha \left\| F^{(n-1)N} F y_0 - F^{(n-1)N} y_0 \right\|$$
$$\leqslant \cdots \leqslant \alpha^n \|Fy_0 - y_0\| \to 0, \quad n \to \infty$$

であるから，結局，

$$y = \lim_{n \to \infty} F^{nN} y_0 = \lim_{n \to \infty} F^{nN} F y_0 = Fy.$$

近似定理: 二つの微分方程式

$$\begin{cases} \dfrac{dy}{dx} = f(x,y), \quad y(x_0) = y_0, \\ \dfrac{dz}{dx} = g(x,z), \quad z(x_0) = z_0 \end{cases} \quad (18)$$

において，方程式も初期値も互いに十分近い場合を考えよう．たとえば，f, y_0 が小さい摂動を受けて，それぞれ g, z_0 になったような場合である．このとき，解 $y(x)$ と $z(x)$ も十分近いであろうと予想するのは自然である．実際，(19) が成り立つ:

f, g は xy-平面の領域 D において連続かつ有界であるとし，f は D で (7) を満たす（y に関する Lipschitz 連続性）とする．(18) の二つの微分方程式の解 y, z がそれぞれ，区間 I で存在すると仮定する．このとき，

$$|y(x) - z(x)| \leqslant |y_0 - z_0| e^{L|x-x_0|} + \frac{\|f-g\|}{L} \left(e^{L|x-x_0|} - 1 \right), \quad x \in I \quad (19)$$

が成り立つ．ここで，$\|f-g\| = \sup_{(x,y) \in D} |f(x,y) - g(x,y)|$ である．

この不等式の証明のため，積分方程式を経由して，

$$|y(x) - z(x)| \leqslant |y_0 - z_0| + \left|\int_{x_0}^{x} f(t, y(t))\, dt - \int_{x_0}^{x} g(t, z(t))\, dt\right|$$

$$\leqslant |y_0 - z_0| + \left|\int_{x_0}^{x} |f(t, y(t)) - f(t, z(t))|\, dt\right|$$

$$+ \left|\int_{x_0}^{x} |f(t, z(t)) - g(t, z(t))|\, dt\right|$$

$$\leqslant |y_0 - z_0| + \|f - g\|\, |x - x_0| + L \left|\int_{x_0}^{x} |y(t) - z(t)|\, dt\right|$$

が成り立つ．Gronwall の不等式 (5) より，直ちに (19) を得る．

3.3　延長不能な解

　方程式 (6) の右辺 $f(x, y)$ が (x_0, y_0) を含むある領域 D において定義され，$f_y = \partial f/\partial y \in C(D)$ であれば，十分小さい $a, b > 0$ を選んで $\overline{R} \subset D$ とできる．$f_y \in C(\overline{R})$ であるから，f は $\overline{R}$ において y に関して Lipschitz 連続になる（定数 L は $\overline{R}$ の選び方に依存する）．定理1の結果を適用すれば，(6) の一意な解が少なくとも $|x - x_0| < \min(a, b/M)$ において存在する．これは x_0 の近傍で与えられた局所解であるが，解の存在区間はできるだけ大きい方が望ましい．今，(6) の解 $y_i(x)$, $i = 1, 2$ が開区間 I_i において定義され，$I_1 \subset I_2$ であると仮定する．解の一意性により，y_1 と y_2 は区間 I_1 において一致する．このとき，y_2 を y_1 の延長という．x_0 を含む開区間 I_0 で定義された (6) の解 $y_0(x)$ が存在して，開区間 I 上で定義された (6) の解 y に対して常に $I \subset I_0$ となるならば，$y(x) = y_0(x)$, $x \in I$ となる．$y_0(x)$ を (6) の延長不能な解という．

　(6) の延長不能な解の存在を示そう．(6) の解 y の集合を，その定義区間 $I = (x_1, x_2)$ とともに考える．m_1 を x_1 の下限，m_2 を x_2 の上限とする．すなわち，

$$(-\infty \leqslant)\, m_1 = \inf\{x_1\}, \qquad m_2 = \sup\{x_2\}\, (\leqslant \infty).$$

区間 $I_0 = (m_1, m_2)$ で定義された解 y_0 をつくろう．$x \in I_0$ に対して，m_1, m_2 の定義により $x \in I_1 \subset I_0$ となる解 y_1 と区間 I_1 が存在する．このとき

$$y_0(x) = y_1(x)$$

とすれば，$y_0(x)$ の値は y_1 の選び方によらず一意に定まる．実際，別の定義区間 I_2, $x \in I_2$ をもつ解 y_2 に対しては，解の一意性により

$$y_1(x) = y_2(x), \quad x \in I_1 \cap I_2$$

であり，とくに $y_1(x) = y_2(x)$ となるからである．このようにして I_0 全体で定義された y_0 は，そのつくり方から (6) の解であり，しかも延長不能な解であることは明らかであろう．

x が m_1, m_2 の近傍にあるとき，解の振る舞いには様々な可能性が考えられる．たとえば，D が有界領域の場合，延長不能な解 y に対して

$$\lim_{x \to m_2 - 0} y(x) = c_2$$

がもし存在すれば，点 (m_2, c_2) は D の境界上の点となることを示そう．m_1 についても同様である．$(x, y(x)) \in D$ であるから，(m_2, c_2) は D の集積点，したがって，内点かまたは境界点のいずれかである．もし内点であれば，

$$c_2 = \lim_{x \to m_2} \left(y_0 + \int_{x_0}^{x} f(t, y(t))\, dt \right) = y_0 + \int_{x_0}^{m_2} f(t, y(t))\, dt.$$

定理 1 により，(m_2, c_2) を初期値とする (6) の解 $y_1(x)$ は $|x - m_2| < {}^{\exists}a$ で存在する．

$$y_2(x) = \begin{cases} y(x), & m_1 < x < m_2, \\ y_1(x), & m_2 \leqslant x < m_2 + a \end{cases}$$

とすれば，$y_2(x)$ は $(m_1, m_2 + a)$ で連続，かつ

$$y_2(x) = c_2 + \int_{m_2}^{x} f(t, y_1(t))\, dt = y_0 + \int_{x_0}^{x} f(t, y_2(t))\, dt$$

が $m_2 < x < m_2 + a$ で成り立つ．y_2 のこの表現は，もちろん $m_1 < x \leqslant m_2$ でも成り立つから，y_2 は (6) の解である．しかしながら，これは y が延長不能な解であることに反する．したがって，(m_2, c_2) は D の境界点である．

定理 2． (x_0, y_0) を内点に含む任意の有界閉集合 $B \subset D$ に対して，延長不能な解 $y_0(x)$ は B に留まることはない．すなわち，ある $x \in I_0$ が存在して，$(x, y_0(x)) \in D \setminus B$．

証明．もし $(x, y_0(x)) \in B$, $\forall x \in I_0$ であると仮定すれば，矛盾が起こるこ

とを示す．関数 $f(x,y)$ は B で有界であるから，$|f(x,y)| \leqslant M$, $(x,y) \in B$ とする．

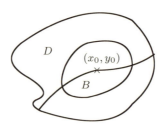

$$|y_0(x') - y_0(x)| = \left|\int_x^{x'} f(t, y_0(t))\, dt\right| \leqslant M|x' - x| \to 0, \quad x', x \to m_2$$

であるから，$\lim_{x \to m_2 - 0} y_0(x) = c_2$ が存在する．B が閉集合であることから $(m_2, c_2) \in B$ であり，D の内点になる．したがって，上で行った議論により，(x_0, y_0) を初期値にもつ解が $x = m_2$ の右側で存在することになり，これは m_2 の定義に矛盾する．$x \to m_1 + 0$ としても，同様である． □

定理 2 により，各有界閉集合 $B \subset D$ に対して

$$x^* = \sup\{x_2;\ (x, y_0(x)) \in B,\ x_0 \leqslant x \leqslant x_2\}$$

とおくと，$(x^*, y_0(x^*))$ は B の境界点であり，B からはみ出る $(x, y_0(x))$, $x > x^*$ がある．実際，$(x^*, y_0(x^*))$ が B の内点であるとすれば，$(x^*, y_0(x^*))$ を通る x^* の右側にある解が存在し，x^* の定義に反するからである．同様に

$$x_* = \inf\{x_1;\ (x, y_0(x)) \in B,\ x_1 \leqslant x \leqslant x_0\}$$

と定義すれば，$(x_*, y_0(x_*))$ も B の境界点になる．

3.4 微分方程式系に対する存在定理

単独の方程式 (6) のかわりに，$y_1, \ldots, y_n$ を未知関数とする常微分方程式系:

$$\frac{dy_i}{dx} = f_i(x, y_1, \ldots, y_n), \quad y_i(x_0) = y_i^0, \quad 1 \leqslant i \leqslant n \tag{20}$$

を考えよう．ベクトル記号: $\boldsymbol{y} = (y_1, \ldots, y_n)^{\mathrm{T}}$, $\boldsymbol{y}_0 = (y_1^0, \ldots, y_n^0)^{\mathrm{T}}$, $\boldsymbol{f}(x, \boldsymbol{y}) = (f_1(x, \boldsymbol{y}), \ldots, f_n(x, \boldsymbol{y}))^{\mathrm{T}}$ を導入すれば，(20) は

$$\frac{d\boldsymbol{y}}{dx} = \boldsymbol{f}(x, \boldsymbol{y}), \quad \boldsymbol{y}(x_0) = \boldsymbol{y}_0 \tag{21}$$

と書かれ，形式上 (6) と同じになる．$\boldsymbol{y}_i = (y_1^i, \ldots, y_n^i)^{\mathrm{T}} \in \mathbb{R}^n$, $i = 1, 2$ に対して，$\boldsymbol{y}_1$ と $\boldsymbol{y}_2$ の距離を

$$|\boldsymbol{y}_1 - \boldsymbol{y}_2| = \left(\sum_{k=1}^n (y_k^1 - y_k^2)^2 \right)^{1/2}$$

により与える[*]．このとき，定理 1 に相当する結果はつぎのように述べられる:

定理 3. $\boldsymbol{f}(x, \boldsymbol{y})$ は閉矩形集合 $\overline{R} = \{(x, \boldsymbol{y}); |x - x_0| \leqslant a, |\boldsymbol{y} - \boldsymbol{y}_0| \leqslant b\}$ において連続，かつ $\overline{R}$ において $\boldsymbol{y}$ に関して Lipschitz 条件

$$\exists L > 0; \quad |\boldsymbol{f}(x, \boldsymbol{y}_1) - \boldsymbol{f}(x, \boldsymbol{y}_2)| \leqslant L |\boldsymbol{y}_1 - \boldsymbol{y}_2|, \quad (x, \boldsymbol{y}_1), \quad (x, \boldsymbol{y}_2) \in \overline{R} \tag{22}$$

を満たすと仮定する．$\sup_{(x, \boldsymbol{y}) \in \overline{R}} |\boldsymbol{f}(x, \boldsymbol{y})| = M$, $a_1 = \min(a, b/M)$ とおくとき，(20) の解 $\boldsymbol{y}(x)$ が少なくとも $|x - x_0| < a_1$ において一意に存在する．

線形常微分方程式系: x_0 を含む開区間 I において，(21) がとくに

$$\frac{d\boldsymbol{y}}{dx} = A(x)\boldsymbol{y} + \boldsymbol{b}(x), \quad \boldsymbol{y}(x_0) = \boldsymbol{y}_0 \tag{23}$$

により記述される場合を考えよう．区間 I は有界でも非有界でもよい．$A(x)$ は (i, j)-要素が $a_{ij}(x)$ で与えられる $n \times n$ 行列，$\boldsymbol{b}(x) = (b_1(x), \ldots, b_n(x))^{\mathrm{T}}$ であり，$a_{ij}, b_i \in C(I)$ と仮定する．任意の $x_0 \in I$ を与えれば，定理 3 より強い主張が得られる:

定理 3'. 線形常微分方程式系 (23) は，区間 I 全体で定義された一意な解 $\boldsymbol{y}(x)$ をもつ．したがって，$\boldsymbol{y}$ は延長不能な解になる．

証明． $\boldsymbol{f}(x, \boldsymbol{y}) = A(x)\boldsymbol{y} + \boldsymbol{b}(x)$ は，すべての $\boldsymbol{y} \in \mathbb{R}^n$ に対して定義されていることに注意しよう．$\{x; |x - x_0| \leqslant a\} \subset I$ となる任意の $a > 0$ に対して，

---

[*] これと同等な $|\boldsymbol{y}_1 - \boldsymbol{y}_2| = \sum_{k=1}^n |y_k^1 - y_k^2|$，あるいは $|\boldsymbol{y}_1 - \boldsymbol{y}_2| = \max_{1 \leqslant k \leqslant n} |y_k^1 - y_k^2|$ により距離を与えてもよい．

逐次近似列

$$\boldsymbol{y}_n(x) = \boldsymbol{y}_0 + \int_{x_0}^{x} (A(t)\boldsymbol{y}_{n-1}(t) + \boldsymbol{b}(t))\, dt, \quad n \geqslant 1, \quad \boldsymbol{y}_0(x) = \boldsymbol{y}_0$$

は $|x-x_0| \leqslant a$ で確かに定義され，連続である．$\boldsymbol{y}_n(x)$ は $|x-x_0| \leqslant a$ で一様収束するから，$\boldsymbol{y}(x) = \lim_{n\to\infty} \boldsymbol{y}_n(x)$ も連続であり，自動的に (20) の解になる．今度は初期値 $(x_0 \pm a, \boldsymbol{y}(x_0 \pm a))$ となる解を $\{x;\ |x-(x_0-a)| \leqslant a_1\} \subset I$，$\{x;\ |x-(x_0+a)| \leqslant a_2\} \subset I$ となる区間で構成し，解を $x = x_0 \pm a$ で接続すれば，より広い区間 $[x_0 - a - a_1, x_0 + a + a_2]$ で定義された解を得る．この操作を繰り返せば，結局，任意の $\overline{I}_1 \subset I$ で定義された一意な解 $\boldsymbol{y}$ が存在することになり，$\boldsymbol{y}$ は区間 I 全体で与えられる．

3.5　解のパラメターに関する滑らかさ

微分方程式がパラメターに依存する場合は多く，そのとき，解もパラメターに依存することになる．本節では，パラメター λ を含む単独の常微分方程式

$$\frac{dy}{dx} = f(x, y, \lambda), \quad y(x_0) = y_0 \tag{24}$$

を考える．これが常微分方程式系になっても，またパラメターが複数個ある場合でも，事情は同じである．$f(x,y,\lambda)$, $f_y(x,y,\lambda)$ は $xy\lambda$-空間のある領域 Ω で定義され，$f, f_y \in C(\Omega)$ であると仮定する．$\Lambda = \{\lambda;\ (x_0, y_0, \lambda) \in \Omega\}$ とすれば，Λ は $\mathbb{R}^1$ の開集合になる．$\lambda \in \Lambda$ を固定するとき，$D_\lambda = \{(x,y);\ (x,y,\lambda) \in \Omega\}$ は領域である．(24) の延長不能な解を $y(x, \lambda)$ とし，その定義区間を $I_\lambda = (m_1(\lambda), m_2(\lambda))$ とする．$y(x, \lambda)$ の定義域 K は，$K = \{(x,\lambda);\ x \in I_\lambda, \lambda \in \Lambda\}$ により与えられる．このとき，つぎの結果が得られる：

定理 4. (24) の延長不能な解 $y(x, \lambda)$ の定義域 K は開集合であり，y は $(x, \lambda) \in K$ の連続関数である．

証明． 任意の $(x_*, \lambda_*) \in K$ における y の連続性を示す．$x_* \in I_{\lambda_*}$ であるから，$x_0,\ x_* \in (x_1, x_2) \subset I_{\lambda_*}$ となる x_1, x_2 が存在する．各 $\delta_1, \delta_2 > 0$ に対して，

$$\overline{\Omega}_0 = \{(x, y, \lambda);\ x_1 \leqslant x \leqslant x_2,\ |y - y(x, \lambda_*)| \leqslant \delta_1,\ |\lambda - \lambda_*| \leqslant \delta_2\}$$

とおく．$\overline{\Omega}_0$ は明らかに $xy\lambda$-空間の有界閉集合であり，δ_1, δ_2 を十分小さく選べば，$\overline{\Omega}_0 \subset \Omega$ となる．$\overline{\Omega}_0$ の xy-平面への射影を B とする：

$$B = \{(x,y);\ x_1 \leqslant x \leqslant x_2,\ |y - y(x,\lambda_*)| \leqslant \delta_1\}.$$

$|\lambda - \lambda_*| \leqslant \delta_2$ である限り，B は D_λ に含まれる有界閉集合である．以後，$|\lambda - \lambda_*| \leqslant \delta_2$ としておく．$\overline{\Omega}_0$ において $f_y(x,y,\lambda)$ は有界であるから，

$$\begin{aligned}&\exists L > 0;\quad |f(x,y_1,\lambda) - f(x,y_2,\lambda)| \leqslant L|y_1 - y_2|,\\ &(x,y_1,\lambda),\quad (x,y_2,\lambda) \in \overline{\Omega}_0.\end{aligned} \tag{25}$$

$y(x,\lambda)$ は延長不能な解であるから，前節で示したように，ある x_3, x_4 ($x_1 \leqslant x_3 < x_0 < x_4 \leqslant x_2$) が存在して

$$\{(x, y(x,\lambda));\ x_3 \leqslant x \leqslant x_4\} \subset B$$

であり，かつ $(x_3, y(x_3,\lambda))$, $(x_4, y(x_4,\lambda))$ は B の境界点である．

もしさらに $|\lambda - \lambda_*|$ が十分小さいならば，$x_3 = x_1$, $x_4 = x_2$ となること，したがって，$y(x,\lambda)$ は少なくとも区間 $[x_1, x_2]$ で定義されることを示そう．積分方程式を経由すれば，$x_3 \leqslant x \leqslant x_4$ において，

$$\begin{aligned} y(x,\lambda) - y(x,\lambda_*) &= \int_{x_0}^{x} \bigl(f(t,y(t,\lambda),\lambda) - f(t,y(t,\lambda_*),\lambda_*)\bigr)\, dt \\ &= \int_{x_0}^{x} \bigl(f(t,y(t,\lambda),\lambda) - f(t,y(t,\lambda_*),\lambda)\bigr)\, dt \\ &\quad + \int_{x_0}^{x} \bigl(f(t,y(t,\lambda_*),\lambda) - f(t,y(t,\lambda_*),\lambda_*)\bigr)\, dt. \end{aligned} \tag{26}$$

$f(x,y,\lambda)$ は $\overline{\Omega}_0$ で一様連続であるから，

$$\begin{aligned}&\forall \varepsilon > 0,\ \exists \delta_3 = \delta_3(\varepsilon) > 0;\quad |\lambda - \lambda_*| < \delta_3,\ (x,y,\lambda),\ (x,y,\lambda_*) \in \overline{\Omega}_0 \\ &\Rightarrow\ |f(x,y,\lambda) - f(x,y,\lambda_*)| < \varepsilon\end{aligned}$$

とできる．これと (25), (26) により，$|\lambda - \lambda_*| < \delta_3\ (< \delta_2)$ ならば，

$$|y(x,\lambda) - y(x,\lambda_*)| \leqslant \left|\int_{x_0}^{x} L|y(t,\lambda) - y(t,\lambda_*)|\, dt\right| + \varepsilon |x - x_0|.$$

Gronwall の不等式 (5) により，

$$|y(x,\lambda) - y(x,\lambda_*)| \leqslant \frac{\varepsilon}{L}\left(e^{L|x-x_0|} - 1\right)$$
$$\leqslant \frac{\varepsilon}{L}\left(e^{L\max\{x_2-x_0,\,x_0-x_1\}} - 1\right), \quad x_3 \leqslant x \leqslant x_4. \tag{27}$$

上式最右辺が δ_1 より小さくなるように，初めから ε を選べば，
$$|y(x_i,\lambda) - y(x_i,\lambda_*)| < \delta_1, \quad i = 3, 4$$

が得られるが，$(x_i, y(x_i,\lambda))$ が B の境界点であることから，$x_3 = x_1$, $x_4 = x_2$ が結論される．結局，延長不能な解 $y(x,\lambda)$ は，$|\lambda - \lambda_*| < \delta_3$ である限り，少なくとも λ に無関係な閉区間 $[x_1, x_2]$ において定義されることがわかる．x_* は $[x_1, x_2]$ の内点であるから，点 (x_*, λ_*) を中心とする十分小さい半径の円の内部が K に含まれることになり，K は開集合である．

$y(x,\lambda)$ の連続性に移ろう．
$$|y(x,\lambda) - y(x_*,\lambda_*)| \leqslant |y(x,\lambda) - y(x,\lambda_*)| + |y(x,\lambda_*) - y(x_*,\lambda_*)|$$

と評価すれば，$\lambda \to \lambda_*$ のとき右辺第 1 項は，(27) により $x \in [x_1, x_2]$ に関して一様に 0 に収束する．右辺第 2 項は，$y(x,\lambda_*)$ の $x = x_*$ における連続性により $x \to x_*$ のとき 0 に収束することになり，
$$\lim_{(x,\lambda) \to (x_*,\lambda_*)} y(x,\lambda) = y(x_*,\lambda_*)$$

が示された． □

つぎに，(24) の延長不能な解 $y(x,\lambda)$ の λ に関する微分可能性を考察しよう．条件を強めて，$f, f_y, f_\lambda \in C(\Omega)$ と仮定する．もし $\frac{\partial}{\partial \lambda} y(x,\lambda) = y_\lambda(x,\lambda)$ が存在するとすれば，必要条件として何が得られるのかを調べる．(24) の両辺を形式的に λ で偏微分すれば，
$$\frac{d}{dx} y_\lambda(x,\lambda) = f_y(x, y(x,\lambda), \lambda)\, y_\lambda(x,\lambda) + f_\lambda(x, y(x,\lambda), \lambda), \quad y_\lambda(x_0, \lambda) = 0$$

を得る．これは $z = y_\lambda$ に関する線形常微分方程式:
$$\frac{dz}{dx} = f_y(x, y(x,\lambda), \lambda)\, z + f_\lambda(x, y(x,\lambda), \lambda), \quad z(x_0) = 0 \tag{28}$$

であり，係数 $f_y(x, y(x,\lambda), \lambda)$, $f_\lambda(x, y(x,\lambda), \lambda)$ は開区間 $(m_1(\lambda), m_2(\lambda))$ で

連続であるから，一意な解 $z(x,\lambda)$ をもつ．

定理 5. $f, f_y, f_\lambda \in C(\Omega)$ と仮定すれば，(24) の延長不能な解 $y(x,\lambda)$ は (x,λ) の C^1 級関数であり，(28) の解 $z(x,\lambda)$ に対して，
$$\frac{\partial}{\partial \lambda} y(x,\lambda) = z(x,\lambda).$$

証明． (x_*, λ_*) における y_λ の存在と，それが $z(x_*, \lambda_*)$ に等しいことを示そう．定理 4 により，$y(x,\lambda_*)$ に対して x_0, x_* を内点に含む区間 $[x_1, x_2]$ を選ぶ．$|\lambda - \lambda_*| < \delta_3$ であれば，$y(x,\lambda)$ は少なくとも $[x_1, x_2]$ で定義される．したがって，
$$\frac{dz}{dx} = f_y(x, y(x,\lambda_*), \lambda_*) z + f_\lambda(x, y(x,\lambda_*), \lambda_*), \qquad z(x_0) = 0$$
の解 $z = z(x, \lambda_*)$ に対して，$z(\cdot, \lambda_*) \in C^1[x_1, x_2]$ となる．このとき，
$$\lim_{\Delta\lambda \to 0} \left(\frac{y(x_*, \lambda_* + \Delta\lambda) - y(x_*, \lambda_*)}{\Delta\lambda} - z(x_*, \lambda_*) \right) = 0 \qquad (29)$$
を示そう．$z(x, \lambda_*)$ は $[x_1, x_2]$ で有界であるから，$|\Delta\lambda|$ が十分小さいとき，定理 4 の証明において
$$(x, y(x, \lambda_*) + \Delta\lambda\, z(x, \lambda_*), \lambda_* + \Delta\lambda) \in \overline{\Omega}_0, \quad x \in [x_1, x_2]$$
となる．(29) の右辺の分子を Gronwall の不等式を利用して評価する．$y(x_0, \lambda_* + \Delta\lambda) = y(x_0, \lambda_*) = y_0$, $z(x_0, \lambda_*) = 0$ に注意すれば，

$y(x, \lambda_* + \Delta\lambda) - y(x, \lambda_*) - \Delta\lambda\, z(x, \lambda_*)$
$= \int_{x_0}^{x} \bigl(f(t, y(t, \lambda_* + \Delta\lambda), \lambda_* + \Delta\lambda) - f(t, y(t, \lambda_*), \lambda_*) - \Delta\lambda\, z_t(t, \lambda_*) \bigr) dt$
$= \int_{x_0}^{x} \bigl(f(t, y(t, \lambda_* + \Delta\lambda), \lambda_* + \Delta\lambda)$
$\qquad - f(t, y(t, \lambda_*) + \Delta\lambda\, z(t, \lambda_*), \lambda_* + \Delta\lambda) \bigr) dt$
$\quad + \int_{x_0}^{x} \bigl(f(t, y(t, \lambda_*) + \Delta\lambda\, z(t, \lambda_*), \lambda_* + \Delta\lambda) - f(t, y(t, \lambda_*), \lambda_*)$
$\qquad - \Delta\lambda\, z_t(t, \lambda_*) \bigr) dt$
$= \int_{x_0}^{x} \bigl(f(t, y(t, \lambda_* + \Delta\lambda), \lambda_* + \Delta\lambda)$
$\qquad - f(t, y(t, \lambda_*) + \Delta\lambda\, z(t, \lambda_*), \lambda_* + \Delta\lambda) \bigr) dt$
$\quad + \Delta\lambda \int_{x_0}^{x} \gamma(t, \Delta\lambda)\, dt, \quad x \in [x_1, x_2]$

と書ける．ここで，$\gamma(t,\Delta\lambda)$ は，

$$\gamma(t,\Delta\lambda) = \bigl(f_y(t,y(t,\lambda_*)+\theta\Delta\lambda\,z(t,\lambda_*),\lambda_*+\theta\Delta\lambda)$$
$$- f_y(t,y(t,\lambda_*),\lambda_*)\bigr)z(t,\lambda_*)$$
$$+ f_\lambda(t,y(t,\lambda_*)+\theta\Delta\lambda\,z(t,\lambda_*),\lambda_*+\theta\Delta\lambda) - f_\lambda(t,y(t,\lambda_*),\lambda_*),$$

$0<\theta<1$ である．f_y, f_λ の $\overline{\Omega}_0$ における一様連続性により，

$$\forall \varepsilon>0, \quad \exists \delta(\varepsilon)>0; \quad |\Delta\lambda|<\delta(\varepsilon) \quad \Rightarrow \quad |\gamma(t,\Delta\lambda)|<\varepsilon, \quad t\in[x_1,x_2]$$

であり，また，f の $\overline{\Omega}_0$ における Lipschitz 連続性により，

$$|y(x,\lambda_*+\Delta\lambda)-y(x,\lambda_*)-\Delta\lambda\,z(x,\lambda_*)|$$
$$\leqslant \left|\int_{x_0}^x L\bigl|y(t,\lambda_*+\Delta\lambda)-y(t,\lambda_*)-\Delta\lambda\,z(t,\lambda_*)\bigr|dt\right|$$
$$+\varepsilon|\Delta\lambda||x-x_0|, \qquad x\in[x_1,x_2],$$

$$\left|\frac{y(x,\lambda_*+\Delta\lambda)-y(x,\lambda_*)}{\Delta\lambda}-z(x,\lambda_*)\right| \leqslant \frac{\varepsilon}{L}\left(e^{\max\{x_2-x_0,\,x_0-x_1\}}-1\right),$$

$x\in[x_1,x_2]$ を得る．したがって，(29) が示された．$y_\lambda(x,\lambda)$ の K における連続性は，$z(x,\lambda)$ の性質から明らか．$y_x(x,\lambda)=f(x,y(x,\lambda),\lambda)$ の K における連続性も，合成関数の性質から明らかであろう．したがって，$y\in C^1(K)$. □

3.6 解の初期値に関する滑らかさ

正規形 1 階常微分方程式

$$\frac{dy}{dx}=f(x,y), \qquad y(\xi)=\eta \tag{6$'$}$$

において $f(x,y)$, $f_y(x,y)\in C(D)$ と仮定すれば，各 $(\xi,\eta)\in D$ を初期値とする $(6)'$ の延長不能な解 $y(x)$, $y(\xi)=\eta$ が存在するが，これは (ξ,η) に依存する．その意味で，$y(x)$ を $y(x;\xi,\eta)$ と書くことにする．$y(x;\xi,\eta)$ の定義区間は，$m_1(\xi,\eta)<x<m_2(\xi,\eta)$ で与えられる．

$$M=\{(x,\xi,\eta);\ m_1(\xi,\eta)<x<m_2(\xi,\eta),\ (\xi,\eta)\in D\}$$

とすれば，y は M 上で定義された関数になる．$y(x;\xi,\eta)$ の M での滑らかさ

を考えよう．

定理 6. 1 階常微分方程式 (6)$'$ において，f, $f_y \in C(D)$ と仮定する．$(\xi, \eta) \in D$ を初期値とする (6) の延長不能な解 $y(x; \xi, \eta)$ の定義域 M は開集合であり，y は M において連続である．さらに $f \in C^1(D)$ と仮定すれば，$y \in C^1(M)$ となる．

証明. x, y のかわりに，新しい変数 t, z を

$$x = t + \xi, \quad y = z + \eta, \quad \text{すなわち} \quad z(t) = y(t+\xi) - \eta$$

により導入し，(6)$'$ を $z(t)$ に関する微分方程式に転化しよう．容易にわかるように，z は

$$\frac{dz}{dt} = f(t+\xi, z+\eta) = g(t, z, \xi, \eta), \quad z(0) = 0 \tag{30}$$

の解である．関数 g において，$(\xi, \eta) \in D$ はパラメーターと見なせる．z を，固定された初期値 $z(0) = 0$ をもち，パラメーター (ξ, η) に依存する (30) の解と解釈すれば，$z = z(t, \xi, \eta)$ と書ける．g の定義域は，

$$\{(t, z, \xi, \eta); (\xi, \eta) \in D, (t+\xi, z+\eta) \in D\}$$

で与えられる．D が領域であるから，g の定義域も領域になることが容易に確かめられる．3.5 節の定理 4 によれば，固定された初期条件: $z(0) = 0$ のもとで, (30) の延長不能な解 $z(t, \xi, \eta)$ の定義域 K は $t\xi\eta$-空間の開集合になり，かつ $z \in C(K)$ である．(30) の延長不能解 $z(t, \xi, \eta)$ には，(6)$'$ の延長不能解 $y(x; \xi, \eta)$ が対応することが，容易にわかる．関係

$$\begin{pmatrix} x \\ \xi \\ \eta \end{pmatrix} = \begin{pmatrix} 1 & 1 & 0 \\ 0 & 1 & 0 \\ 0 & 0 & 1 \end{pmatrix} \begin{pmatrix} t \\ \xi \\ \eta \end{pmatrix}, \quad \begin{pmatrix} t \\ \xi \\ \eta \end{pmatrix} \in K, \tag{31}$$

$$y(x; \xi, \eta) = z(x - \xi, \xi, \eta) + \eta$$

より，y の定義域 $M = \{(x, \xi, \eta)\}$ は開集合であり，y は (x, ξ, η) の連続関数，すなわち，$y \in C(M)$ となる．

定理の後半では，$z_\xi(t, \xi, \eta)$ の存在と連続性を示すために $f_x(x, y)$ の連続性を必要とすることに注意すれば，定理 5 と同様に証明できる． □

3.7 解の一意性

正規形常微分方程式 (6) においては，f の y に関する Lipschitz 連続性を仮定した．この仮定がない場合には一般に，解の一意性は保証されない．すなわち，同じ初期条件と微分方程式を満たす二つ以上の解が存在する可能性がある．簡単な微分方程式で，これを例証しよう．

$$\frac{dy}{dx} = 2\sqrt{|y|}, \quad y(0) = 0$$

において，右辺の関数 $2\sqrt{|y|}$ は $y = 0$ の近傍で Lipschitz 連続ではない．一方，この方程式は変数分離形であるから，求積法で解ける．$c \geqslant 0$ をパラメーターとして，

$$y(x) = \begin{cases} 0, & 0 \leqslant x \leqslant c, \\ (x-c)^2, & x \geqslant c \end{cases}$$

や $y(x) \equiv 0$ は，同じ初期値をもつ解になる．したがって，解はこの場合，無数に存在することになる．では，どのような場合に，解の一意性が保証されるのであろうか？　解の一意性を保証する一つの十分条件を与えてみよう．f が x を含まない場合に，単独の微分方程式

$$\frac{dy}{dx} = f(y), \quad y(x_0) = y_0 \tag{32}$$

を考える．(32) の一つの解 $\varphi(x)$ が存在するとしよう．$z = y - \varphi$ とおけば，z に関する微分方程式

$$\frac{dz}{dx} = g(x, z) = f(z + \varphi(x)) - f(\varphi(x)), \quad z(x_0) = 0 \tag{33}$$

を得る．(32) の解の一意性を示すには，(33) が $z(x) \equiv 0$ 以外の解をもたないことを示せばよい．ここで，f の定義域に属する y_1, y_2 に対して，

$$|f(y_1) - f(y_2)| \leqslant F(|y_1 - y_2|) \tag{34}$$

となる連続関数 $F(t)$ が存在すると仮定する．Lipschitz 条件の場合には，$F(t) = Lt$ である．このとき，g は

3.7 解の一意性

$$|g(x,z)| \leqslant F(|z|)$$

を満たす．F に対するつぎの条件は，**Osgood** の条件といわれる:

$$F(0) = 0, \quad F(t) > 0, \text{ for } t > 0, \quad \int_0^\delta \frac{1}{F(t)}\,dt = \infty \text{ for } \forall \delta > 0. \quad (35)$$

$F(t) = Lt$ が，確かに (35) を満たすことに注意しよう．

定理 7. f が Osgood の条件 (35) を満たすとき，(32) の解は存在するとしても $x \geqslant x_0$ で一意に定まる．

証明. $x \geqslant x_0$ における一意性を示す．各 $\varepsilon > 0$ に対して，u に関する微分方程式

$$\frac{du}{dx} = F(u) + \varepsilon, \quad u(x_0) = 0 \quad (36)$$

は求積法で解け，その解を $u_\varepsilon(x)$ で表す．これは

$$x = \int_0^u \frac{1}{F(t) + \varepsilon}\,dt + x_0 = G_\varepsilon(u)$$

で定まる単調増加関数の逆関数として得られる:

$$u = u_\varepsilon(x) \quad \Leftrightarrow \quad x = G_\varepsilon(u).$$

また，$u_\varepsilon(x) > 0$, $x > x_0$ である．$G_\varepsilon(u)$ は $\varepsilon \to +0$ のとき，各 u に対して増加する．言いかえれば，$u_\varepsilon(x)$ は $\varepsilon \to +0$ のとき，各 x に対して減少する．

$$\frac{dz}{dx} \leqslant F(|z|), \quad \frac{du_\varepsilon}{dx} = F(u_\varepsilon) + \varepsilon, \quad z(x_0) = u_\varepsilon(x_0) = 0$$

より，評価

$$z(x) \leqslant u_\varepsilon(x), \quad x \geqslant x_0 \quad (37)$$

がしたがう．実際，(37) がある $x_1 \, (> x_0)$ において成り立たないと仮定して，

$$x_2 = \inf \{x; \, x_0 < x < x_1, \, z(x) > u_\varepsilon(x)\}$$

とおく．z, u_ε の連続性から，$z(x_2) = u_\varepsilon(x_2) \geqslant 0$ である．このとき，明らかに

$$\left.\frac{d}{dx}(z - u_\varepsilon)\right|_{x=x_2} \geqslant 0$$

であるが，一方，$x = x_2$ においては

$$\frac{du_\varepsilon}{dx} \leqslant \frac{dz}{dx} \leqslant F(|z|) < F(u_\varepsilon) + \varepsilon$$

となり，(36) に矛盾する．

仮定 (35) により，$\lim_{\varepsilon \to +0} G_\varepsilon(u) = \infty$ である．任意の $x > x_0$ と任意の $\delta > 0$ に対して，十分小さい $\varepsilon > 0$ を選べば，$G_\varepsilon(\delta) > x$ とできる．したがって，

$$u_\varepsilon(x) < u_\varepsilon(G_\varepsilon(\delta)) = \delta, \quad \text{すなわち} \quad \lim_{\varepsilon \to +0} u_\varepsilon(x) = 0$$

を得る．不等式 (37) により，$z(x) \leqslant 0$ となる．同様に，$-z$ に関する微分方程式

$$\frac{d(-z)}{dx} = h(x, -z) = -f(-(-z) + \varphi(x)) + f(\varphi(x)), \quad z(x_0) = 0$$

についても $|h(x, -z)| \leqslant F(|-z|)$ が成り立つ．上と同じ議論を繰り返すことによって，$-z(x) \leqslant 0$ がしたがう．したがって $z(x) = 0$, $x \geqslant x_0$ を得て，定理が証明された． □

$f(x, y)$ の連続性を仮定するだけで，3.2.2 項の折れ線法を用いて常微分方程式 (6) の解の（一意性はともかく）存在が保証されるが，本書では紹介しない．(6) の複数個の解が存在する場合，任意の解 y に対して，

$$\underline{\varphi}(x) \leqslant y(x) \leqslant \overline{\varphi}(x) \tag{38}$$

が成り立つような (6) の解 $\overline{\varphi}(x)$, $\underline{\varphi}(x)$ が存在することが示される．$\overline{\varphi}(x)$ を (6) の最大解，$\underline{\varphi}(x)$ を最小解という．

第 3 章の演習問題

3.1-1: $a(t) \geqslant 0$ を連続関数とする．連続関数 $y(x)$ が積分不等式:

$$0 \leqslant y(x) \leqslant \int_0^x a(t) y(t)^2 \, dt, \quad x \geqslant 0$$

を満たせば，$y(x) = 0$, $x \geqslant 0$ が成り立つことを示せ．

3.1-2: $n \times n$ 行列 A の指数関数 e^{xA} に対して，評価: $\|e^{xA}\| \leqslant M e^{\omega x}$, $x \geqslant 0$

($M \geqslant 1$, $\omega \in \mathbb{R}^1$) が成り立つとする．このとき，$n \times n$ 行列 B を摂動として，評価：
$$\left\| e^{x(A+B)} \right\| \leqslant M e^{(\omega + M\|B\|)x}, \qquad x \geqslant 0$$
が成り立つことを示せ．ここで，行列のノルムは，$\|e^{xA}\| = \max_{|\boldsymbol{y}|=1} |e^{xA}\boldsymbol{y}|$ により与えるものとする（第2章，演習問題 2.2.1-2）．

3.2.1: 微分方程式 $\dfrac{dy}{dx} = 2xy$, $y(0) = 1$ を逐次近似法で解け（変数分離形）．

3.2.2: 微分方程式 $\dfrac{dy}{dx} = y$, $y(0) = y_0 \ (\neq 0)$ を，区間 $[0, x_0]$ において折れ線法で解く．$[0, x_0]$ を n 等分し，折れ線 $y_n(x)$ をつくるとき，$y_n(x_0)$ を計算し，$\lim_{n \to \infty} y_n(x_0) = y_0 e^{x_0}$ となることを示せ．

3.3-1: つぎの微分方程式の延長不能な解を求めよ：

(i) $\dfrac{dy}{dx} = y(1-y)$, $\quad y(0) = y_0$, $\quad$ (ii) $\dfrac{dy}{dx} + \dfrac{y}{x} = y^2$, $\quad y(1) = y_0$.

3.7-1: 微分方程式 $\dfrac{dy}{dx} = f(y)$, $y(x_0) = y_0$ において，$f(y_1) \geqslant f(y_2)$ for $y_1 \leqslant y_2$ と仮定する．このとき，x_0 から右に出る解は一意に定まることを示せ．

3.7-2: 微分方程式
$$\frac{dy}{dx} = y^{1/3}, \quad x \geqslant 0, \qquad y(0) = 0$$
は，無数の解をもつ．このとき，$\overline{\varphi}(x) = \left(\dfrac{2x}{3}\right)^{3/2}$ が最大解であることを示せ．

3.7-3: 微分方程式 $\dfrac{dy}{dx} = f(x,y)$ の二つの解 y_1, y_2 に対して，
$$y_m(x) = \min(y_1(x), y_2(x)), \qquad y_M(x) = \max(y_1(x), y_2(x))$$
とおく．このとき，y_m, y_M はともに解になることを示せ．

常微分方程式のベキ級数による解法

4.1 解のベキ級数表示

$y(x)$ が $x = x_0$ を中心とし，$|x - x_0| < r$ において絶対収束する整級数（ベキ級数）

$$y(x) = \sum_{n=0}^{\infty} c_n(x - x_0)^n, \quad |x - x_0| < r \tag{1}$$

で表されるとき，y は $|x - x_0| < r$ で解析的 (analytic) であるという．x を複素数 z で置きかえれば，$y(z)$ は複素平面上で x_0 を中心とする半径 r の円の内部で正則な (regular) 関数を表すことが，関数論でよく知られていることである．$y(z)$ は $|z - x_0| < r$ において何回でも項別微分できて，

$$y'(z) = \sum_{n=1}^{\infty} nc_n(z - x_0)^{n-1}, \quad y''(z) = \sum_{n=2}^{\infty} n(n-1)c_n(z - x_0)^{n-2}, \ldots$$

となる．本章では，(1) のように展開できる解をもつ微分方程式について考察する．簡単のため，単独で 1 階正規系常微分方程式を考える：

$$\frac{dy}{dx} = f(x, y), \quad y(x_0) = y_0. \tag{2}$$

これが $y_1, \ldots, y_n$ を未知変数にもつ常微分方程式系になっても，事情は変わらない．本章では，x や y は一般に複素変数であるとして議論を進める．$f(x, y)$ が (x_0, y_0) を中心とする絶対収束する整級数

$$f(x, y) = \sum_{p,q=0}^{\infty} a_{pq}(x - x_0)^p(y - y_0)^q \tag{3}$$

に展開されるとき，f は複素変数 x, y の関数として，たとえば，$|x-x_0| \leqslant r$, $|y-y_0| \leqslant \rho$ で正則である．Cauchy の積分表示により，$|x-x_0| < r$, $|y-y_0| < \rho$ ならば，

$$f(x,y) = \frac{1}{2\pi i}\int_{C_1}\frac{f(\xi,y)}{\xi-x}\,d\xi = \frac{1}{(2\pi i)^2}\int_{C_1}\frac{d\xi}{\xi-x}\int_{C_2}\frac{f(\xi,\eta)}{\eta-y}\,d\eta$$

を得る．ただし，$C_1 = \{\xi;\ |\xi-x_0|=r\}$, $C_2 = \{\eta;\ |\eta-y_0|=\rho\}$ である．$f(x,y)$ を x, y についてそれぞれ p, q 回微分すれば，上の表示で微分演算と積分演算を交換できて，

$$\frac{\partial^{p+q}}{\partial x^p \partial y^q}f(x,y) = \frac{p!q!}{(2\pi i)^2}\int_{C_1}\frac{d\xi}{(\xi-x)^{p+1}}\int_{C_2}\frac{f(\xi,\eta)}{(\eta-y)^{q+1}}\,d\eta$$

となる．このとき，

$$a_{pq} = \frac{1}{p!q!}\frac{\partial^{p+q}}{\partial x^p \partial y^q}f(x_0, y_0) = \frac{1}{(2\pi i)^2}\int_{C_1}\frac{d\xi}{(\xi-x_0)^{p+1}}\int_{C_2}\frac{f(\xi,\eta)}{(\eta-y_0)^{q+1}}\,d\eta \tag{4}$$

が成り立つ．(2) は，ある $r>0$ で (1) のように展開される整級数解 $y(x)$ をもつことを示そう．もちろん，$c_0 = y(x_0) = y_0$ である．

定理 1. $f(x,y)$ が $|x-x_0| \leqslant r$, $|y-y_0| \leqslant \rho$ において絶対収束する整級数 (3) に展開され，そこで $|f(x,y)| \leqslant M$ であれば，(2) は少なくとも $|x-x_0| < R = r\left(1 - \exp\left(-\frac{\rho}{2Mr}\right)\right)$ において (1) の形の一意な整級数解 $y(x)$ をもつ．

証明． $y(x)$ のかわりに $z(x) = y(x+x_0) - y_0$ を新しい未知変数とすれば，(2) は $x_0 = y_0 = 0$ の場合に帰着される．したがって，初めから $x_0 = y_0 = 0$ としても一般性を失わない．(2) の $x=0$ を中心とする整級数解 y が存在すると仮定して，それを (2) に代入する．その際，絶対収束級数については，たとえば，

$$\left(\sum_{n=1}^{\infty} c_n x^n\right)^2 = x^2\left(c_1^2 + 2c_1 c_2 x + \left(2c_1 c_3 + c_2^2\right)x^2 + \cdots\right)$$

のように形式的な展開が正しいから，

$$\begin{aligned}
\sum_{n=1}^{\infty} nc_n x^{n-1} &= \sum_{p,q=0}^{\infty} a_{pq} x^p \left(\sum_{n=1}^{\infty} c_n x^n\right)^q \\
&= a_{00} + a_{01} \sum_{n=1}^{\infty} c_n x^n + a_{10} x + a_{02} \left(\sum_{n=1}^{\infty} c_n x^n\right)^2 \\
&\quad + a_{11} x \sum_{n=1}^{\infty} c_n x^n + a_{20} x^2 + a_{03} \left(\sum_{n=1}^{\infty} c_n x^n\right)^3 + \cdots \\
&= a_{00} + (a_{01} c_1 + a_{10})x + (a_{01} c_2 + a_{02} c_1^2 + a_{11} c_1 + a_{20}) x^2 \\
&\quad + (a_{01} c_3 + a_{02} 2 c_1 c_2 + a_{11} c_2 + a_{03} c_1^3 + a_{12} c_1^2 + a_{21} c_1 \\
&\quad + a_{30}) x^3 + \cdots
\end{aligned} \tag{5}$$

となる.両辺の x^n の係数を比較して,

$$\begin{aligned}
c_1 &= a_{00}, \\
2 c_2 &= a_{01} c_1 + a_{10}, \\
3 c_3 &= a_{01} c_2 + a_{02} c_1^2 + a_{11} c_1 + a_{20}, \\
&\cdots \quad \cdots \quad \cdots \\
(n+1) c_{n+1} &= P_n(c_1, \ldots, c_n; a_{pq}), \quad p+q \leqslant n, \\
&\cdots \quad \cdots \quad \cdots
\end{aligned} \tag{6}$$

を得る.ここで,P_n は $c_1, \ldots, c_n$,a_{pq},$p+q \leqslant n$ についての多項式であり,その係数はすべて 0 以上の整数であることに注意する.関係式 (6) により,$c_1 = a_{00}$ から出発して帰納的に c_n,$n \geqslant 2$ を定めることができる.したがって,これは (2) の解 y が存在すれば,解は一意に定まることを意味する.また,このようにして決められる c_n によりつくられる整級数 y が収束半径 $r > 0$ をもてば,この y は (2) の解である.実際,これを (2) に代入して両辺の x^n の係数を比較すれば,(6) よりそれらの係数はすべて等しくなるからである.

$x_0 = y_0 = 0$ とおいた (3) が $|x| \leqslant r$,$|y| \leqslant \rho$ で絶対収束し,そこで有界であるから,(4) の表現で $\xi = re^{i\theta}$,$\eta = \rho e^{i\varphi}$,$0 \leqslant \theta, \varphi \leqslant 2\pi$ と変数変換すれば,

$$|a_{pq}| \leqslant \frac{M}{r^p \rho^q} = A_{pq}, \qquad p, q \geqslant 0$$

が成り立つ.このような係数 A_{pq} をもつ $F(x, y)$ を,

4.1 解のベキ級数表示

$$F(x,y) = \sum_{p,q=0}^{\infty} A_{pq} x^p y^q = M \sum_{p,q=0}^{\infty} \left(\frac{x}{r}\right)^p \left(\frac{y}{\rho}\right)^q$$
$$= M \left(1 - \frac{x}{r}\right)^{-1} \left(1 - \frac{y}{\rho}\right)^{-1}$$

により定め，$F(x,y)$ を $f(x,y)$ の**優級数**という．常微分方程式

$$\frac{dY}{dx} = F(x,Y) = \frac{M}{(1-x/r)(1-Y/\rho)}, \qquad Y(0) = 0 \tag{7}$$

を考える．これは変数分離形であり，初等的に解ける:

$$Y(x) = \rho \left(1 - \sqrt{1 + \frac{2Mr}{\rho} \log\left(1 - \frac{x}{r}\right)}\right). \tag{8}$$

この右辺は，

$$\frac{2Mr}{\rho} \left|\log\left(1 - \frac{x}{r}\right)\right| < 1, \qquad \frac{|x|}{r} < 1$$

のとき，すなわち，$|x| < R = r\left(1 - \exp\left(-\frac{\rho}{2Mr}\right)\right)$ ならば，確かに整級数に展開される [*]:

$$Y(x) = \sum_{n=1}^{\infty} C_n x^n, \quad |x| < R.$$

このとき，(4), (5) を導いたのと同様にして，各 C_n は

$$(n+1)C_{n+1} = P_n(C_1, \ldots, C_n; A_{pq}), \quad p + q \leqslant n$$

を満たす．まず，$C_1 = A_{00} > 0$ である．P_n の係数は 0 以上の整数であるから，帰納的に $C_n > 0$, $n \geqslant 1$ がわかる．また，$|a_{pq}| \leqslant A_{pq}$ に注意して，

$$|c_1| = |a_{00}| \leqslant A_{00} = C_1,$$
$$2|c_2| \leqslant |a_{01}||c_1| + |a_{10}| \leqslant A_{01}C_1 + A_{10} = 2C_2,$$
$$\cdots \quad \cdots \quad \cdots$$
$$(n+1)|c_{n+1}| \leqslant P_n(|c_1|, \ldots, |c_n|; |a_{pq}|)$$
$$\leqslant P_n(C_1, \ldots, C_n; A_{pq}) = (n+1)C_n$$

となるから，結局，

---

[*] $\log(1-z) = -\sum_{n=1}^{\infty} \frac{z^n}{n}$, $|\log(1-z)| \leqslant \sum_{n=1}^{\infty} \frac{|z|^n}{n} = -\log(1-|z|)$ に注意すればよい．

$$|c_n| \leqslant C_n, \quad n \geqslant 1 \tag{9}$$

が成り立つことがわかる．したがって，$y(x) = \sum_{n=1}^{\infty} c_n x^n$ は，少なくとも $|x| < R$ において絶対収束することになり，関係式 (5) により形式的につくった整級数が，確かに意味をもつ．以上で，(2) の整級数解の存在と一意性が示された． □

注意． 上記の解の構成法とは別に，第 3 章で論じられた逐次近似法を利用しても証明はできる．逐次近似列 $\{y_n\}_{n=0}^{\infty}$ を，

$$y_0(x) \equiv y_0, \quad y_n(x) = y_0 + \int_{x_0}^{x} f(z, y_{n-1}(z))\, dz, \quad n \geqslant 1$$

により与える．ここで，積分路は x_0 と x とを結ぶ，円内: $|z - x_0| \leqslant r$ にある滑らかな曲線とする．$|x - x_0| < r_1 = \min\{r, \rho/M\}$ とすれば，以前と同様に逐次近似列は $|x - x_0| \leqslant r_1$ で意味をもつ．$f(z, y_0(z))$ が $|z - x_0| < r_1$ で正則であるから，$y_1(x)$ の値は積分路の選び方によらず確定し（Cauchy の積分定理），y_1 も $|z - x_0| < r_1$ で正則になる．以下同様に，$y_n(x)$ の正則性がしたがい，正則関数列 $\{y_n\}$ の $|z - x_0| < r_1$ における一様収束先として，y も正則になる．したがって，$y(x)$ はより広い $|x - x_0| < r_1$ で整級数 (1) に展開される．

例題 1. 線形常微分方程式，$\dfrac{dy}{dx} = 2y + 1, \quad y(0) = 0$ は求積法で解け，$y(x) = \frac{1}{2}\left(e^{2x} - 1\right)$ となる．一方，上式右辺は，y の正則（解析）関数だから，定理 1 が適用できる．$y(x) = \sum_{n=1}^{\infty} c_n x^n$ とおいて方程式に代入し，両辺の x^n の係数を比較すれば，

$$c_1 = 1, \quad c_n = \frac{2}{n} c_{n-1}, \quad n \geqslant 2$$

を得る．これから，

$$c_n = \frac{2^{n-1}}{n!}, \quad y(x) = \sum_{n=1}^{\infty} \frac{2^{n-1}}{n!} x^n = \frac{1}{2}(e^{2x} - 1)$$

となって，求積法で初等的に解いたものと一致する．

4.2 Legendre の微分方程式

4.2.1 Legendre の微分方程式

前節で考察した方程式の範疇に入る方程式として，**Legendre の微分方程式**

4.2 Legendre の微分方程式

$$(1-x^2)\frac{d^2y}{dx^2} - 2x\frac{dy}{dx} + \nu(\nu+1)y = 0, \quad y(0) = y_0, \quad \frac{dy}{dx}(0) = y_1 \quad (10)$$

を考える．パラメーター ν は，任意の複素数である．Legendre の微分方程式や，以下で扱われる Bessel の微分方程式は，古くから数理物理学に登場する重要な方程式である．$\mathbb{R}^2$ の円の内部や $\mathbb{R}^3$ の球の内部における Laplace 作用素 Δ の固有値問題（Helmholtz 方程式）を考察する際に現れる（第 7 章，7.5.2 項）．

(10) の両辺を $(1-x^2)$ で割り，$\boldsymbol{y} = (y \ y')^{\mathrm{T}}$ とおいて，(10) を $\boldsymbol{y}$ に関する 1 階正規形常微分方程式系：$\frac{d\boldsymbol{y}}{dx} = \boldsymbol{f}(x, \boldsymbol{y})$ に変換すれば，$\boldsymbol{f}$ は $x = 0$, $\boldsymbol{y}_0 = (y_0 \ y_1)^{\mathrm{T}}$ で x, $\boldsymbol{y}$ の正則関数になる．定理 1 により，(10) は $x = 0$ で正則な解（整級数解）をもつ．$y = \sum_{n=0}^{\infty} c_n x^n$ とおいて (10) に代入し，x^n の係数を 0 とすれば，

$$(n+2)(n+1)c_{n+2} + (\nu+n+1)(\nu-n)c_n = 0, \quad c_0 = y_0, \quad c_1 = y_1$$

となり，順次 c_n が決められる：

$$c_{2n} = \frac{(-1)^n}{(2n)!}(\nu+2n-1)(\nu+2n-3)\cdots(\nu+1) \cdot \nu(\nu-2)\cdots(\nu-2n+2)\,c_0,$$

$$c_{2n+1} = \frac{(-1)^n}{(2n+1)!}(\nu+2n)(\nu+2n-2)\cdots(\nu+2) \cdot (\nu-1)(\nu-3)\cdots(\nu-2n+1)\,c_1.$$

直接に比をとって $\lim_{n\to\infty}|c_n/c_{n+2}| = 1$ であるから，収束半径は $r = 1$ である．とくに $y_0 = 1$, $y_1 = 0$ とするときの解を φ，$y_0 = 0$, $y_1 = 1$ とするときの解を ψ とすれば，φ, ψ は基本解である．(10) の任意の解は，したがって，$y(x) = y_0\varphi(x) + y_1\psi(x)$ と表せる．

パラメーター ν がとくに 0 以上の整数であるときを考えよう．このとき $c_{\nu+2} = c_{\nu+4} = \cdots = 0$ であるから，ν が偶数ならば φ は ν 次の多項式，ν が奇数ならば ψ も ν 次の多項式になる．いずれの場合でも，基本解の他方は無限級数になる．多項式となる解を定数倍し，x^ν の係数を $\dfrac{(2\nu)!}{2^\nu(\nu!)^2}$ にしたものを $P_\nu(x)$ で表し，これを **Legendre の多項式** という．具体的には，

$$P_0(x) = 1, \qquad P_1(x) = x, \qquad P_2(x) = \frac{1}{2}(3x^2 - 1),$$
$$P_3(x) = \frac{1}{2}(5x^3 - 3x), \qquad P_4(x) = \frac{1}{8}(35x^4 - 30x^2 + 3),$$
$$P_5(x) = \frac{1}{8}(63x^5 - 70x^3 + 15x), \quad \ldots$$

となる．ν の値に関わらずこれらを統一的に表示するのが，つぎの **Rodrigues** の公式である:

$$P_\nu(x) = \frac{1}{2^\nu \nu!} \frac{d^\nu}{dx^\nu} (x^2 - 1)^\nu. \tag{11}$$

この公式を証明しよう．恒等式:

$$(x^2 - 1) \frac{d}{dx}(x^2 - 1)^\nu = 2\nu x (x^2 - 1)^\nu$$

において，両辺を $\nu+1$ 回微分すれば，初等微分積分学でよく知られた Leibniz の公式により，

$$(x^2 - 1)\frac{d^2 p}{dx^2} + \binom{\nu+1}{1} 2x \frac{dp}{dx} + \binom{\nu+1}{2} 2p = 2\nu \left(x \frac{dp}{dx} + \binom{\nu+1}{1} p \right),$$
$$p(x) = \frac{d^\nu}{dx^\nu} (x^2 - 1)^\nu$$

を得る．これを整理すれば，

$$(1 - x^2)\frac{d^2 p}{dx^2} - 2x \frac{dp}{dx} + \nu(\nu+1) p = 0$$

となって，(11) の右辺は確かに (10) の ν 次の多項式解である．最高次 x^ν の係数は (11) の両辺とも等しいから，差: $P_\nu - \frac{1}{2^\nu \nu!} p$ は高々 $\nu - 1$ 次の多項式解である．(11) の解は，しかしながら，P_ν と無限級数解 ψ の線形結合: $c_0 P_\nu + c_1 \psi$ で表されるので，c_0, c_1 はどちらも 0 となる．これで，(11) が示された．

Legendre の多項式は様々な有用な性質をもっている．たとえば，

$$P_\nu(1) = 1, \quad P_\nu(-1) = (-1)^\nu \tag{12}$$

が成り立つ．P_ν は，ν が偶数ならば偶関数，奇数ならば奇関数であるから，$P_\nu(-1) = (-1)^\nu$ は $P_\nu(1) = 1$ を示すことによりしたがう．Leibniz の公式により，

$$p(x) = \frac{d^\nu}{dx^\nu} (x-1)^\nu (x+1)^\nu = \sum_{k=0}^{\nu} \binom{\nu}{k} \frac{d^k}{dx^k} (x-1)^\nu \cdot \frac{d^{\nu-k}}{dx^{\nu-k}} (x+1)^\nu$$

4.2 Legendre の微分方程式

と表す．$x = 1$ を代入すれば $k = \nu$ の項のみ残り，$p(1) = \nu! 2^\nu$，すなわち，$P_\nu(1) = 1$ を得る．

直交性:
$$\int_{-1}^{1} P_\mu(x) P_\nu(x)\, dx = \begin{cases} 0, & \mu \neq \nu, \\ \dfrac{2}{2\nu + 1}, & \mu = \nu. \end{cases} \tag{13}$$

実際，$\mu > \nu$ のとき，部分積分を繰り返して，

$$\int_{-1}^{1} \frac{d^\mu}{dx^\mu}(x^2 - 1)^\mu \frac{d^\nu}{dx^\nu}(x^2 - 1)^\nu\, dx$$

$$= \left. \frac{d^{\mu-1}}{dx^{\mu-1}}(x^2 - 1)^\mu \frac{d^\nu}{dx^\nu}(x^2 - 1)^\nu \right|_{-1}^{1}$$

$$- \int_{-1}^{1} \frac{d^{\mu-1}}{dx^{\mu-1}}(x^2 - 1)^\mu \frac{d^{\nu+1}}{dx^{\nu+1}}(x^2 - 1)^\nu\, dx$$

$$= \cdots = (-1)^\mu \int_{-1}^{1} (x^2 - 1)^\mu \frac{d^{\nu+\mu}}{dx^{\nu+\mu}}(x^2 - 1)^\nu\, dx = 0$$

となる．$\mu = \nu$ のとき，上と同様にして，

$$\int_{-1}^{1} P_\nu(x)^2\, dx = \frac{(-1)^\nu}{2^{2\nu}(\nu!)^2} \int_{-1}^{1} (x^2 - 1)^\nu \frac{d^{2\nu}}{dx^{2\nu}}(x^2 - 1)^\nu\, dx$$

$$= \frac{(-1)^\nu (2\nu)!}{2^{2\nu}(\nu!)^2} \int_{-1}^{1} (x+1)^\nu (x-1)^\nu\, dx$$

$$= \frac{(-1)^\nu (2\nu!)}{2^{2\nu}(\nu!)^2} \left(\left. \frac{(x+1)^{\nu+1}}{\nu+1}(x-1)^\nu \right|_{-1}^{1} \right.$$

$$\left. - \frac{\nu}{\nu+1} \int_{-1}^{1} (x+1)^{\nu+1}(x-1)^{\nu-1}\, dx \right) = \cdots = \frac{2}{2\nu + 1}$$

となり，(13) が示された．

$P_\nu(x)$ の構成を見れば，x^ν は $P_k(x)$，$0 \leqslant k \leqslant \nu$ の線形結合で表される．Weierstrass の多項式近似定理により，任意の $f \in C[-1, 1]$ は，多項式の線形結合で $[-1, 1]$ 上で一様近似できる．したがって，f は P_ν，$\nu \geqslant 0$ の線形結合で $[-1, 1]$ 上で一様近似できる．関数系:

$$\{\varphi_\nu\}_{\nu=0}^{\infty}, \qquad \varphi_\nu(x) = \sqrt{\frac{2\nu + 1}{2}}\, P_\nu(x)$$

は，したがって，$[-1, 1]$ 上で平均収束の意味で完全正規直交系となる．詳しく

いえば，任意の $f \in C[-1,1]$ に対して，

$$\lim_{n\to\infty}\int_{-1}^{1}\left|f(x)-\sum_{\nu=0}^{n}c_\nu\varphi_\nu(x)\right|^2 dx=0, \quad c_\nu=\int_{-1}^{1}f(x)\varphi_\nu(x)\,dx \quad (14)$$

が成り立つ．数 c_ν は，f の Fourier 係数といわれる．f に対する連続性の仮定は本来必要ないが，Lebesgue 積分論に立ち入るため，本書の程度を超える．(14) は，f が $[-1,1]$ で区分的に連続な場合にも成り立つことを述べるに留める．

Legendre の微分方程式 (10) の両辺を 1 回微分して，$z=\sqrt{1-x^2}\,y'$ とおけば，

$$(1-x^2)\frac{d^2z}{dx^2}-2x\frac{dz}{dx}+\left(\nu(\nu+1)-\frac{1}{1-x^2}\right)z=0 \quad (15)$$

が得られる．このとき，$P_{\nu,1}(x)=\sqrt{1-x^2}\,P_\nu{}'(x)$ は (15) の解である．$P_{\nu,1}$, $\nu\geqslant 1$ を **1 位の Legendre 陪関数**という．$P_{\nu,1}$ は，直交関係：

$$\int_{-1}^{1}P_{\mu,1}(x)P_{\nu,1}(x)\,dx=\begin{cases}0, & \mu\neq\nu,\\ \dfrac{2\nu(\nu+1)}{2\nu+1}, & \mu=\nu\end{cases} \quad (16)$$

を満たす．実際，$\mu\neq\nu$ のとき

$$\left((1-x^2)P_{\mu,1}{}'\right)'+\left(\mu(\mu+1)-\frac{1}{1-x^2}\right)P_{\mu,1}=0,$$

$$\left((1-x^2)P_{\nu,1}{}'\right)'+\left(\nu(\nu+1)-\frac{1}{1-x^2}\right)P_{\nu,1}=0$$

にそれぞれ $P_{\nu,1}$, $P_{\mu,1}$ を乗じて -1 から 1 まで積分すれば，直交性が得られる．

$P_{\nu,1}$ と (15) を得たのと同様に，(10) を h 回微分して ($h\leqslant\nu$)，$z(x)=(1-x^2)^{h/2}y^{(h)}(x)$ とおけば，**Legendre の陪微分方程式**：

$$(1-x^2)\frac{d^2z}{dx^2}-2x\frac{dz}{dx}+\left(\nu(\nu+1)-\frac{h^2}{1-x^2}\right)z=0 \quad (17)$$

が得られる．$P_{\nu,h}(x)=(1-x^2)^{h/2}P_\nu^{(h)}(x)$ は (17) の解であり，**h 位の Legendre 陪関数**といわれる．

4.2.2　Hermite の微分方程式

Legendre の微分方程式以外にも，いくつか特殊関数を生成する微分方程式がある．ここでは，$\nu\geqslant 0$ を整数として，**Hermite の微分方程式**：

$$\frac{d^2y}{dx^2} - 2x\frac{dy}{dx} + 2\nu y = 0 \tag{18}$$

を考える．この方程式は $x=0$ を中心とする整級数解をもち，$y(x) = \sum_{n=0}^{\infty} c_n x^n$ とおいて (18) に代入すると，

$$c_{n+2} = \frac{2(n-\nu)}{(n+2)(n+1)} c_n, \quad n \geqslant 0$$

を得る．したがって $c_{\nu+2} = c_{\nu+4} = \ldots = 0$ であり，ν 次の多項式解が存在する．x^ν の係数を 1 にしたものを **Hermite** の多項式といい，$H_\nu(x)$ で表す．他の一次独立な解は無限級数解であり，係数の比について $\lim_{n\to\infty} c_{n+2}/c_n = 0$ であるから，収束半径 $r = \infty$ である．H_ν は

$$H_\nu(x) = \frac{(-1)^\nu}{2^\nu} e^{x^2} \frac{d^\nu}{dx^\nu} e^{-x^2} \tag{19}$$

なる表現をもつ．実際，$v = \left(e^{-x^2}\right)^{(\nu)}$ とおくと，容易に計算できるように，v は

$$\frac{d^2v}{dx^2} + 2x\frac{dv}{dx} + 2(\nu+1)v = 0$$

を満たす．この方程式より，$y = e^{x^2} v$ は (18) を満たす ν 次の多項式解である．(19) の右辺の x^ν の係数と H_ν の x^ν の係数はともに 1 であるから，両者は一致する．

(18) を書きかえれば，

$$\frac{d}{dx}\left(e^{-x^2}\frac{dy}{dx}\right) + 2\nu\, e^{-x^2} y = 0$$

であることに注意する．この表現を利用すれば，$H_\nu(x)e^{-x^2/2}$ の直交性:

$$\int_{-\infty}^{\infty} H_\mu(x)e^{-x^2/2} \cdot H_\nu(x)e^{-x^2/2}\, dx = 0, \quad \mu \neq \nu \tag{20}$$

が成り立つ．

(18) において 2ν を λ で置きかえれば，

$$\frac{d^2y}{dx^2} - 2x\frac{dy}{dx} + \lambda y = 0 \tag{18}'$$

となる．λ が正の偶数でないときにも，(18)′ は収束半径 $r = \infty$ の整級数解をもつ．$\varphi(x)$ を $\varphi(0) = 1$，$\varphi'(0) = 0$ となる解とし，$\psi(x)$ を $\psi(0) = 0$，$\psi'(0) = 1$

となる解とすれば，$\varphi(x)$, $\psi(x)$ は (18)′ の基本解になる．しかしながら，これらは $\lim_{|x|\to\infty}|\varphi(x)| = \lim_{|x|\to\infty}|\psi(x)| = \infty$ であり，どのような多項式より大きい増大オーダーをもつことを示そう．漸化式

$$c_{n+2} = \frac{2n-\lambda}{(n+2)(n+1)} c_n, \quad n \geqslant 0$$

において n を十分大きく選べば，c_n, $n \geqslant 2N$ は同符号であり，たとえば $c_n > 0$ としておくと，

$$\frac{1}{n+2} c_n \leqslant c_{n+2} \leqslant \frac{3}{n+2} c_n, \quad n \geqslant 2N$$

となる．これから，

$$\frac{1}{2^k(k+N)!} N! c_{2N} \leqslant c_{2N+2k} \leqslant \frac{3^k}{2^k(k+N)!} N! c_{2N}, \quad k \geqslant 0$$

が成り立つ．解 $\varphi(x)$ は偶数ベキの級数であるから，この不等式により $\varphi(x)$ を下からつぎのように評価できる：

$$\varphi(x) = \left(\sum_{n<N} + \sum_{n \geqslant N} \right) c_{2n} x^{2n}$$

$$\geqslant \sum_{k=0}^{\infty} \frac{1}{(k+N)!} \left(\frac{x^2}{2}\right)^{k+N} 2^N N! c_{2N} + \sum_{n<N} c_{2n} x^{2n}$$

$$\geqslant \left(\sum_{k=0}^{\infty} - \sum_{k=0}^{N-1} \right) \frac{1}{k!} \left(\frac{x^2}{2}\right)^k 2^N N! c_{2N} + \sum_{n<N} c_{2n} x^{2n}$$

$$\geqslant e^{x^2/2} 2^N N! c_{2N} + p_1(x).$$

ここで，$p_1(x)$ は多項式である．同様に，$p_2(x)$ をある多項式として，

$$e^{x^2/2} 2^N N! c_{2N} + p_1(x) \leqslant \varphi(x) \leqslant e^{3x^2/2} \left(\frac{2}{3}\right)^N N! c_{2N} + p_2(x)$$

を得て，$\varphi(x)$ の $|x| \to \infty$ の際の増大性が示された．$\psi(x)$ についても，同様である．

4.3　Bessel の微分方程式

4.3.1　確定特異点

前節で考察した微分方程式は，その係数がある点 x_0 で正則であれば，正則

4.3 Bessel の微分方程式

な解をもった．a_1, a_2 を定数として，Euler の微分方程式（2.2.2 項）

$$x^2 \frac{d^2 y}{dx^2} + a_1 x \frac{dy}{dx} + a_2 y = 0, \quad x > 0 \tag{21}$$

の $x = 0$ の近傍での解を考えてみよう．この方程式を正規系に書きかえると，係数は $x = 0$ で特異性（極）をもつ．独立変数の変換: $x = e^t$ により，

$$\frac{dy}{dx} = \frac{dy}{dt}\frac{dt}{dx} = \frac{1}{x}\frac{dy}{dt}, \qquad \frac{d^2 y}{dx^2} = \frac{1}{x^2}\frac{d^2 y}{dt^2} - \frac{1}{x^2}\frac{dy}{dt}$$

であるから，(21) は定係数線形常微分方程式:

$$\frac{d^2 y}{dt^2} + (a_1 - 1)\frac{dy}{dt} + a_2 y = 0$$

に変換される．その特性方程式: $\lambda^2 + (a_1 - 1)\lambda + a_2 = 0$ の二つの解を λ_1, λ_2 とすれば，解は

$$y(x) = \begin{cases} c_1 e^{\lambda_1 t} + c_2 e^{\lambda_2 t} = c_1 x^{\lambda_1} + c_2 x^{\lambda_2}, & \lambda_1 \neq \lambda_2, \\ (c_1 + c_2 t) e^{\lambda_1 t} = (c_1 + c_2 \log x) x^{\lambda_1}, & \lambda_1 = \lambda_2 \end{cases}$$

と表される．λ_1, λ_2 の値によっては，したがって，解は $x = 0$ で正則ではあり得ない．このような背景から，本節では応用上重要である 2 階線形微分方程式:

$$\frac{d^2 y}{dx^2} + a_1(x)\frac{dy}{dx} + a_2(x) y = 0 \tag{22}$$

の $x = 0$ の近傍での解を考察する．$x = 0$ は，複素変数関数 $a_1(x)$, $a_2(x)$ の孤立特異点であるが，同時に $xa_1(x)$, $x^2 a_2(x)$ の除去可能な特異点でもあるとする．したがって，$xa_1(x)$, $x^2 a_2(x)$ は $x = 0$ で正則であり，$x = 0$ を中心とする整級数

$$p(x) = x a_1(x) = \sum_{n=0}^{\infty} p_n x^n, \qquad q(x) = x^2 a_2(x) = \sum_{n=0}^{\infty} q_n x^n$$

に展開される．(22) を書きかえれば，

$$Ly = x^2 y'' + x p(x) y' + q(x) y = 0 \tag{23}$$

となる．$x = 0$ を，(23) の確定特異点という．(23) は，

$$y(x) = x^r \sum_{n=0}^{\infty} c_n x^n = \sum_{n=0}^{\infty} c_n x^{n+r}, \quad c_0 \neq 0 \tag{24}$$

なる形の解をもつことを示そう. x^r は複素変数関数とみる場合, $x^r = \exp(r \log x)$ で定義される. $\log x$ の無限多価性により, r が有理数以外では, x^r も無限多価になる. 絶対収束する級数解が存在すれば, 項別微分や和の順序交換が自由にできるから, これを (23) に代入して,

$$0 = \sum_{n=0}^{\infty} \left((n+r)(n+r-1) + (n+r)\sum_{m=0}^{\infty} p_m x^m + \sum_{m=0}^{\infty} q_m x^m \right) c_n x^{n+r}$$
$$= \sum_{n=0}^{\infty} \left((n+r)(n+r-1)c_n + \sum_{m=0}^{n} (m+r)p_{n-m}c_m + \sum_{m=0}^{n} q_{n-m}c_m \right) x^{n+r}.$$

x^{n+r} の係数を 0 とおいて,

$$\begin{aligned} & f(r)c_0 = 0, \quad f(r) = r(r-1) + p_0 r + q_0, \\ & f(r+n)c_n + \sum_{m=0}^{n-1} ((m+r)p_{n-m} + q_{n-m})c_m = 0, \quad n \geqslant 1. \end{aligned} \quad (25)$$

ここで, r の 2 次方程式: $f(r) = r(r-1) + p_0 r + q_0 = 0$ を**決定方程式** (indicial equation) といい, 解 r_1, r_2 をもつ.

(i) $\boldsymbol{r_1 - r_2}$ **が整数でない場合:**

$r = r_1$, r_2 いずれの場合にも $f(r+n) \neq 0$, $n \geqslant 1$ であるから, (25) によりすべての係数 $c_n(r_1)$, $c_n(r_2)$ が決まる. このようにして得られる形式的な解 (24) が意味をもつ, すなわち, 正の収束半径をもつことを示そう. 係数 $p(z)$, $q(z)$ は $|z| \leqslant R$ において正則で, $|p(z)|$, $|q(z)| \leqslant M$, $|z| \leqslant R$ であると仮定する. $C_R = \{\zeta \in \mathbb{C}; |\zeta| = R\}$ として, 表現

$$p_n = \frac{p^{(n)}(0)}{n!} = \frac{1}{2\pi i} \int_{C_R} \frac{p(\zeta)}{\zeta^{n+1}} d\zeta, \quad q_n = \frac{q^{(n)}(0)}{n!} = \frac{1}{2\pi i} \int_{C_R} \frac{q(\zeta)}{\zeta^{n+1}} d\zeta$$

により, 評価

$$|p_n|, \ |q_n| \leqslant \frac{M}{R^n}, \quad n \geqslant 0$$

が成り立つ. $\rho = \varepsilon R$, $0 < \varepsilon < 1$ とおき, ε を十分小さく選べば,

$$|c_n| \leqslant \frac{M_1}{\rho^n}, \quad n \geqslant 0 \quad (26)$$

となる $M_1 > 0$ が存在することを示そう．この評価により，(24) の級数
は，少なくとも $|x| < \rho$ において広義一様かつ絶対収束することがわかる．
$|f(r+n)|/n^2 \to 1$, $n \to \infty$ $(r = r_1, r_2)$ に注意すれば，

$$\exists A > 0; \qquad |f(r+n)| \geqslant An^2, \quad n \geqslant 1, \quad r = r_1, r_2$$

を得る．(26) が $n-1$ 以下で成り立つとすれば，(25) より

$$|c_n| \leqslant \frac{1}{|f(r+n)|} \sum_{m=0}^{n-1} (m+|r|+1)(|p_{n-m}| + |q_{n-m}|)|c_m|$$

$$\leqslant \frac{1}{An^2} \sum_{m=0}^{n-1} (n+|r|) \frac{2M}{R^{n-m}} \frac{M_1}{\rho^m} \leqslant \frac{2\varepsilon M(1+|r|)}{A(1-\varepsilon)} \frac{M_1}{\rho^n}.$$

ここで，$0 < \varepsilon < 1$ と M_1 を

$$\frac{2\varepsilon M(1+|r|)}{A(1-\varepsilon)} = 1, \qquad M_1 = |c_0|$$

と設定すれば，(26) が n の場合にも成り立つ．結局，(24) は，少なくとも収
束半径 εR をもつ (23) の解である．$r_1 \neq r_2$ であるから，$c_0(r_1), c_0(r_2) \neq 0$
として，

$$y(x, r_1) = x^{r_1} \sum_{n=0}^{\infty} c_n(r_1) x^n, \quad y(x, r_2) = x^{r_2} \sum_{n=0}^{\infty} c_n(r_2) x^n, \qquad (27)$$

は一組の基本解になる．

$r_1 - r_2$ が整数の場合を考えてみよう．$r_1 = r_2$ であれば，上記の方法では
解は一つしか求まらない．$r_1 < r_2$ であるときも，$y(x, r_2)$ は求まるが，ある
$n \geqslant 1$ に対して $f(n+r_1) = 0$ となり，(25) が使えない．一つの解に基づい
て，それと一次独立な解をつくれるが（階数低下法）．ここでは **Frobenius** の
方法により他の一次独立な解を構成しよう．

(ii) $\boldsymbol{r_1 = r_2}$ の場合:

r_1 については，解 $y(x, r_1) = x^{r_1} \sum_{n=0}^{\infty} c_n(r_1) x^n$ が求まる．今度は $r (\neq r_1)$
を r_1 の近傍にとり，$c_0 \neq 0$ を与えて (25) により c_n, $n \geqslant 1$ を順次決めてい
けば，

$$Ly(x, r) = c_0 f(r) x^r = c_0 x^r (r - r_1)^2, \quad y(x, r) = x^r \sum_{n=0}^{\infty} c_n(r) x^n \qquad (28)$$

が成り立つ。ここで，$|r - r_1| < \delta \ (<1)$ としておけば，(i) における $|c_n|$ の評価式で

$$f(r+n) = (r+n-r_1)^2 \geqslant (1-\delta)^2 n^2, \quad |c_n(r)| \leqslant \frac{2M(1+|r|)}{(1-\delta)^2} \frac{\varepsilon}{1-\varepsilon} \frac{M_1}{\rho^n}$$

であるから，$0 < \varepsilon < 1$ と M_1 を，

$$\frac{2M(1+|r_1|+\delta)}{(1-\delta)^2} \frac{\varepsilon}{1-\varepsilon} = 1, \quad M_1 = |c_0|$$

と設定すれば，(26) の評価が $\rho = \varepsilon R$ として成り立つ．したがって，級数は $|x| < \rho$, $|r - r_1| < \delta$ において広義一様収束する．級数の各項の係数 $c_n(r)$ はもちろん r の正則関数であるから，$\sum_{n=0}^{\infty} c_n(r) x^n$ は r, $|r - r_1| < \delta$ の正則関数であり，r で項別微分した級数も広義一様収束する[*]．(28) の両辺を r で偏微分すれば，

$$Ly_r(x, r) = c_0 \bigl(2(r-r_1)x^r + (r-r_1)^2 x^r \log x\bigr)$$

であり，$r \to r_1$ とすれば $Ly_r(x, r_1) = 0$ を得る．$y_r(x, r_1)$ は，

$$\begin{aligned} y_r(x, r_1) &= \frac{\partial}{\partial r} x^r \sum_{n=0}^{\infty} c(r) x^n \bigg|_{r=r_1} \\ &= (\log x)\, x^{r_1} \sum_{n=0}^{\infty} c_n(r_1) x^n + x^{r_1} \sum_{n=0}^{\infty} \frac{d}{dr} c_n(r_1) x^n \quad (29) \\ &= y(x, r_1) \log x + x^{r_1} \sum_{n=1}^{\infty} \frac{d}{dr} c_n(r_1) x^n \end{aligned}$$

と計算できる．このようにして求まった二つの解: $y(x, r_1)$, $y_r(x, r_1)$ は，一次独立である．実際，

$$\begin{aligned} 0 &= a_1 y(x, r_1) + a_2 y_r(x, r_1) \\ &= a_1 y(x, r_1) + a_2 \left(y(x, r_1) \log x + x^{r_1} \sum_{n=1}^{\infty} \frac{d}{dr} c_n(r_1) x^n \right) \end{aligned}$$

において $x > 0$ を 0 のまわりに連続的に反時計方向に一周すれば，x^{r_1}, $\log x$ の値はそれぞれ $x^{r_1} e^{2\pi r i}$, $\log x + 2\pi i$ になる．したがって，

---

[*] 関数論で基本的な Cauchy の積分表示を利用すればよい．

4.3 Bessel の微分方程式

$$0 = a_1 y(x, r_1) + a_2 \left(y(x, r_1)(\log x + 2\pi i) + x^{r_1} \sum_{n=1}^{\infty} \frac{d}{dr} c_n(r_1) x^n \right)$$

となり，上の等式と合わせて $a_1 = a_2 = 0$ を得る．

(iii) $\boldsymbol{r_2 - r_1 = m \geqslant 1, \ m}$ （整数）の場合:

$r = r_2$ の場合，問題なく $y(x, r_2)$ が得られる．$r = r_1$ の場合，$c_1, \ldots, c_{m-1}$ は求まる．c_m については，$f(r+m) = (r+m-r_1)(r-r_1)$ であるから，

$$f(r_1 + m)c_m = 0 \cdot c_m = -\sum_{k=0}^{m-1} \left((k+r_1)p_{m-k} + q_{m-k} \right) c_k$$

を満たす c_m は，右辺が 0 の場合しか存在しない．この難点は，定数 c_0 を $c_0(r - r_1)$ と変更することにより解決される．$r (\neq r_1)$ は r_1 に十分近いとする．このとき，$c_1, \ldots, c_{m-1}$ は因数 $r - r_1$ を含む．上式で c_m を決める際，$r - r_1$ が両辺に共通であるから，$r = r_1$ で正則な $c_m(r)$ が決まる．$c_n,\ n > m$ は，(25) により問題なく決められる．このようにして決まる $y(x, r)$ は，

$$Ly(x, r) = c_0 (r - r_1) f(r) x^r = c_0 (r - r_1)^2 (r - r_2) x^r$$

を満たす．この両辺を r で偏微分して $r \to r_1$ とすれば，(ii) と同様にして $L y_r(x, r_1) = 0$ が成り立つ．

$$y_r(x, r_1) = (\log x) x^{r_1} \sum_{n=0}^{\infty} c_n(r_1) x^n + x^{r_1} \sum_{n=0}^{\infty} \frac{d}{dr} c_n(r_1) x^n$$

であるが，$c_0(r_1) = \ldots = c_{m-1}(r_1) = 0$ であるから，右辺第 1 項の級数は $n = m$ から始まる．

$$f(r_1 + m + k) c_{m+k} = -\sum_{j=0}^{m+k-1} \left((j + r_1) p_{m+k-j} + q_{m+k-j} \right) c_j,$$

$$f(r_2 + k) c_{m+k} = -\sum_{l=0}^{k-1} \left((l + r_2) p_{k-l} + q_{k-l} \right) c_{m+l}, \quad k \geqslant 1$$

であるから，$c_{m+k}(r_1),\ k = 0, 1, \ldots$ は $c_k(r_2)$ の定数倍である．したがって，c を適当な定数として，

$$y_r(x, r_1) = c\, y(x, r_2) \log x + x^{r_1} \sum_{n=0}^{\infty} \frac{d}{dr} c_n(r_1) x^n. \tag{30}$$

(ii) と同様に，$y(x, r_2),\ y_r(x, r_1)$ は (23) の基本解になる．

4.3.2 Bessel の微分方程式

$\nu \geqslant 0$ をパラメターとして，Bessel の微分方程式

$$x^2 y'' + xy' + (x^2 - \nu^2)y = 0 \tag{31}$$

を考えよう．$x = 0$ はこの方程式の確定特異点であり，前項と同様に基本解を求めることができる．決定方程式は

$$f(r) = r(r-1) + r - \nu^2 = r^2 - \nu^2 = 0$$

であるから，$r = \nu, -\nu$ を得る．$y = x^r \sum_{k=0}^{\infty} c_k x^k$ とおいて (31) に代入すれば，漸化式

$$c_1((r+1)^2 - \nu^2) = 0, \quad c_k((r+k)^2 - \nu^2) + c_{k-2} = 0, \quad k \geqslant 2$$

を得る．これより 2ν が整数でないときは，$c_1 = 0$ とおけば $c_{2k+1} = 0$, $k \geqslant 0$ となる．$r = \nu$ の場合，偶数項については，

$$c_{2k} = \frac{(-1)^k}{2^{2k} k!(\nu+1)(\nu+2)\cdots(\nu+k)} c_0 = \frac{(-1)^k}{2^{2k} k!} \frac{\Gamma(\nu+1)}{\Gamma(\nu+k+1)} c_0$$

となる．ここで，$\Gamma(\cdot)$ は Gamma 関数である[*]．とくに $c_0 = (2^\nu \Gamma(\nu+1))^{-1}$ とおけば，

$$J_\nu(x) = \sum_{k=0}^{\infty} \frac{(-1)^k}{k!\Gamma(\nu+k+1)} \left(\frac{x}{2}\right)^{\nu+2k} \tag{32}$$

が得られる．関数 J_ν を，**第1種 ν 次 Bessel 関数**，または**円柱関数**という．ν を $-\nu$ で置きかえて，

$$J_{-\nu}(x) = \sum_{k=0}^{\infty} \frac{(-1)^k}{k!\Gamma(-\nu+k+1)} \left(\frac{x}{2}\right)^{-\nu+2k}.$$

関数 $J_\nu(x)$, $J_{-\nu}(x)$ が (31) の基本解になる．

例題 1. $J_{\frac{1}{2}}(x) = \sqrt{\dfrac{2}{\pi x}} \sin x$ が成り立つ．実際，

---

[*] $\Gamma(s) = \int_0^\infty x^{s-1} e^{-x} dx$, $s > 0$ である．このとき，$\Gamma(s+1) = s\Gamma(s)$, $\Gamma(1) = 1$, $\Gamma(1/2) = \sqrt{\pi}$ となる．$\Gamma(s)$ は，(i) 0 以下の整数を除いた複素平面に解析接続され，(ii) $s = -n$, $n = 0, 1, 2, \ldots$ を位数 1 の極としてもち，(iii) $\Gamma(s) \neq 0$ であることが知られている．詳細は，たとえば，E. C. Titchmarsh, "Theory of Functions" (Clarendon Press) を見よ．

4.3 Bessel の微分方程式

$$J_{\frac{1}{2}}(x) = \sqrt{\frac{x}{2}} \sum_{k=0}^{\infty} \frac{(-1)^k}{k!\,\Gamma\left(k+\frac{3}{2}\right)} \left(\frac{x}{2}\right)^{2k}$$

$$= \sqrt{\frac{x}{2}} \sum_{k=0}^{\infty} \frac{(-1)^k}{k!\left(k+\frac{1}{2}\right)\left(k-\frac{1}{2}\right)\cdots\frac{3}{2}\frac{1}{2}\Gamma\left(\frac{1}{2}\right)} \left(\frac{x}{2}\right)^{2k}$$

$$= \sqrt{\frac{2}{\pi x}} \sum_{k=0}^{\infty} \frac{(-1)^k x^{2k+1}}{(2k+1)!} = \sqrt{\frac{2}{\pi x}} \sin x.$$

$2\nu = n$（整数）の場合には，一般に Frobenius の方法により J_ν に一次独立な解を作る．$r = -\nu$ のとき，上の漸化式において問題が起こるのは c_n を決定する際である．$\nu = n/2$ が整数でないとき（ν を半整数という），$n(n-2\nu)c_n = -c_{n-2}$ であるが，$c_1 = c_3 = \ldots = c_{n-2} = 0$ だから，$c_n = 0$ として問題ない．したがって，$J_\nu(x)$，$J_{-\nu}(x)$ が基本解になる．

$\nu = n$（整数）の場合を考えよう．$J_n(x)$ は求まるが，$\Gamma(-n+k+1) = \infty$，$k = 0, \ldots, n-1$ であるから，

$$J_{-n}(x) = \sum_{k=n}^{\infty} \frac{(-1)^k}{k!\,\Gamma(-n+k+1)} \left(\frac{x}{2}\right)^{-n+2k}$$

$$= \sum_{l=0}^{\infty} \frac{(-1)^{l+n}}{(l+n)!\,\Gamma(l+1)} \left(\frac{x}{2}\right)^{2l+n} = (-1)^n J_n(x)$$

となることに注意する．$\nu = 0$ の場合，$c_0 = 1$ とおいて，

$$c_{2k}(r) = \frac{(-1)^k}{(r+2)^2(r+4)^2\cdots(r+2k)^2},$$

$$\frac{d}{dr} c_{2k}(0) = \frac{(-1)^{k+1}}{2^{2k} k!^2}\left(1 + \frac{1}{2} + \cdots + \frac{1}{k}\right), \quad k \geqslant 1.$$

ここで，

$$H_k = \sum_{j=1}^{k} \frac{1}{j} = 1 + \frac{1}{2} + \cdots + \frac{1}{k}, \quad k \geqslant 1, \quad H_0 = 0$$

とおけば，$J_0(x)$ に一次独立な解

$$y_r(x, 0) = J_0(x) \log x - \sum_{k=1}^{\infty} \frac{(-1)^k H_k}{(k!)^2} \left(\frac{x}{2}\right)^{2k} \tag{33}$$

が得られる．

$\nu = n \geqslant 1$ の場合,$J_n(x)$ に一次独立な解を求めよう.c_0 は因数 $r+n$ を含むように設定すればよいので,

$$c_0 = cf(r+2)f(r+4)\cdots f(r+2n), \quad c \neq 0$$

とおいてみる.漸化式にしたがって $c_{2k}(r)$ を決めれば,

$$c_{2k}(r) = \begin{cases} (-1)^k c f(r+2k+2) f(r+2k+4) \cdots f(r+2n), & k < n, \\ (-1)^n c, & k = n, \\ \dfrac{(-1)^k c}{f(r+2n+2) f(r+2n+4) \cdots f(r+2k)}, & k > n \end{cases}$$

となる.したがって,

$$\frac{d}{dr} c_{2k}(-n) = \begin{cases} (-1)^{n-1} 2^{2n-2k-1} \dfrac{n!(n-k-1)!}{k!} c, & k < n, \\ 0, & k = n, \\ -\dfrac{(-1)^k n! c}{4^{k-n}(k-n)!\,k!} \dfrac{H_k + H_{k-n} - H_n}{2}, & k > n \end{cases}$$

を得る.ここで $c = \dfrac{(-1)^n}{2^n n!}$ とおけば,$J_n(x)$ に一次独立な解

$$\begin{aligned} y_r(x, -n) = & J_n(x) \log x - \frac{1}{2} \sum_{k=0}^{n-1} \frac{(n-k-1)!}{k!} \left(\frac{x}{2}\right)^{2k-n} \\ & - \frac{1}{2} \sum_{k=0}^{\infty} (-1)^k \frac{H_{k+n} + H_k - H_n}{k!(k+n)!} \left(\frac{x}{2}\right)^{2k+n} \end{aligned}$$

が得られる.慣習上,$y_r(x,-n)$ のかわりに,

$$Y_n(x) = \frac{2}{\pi} \left(y_r(x,-n) - \left(\frac{H_n}{2} + \log 2 - \gamma\right) J_n(x) \right),$$

$$\gamma = \lim_{N \to \infty} \left(1 + \frac{1}{2} + \cdots + \frac{1}{N} - \log N \right); \quad \text{Euler の定数}$$

とおいたものを第 **2** 種 **n** 次 Bessel 関数という.関数 $J_n(x)$, $Y_n(x)$ は (31) の基本解になる.$Y_n(x)$ を書きかえると,

$$\begin{aligned} Y_n(x) = & \frac{2}{\pi} J_n(x) \log \frac{x}{2} - \frac{1}{\pi} \sum_{k=0}^{n-1} \frac{(n-k-1)!}{k!} \left(\frac{x}{2}\right)^{2k-n} \\ & - \frac{1}{\pi} \sum_{k=0}^{\infty} (-1)^k \frac{\psi(k+n+1) + \psi(k+1)}{k!(k+n)!} \left(\frac{x}{2}\right)^{2k+n}. \end{aligned} \quad (34)$$

ここで，$\psi(\cdot)$ は，
$$\psi(x) = \frac{\Gamma'(x)}{\Gamma(x)}$$
により定められる．関係式: $\Gamma(x+1) = x\Gamma(x)$ の両辺を微分して，
$$\Gamma'(x+1) = \Gamma(x) + x\Gamma'(x), \quad \text{あるいは} \quad \psi(x+1) = \frac{1}{x} + \psi(x).$$
したがって，(34) において
$$\psi(k+1) = \frac{1}{k} + \frac{1}{k-1} + \cdots + 1 + \frac{\Gamma'(1)}{\Gamma(1)} = H_k - \gamma \qquad (\Gamma'(1) = -\gamma)$$
となることを用いた．$n=0$ の場合には，第 2 種 0 次 Bessel 関数
$$\begin{aligned} Y_0(x) &= \frac{2}{\pi} J_0(x) \log \frac{x}{2} - \frac{2}{\pi} \sum_{k=0}^{\infty} (-1)^k \frac{\psi(k+1)}{(k!)^2} \left(\frac{x}{2}\right)^{2k} \\ &= \frac{2}{\pi} \left(y_r(x,0) - (\log 2 - \gamma) J_0(x) \right) \end{aligned}$$
が得られる．

$Y_n(x)$ の導出は，少々作為的に感じられるかも知れない．この関数は，実は別の方向から得られるものである．ν を n に近いパラメターと考えれば，$J_\nu(x)$, $J_{-\nu}(x)$ の有限個の級数は ν の正則関数であり，ν について広義一様収束するから，$J_\nu(x)$, $J_{-\nu}(x)$ は ν の正則関数になる．(31) に J_ν と $J_{-\nu}$ を代入して ν で微分し，$\nu \to n$ とすれば，
$$x^2 \frac{\partial^2}{\partial x^2} \frac{\partial J_\nu(x)}{\partial \nu}\bigg|_{\nu=n} + x \frac{\partial}{\partial x} \frac{\partial J_\nu(x)}{\partial \nu}\bigg|_{\nu=n} + (x^2 - n^2) \frac{\partial J_\nu(x)}{\partial \nu}\bigg|_{\nu=n}$$
$$- 2n J_n(x) = 0,$$
$$x^2 \frac{\partial^2}{\partial x^2} \frac{\partial J_{-\nu}(x)}{\partial \nu}\bigg|_{\nu=n} + x \frac{\partial}{\partial x} \frac{\partial J_{-\nu}(x)}{\partial \nu}\bigg|_{\nu=n} + (x^2 - n^2) \frac{\partial J_{-\nu}(x)}{\partial \nu}\bigg|_{\nu=n}$$
$$- 2n J_{-n}(x) = 0$$
となる．$(-1)^n J_{-n}(x) = J_n(x)$ に注意すれば，関数
$$\frac{1}{\pi} \left(\frac{\partial J_\nu(x)}{\partial \nu}\bigg|_{\nu=n} - (-1)^n \frac{\partial J_{-\nu}(x)}{\partial \nu}\bigg|_{\nu=n} \right)$$
は，(31) の解になることがわかる．これが $Y_n(x)$ になるのである．実際，$\lim_{\nu \to n} \frac{\partial J_\nu(x)}{\partial \nu}$ を計算すれば，

$$\frac{\partial J_\nu(x)}{\partial \nu} = \sum_{k=0}^{\infty} \frac{(-1)^k}{k!\Gamma(\nu+k+1)} \left(\log \frac{x}{2} - \frac{\Gamma'(\nu+k+1)}{\Gamma(\nu+k+1)} \right) \left(\frac{x}{2}\right)^{\nu+2k}$$

$$\to \sum_{k=0}^{\infty} \frac{(-1)^k}{k!(n+k)!} \left(\log \frac{x}{2} - \psi(n+k+1) \right) \left(\frac{x}{2}\right)^{n+2k}$$

となる. $J_{-\nu}(x)$ については，よく知られた公式 [*],

$$\Gamma(z)\Gamma(1-z) = \frac{\pi}{\sin \pi z}$$

を利用して計算すれば,

$$J_{-\nu}(x) = \left(\sum_{k=0}^{n-1} + \sum_{k=n}^{\infty} \right) \frac{(-1)^k}{k!\Gamma(-\nu+k+1)} \left(\frac{x}{2}\right)^{-\nu+2k}$$

$$= \sum_{k=0}^{n-1} \frac{(-1)^k}{\pi k!} \Gamma(\nu-k) \sin \pi(\nu-k) \left(\frac{x}{2}\right)^{-\nu+2k}$$

$$+ \sum_{k=n}^{\infty} \frac{(-1)^k}{k!\Gamma(-\nu+k+1)} \left(\frac{x}{2}\right)^{-\nu+2k},$$

$$\frac{\partial J_{-\nu}(x)}{\partial \nu} = \sum_{k=0}^{n-1} \frac{(-1)^k}{\pi k!} \Gamma(\nu-k) \Big(\psi(\nu-k) \sin \pi(\nu-k) + \pi \cos \pi(\nu-k)$$

$$- \sin \pi(\nu-k) \log \frac{x}{2} \Big) \left(\frac{x}{2}\right)^{2k-\nu}$$

$$+ \sum_{k=n}^{\infty} \frac{(-1)^k}{k!\Gamma(-\nu+k+1)} \left(\psi(-\nu+k+1) - \log \frac{x}{2} \right) \left(\frac{x}{2}\right)^{2k-\nu}$$

$$\to \sum_{k=0}^{n-1} \frac{(-1)^n}{k!} \Gamma(n-k) \left(\frac{x}{2}\right)^{2k-n}$$

$$+ \sum_{k=n}^{\infty} \frac{(-1)^k}{k!\Gamma(-n+k+1)} \left(\psi(-n+k+1) - \log \frac{x}{2} \right) \left(\frac{x}{2}\right)^{2k-n}$$

$$= (-1)^n \sum_{k=0}^{n-1} \frac{(n-k-1)!}{k!} \left(\frac{x}{2}\right)^{2k-n}$$

$$+ (-1)^n \sum_{k=0}^{\infty} \frac{(-1)^k}{k!(n+k)!} \left(\psi(k+1) - \log \frac{x}{2} \right) \left(\frac{x}{2}\right)^{2k+n}.$$

---

[*] たとえば，E. C. Titchmarsh, "Theory of Functions" (Clarendon Press) を見よ（前出）.

4.3 Bessel の微分方程式

これらの計算結果を合わせれば，(34) の右辺を得る：

$$Y_n(x) = \frac{1}{\pi}\left(\left.\frac{\partial J_\nu(x)}{\partial \nu}\right|_{\nu=n} - (-1)^n \left.\frac{\partial J_{-\nu}(x)}{\partial \nu}\right|_{\nu=n}\right). \tag{35}$$

Bessel 関数の漸近的性質

Bessel の微分方程式 (31) の解 $y(x)$ については，$x \to \infty$ の際に漸近的に

$$y(x) = \frac{\rho_\infty}{\sqrt{x}}\sin(x+\theta_\infty) + O\left(\frac{1}{x^{3/2}}\right) \tag{36}$$

と表現できるような ρ_∞, θ_∞ が存在することを示そう．$\nu = 1/2$ の場合には，この関係をすでに，例題 1 で示している．(31) の解 y に対して $z(x) = \sqrt{x}\,y(x)$ とおけば，z は

$$z'' + (1 - r(x))z = 0, \qquad r(x) = \frac{\nu^2 - 1/4}{x^2}$$

を満たす．x が十分大きいとき，この方程式は $z'' + z = 0$ に近いので，z は何らかの意味で $\cos x$ や $\sin x$ に近い振る舞いをすると予想するのは自然であろう．そこで，

$$z(x) = \rho(x)\sin(x + \theta(x)), \quad z'(x) = \rho(x)\cos(x + \theta(x))$$

とおいてみる．$\rho(x)$, $\theta(x)$ はそれぞれ，xy-平面における曲線 $\{(z'(x), z(x))\}$ の絶対値と偏角である．$\rho(x) \neq 0$ であることに注意する．実際，もし $\rho(x_0) = 0$ であれば，$z(x_0) = z'(x_0)$ であり，解の一意性により $z(x) \equiv 0$ となるからである．

$$z'' = \rho'\cos(x+\theta) - \rho\sin(x+\theta)(1+\theta') = -(1-r)\rho\sin(x+\theta),$$
$$z' = \rho'\sin(x+\theta) + \rho\cos(x+\theta)(1+\theta') = \rho\cos(x+\theta)$$

より，

$$\tan(x+\theta) = \frac{\rho'}{\rho(\theta'+r)} = -\frac{\rho\theta'}{\rho'}, \qquad \tan^2(x+\theta) = -\frac{\theta'}{\theta'+r}$$

を得る．したがって，

$$\theta'(x) = -r(x)\sin^2(x+\theta(x)),$$
$$\frac{\rho'(x)}{\rho(x)} = r(x)\sin(x+\theta(x))\,\cos(x+\theta(x))$$

を得る．$|r(x)| = \text{const}/x^2$ であるから，$a > 0$ を固定して，

$$\theta(x) = \theta(a) - \int_a^x r(t) \sin^2(t + \theta(t)) \, dt$$
$$\to \theta(a) - \int_a^\infty r(t) \sin^2(t + \theta(t)) \, dt = \theta_\infty, \quad x \to \infty.$$

同様にして，

$$\log \rho(x) = \log \rho(a) + \int_a^x r(t) \sin(t + \theta(t)) \cos(t + \theta(t)) \, dt$$
$$\to \log \rho(a) + \int_a^\infty r(t) \sin(t + \theta(t)) \cos(t + \theta(t)) \, dt$$
$$= \log \rho_\infty, \quad x \to \infty.$$

また，上の関係から容易に，

$$\rho(x) = \rho_\infty \left(1 + O\left(\frac{1}{x}\right)\right), \quad \rho_\infty \neq 0, \quad \theta(x) = \theta_\infty \left(1 + O\left(\frac{1}{x}\right)\right)$$

がわかる．したがって，

$$z(x) = \rho_\infty \sin(x + \theta_\infty) + O\left(\frac{1}{x}\right)$$

となり，(36) が示された．$J_n(x)$ に対しては，

$$\rho_\infty = \sqrt{\frac{2}{\pi}}, \quad \theta_\infty = -\frac{n\pi}{2} - \frac{\pi}{4}$$

となることが知られている[*]．

解の漸近表示 (36) により，$y(x)$ は無数の零点をもつ．実際，正整数 m を十分大きくとれば，

$$y(x) = \frac{\rho_\infty}{\sqrt{x}} \left(\sin(x + \theta_\infty) + O\left(\frac{1}{x}\right)\right)$$

であり，中間値の定理により区間：$((2m + \frac{1}{2})\pi - \theta_\infty, (2m + \frac{3}{2})\pi - \theta_\infty)$ に少なくとも一つの零点が存在するからである．正整数 n に対する $J_n(x)$ の零点を $\lambda_{n,k}$，$k = 1, 2, \ldots$ とするとき，

---

[*] たとえば，クーラン，ヒルベルト，「数理物理学の方法 第 2 巻」（東京図書，斎藤利弥 監訳）を見よ．

$$\int_0^1 x J_n(\lambda_{n,k} x)\, J_n(\lambda_{n,l} x)\, dx = \begin{cases} 0, & k \neq l, \\ \dfrac{1}{2} J_n'(\lambda_{n,k})^2, & k = l \end{cases} \qquad (37)$$

となることを示そう. $y(x) = J_n(x)$ とおこう. $k \neq l$ の場合,

$$\lambda_{n,k} x y''(\lambda_{n,k} x) + y'(\lambda_{n,k} x) + \left(\lambda_{n,k} x - \frac{n^2}{\lambda_{n,k} x}\right) y(\lambda_{n,k} x) = 0$$

の両辺に $y(\lambda_{n,l} x)$ を乗じて 0 から 1 まで積分すれば,

$$\int_0^1 \left(\lambda_{n,k}^2 x - \frac{n^2}{x}\right) y(\lambda_{n,k} x) y(\lambda_{n,l} x)\, dx$$
$$= \lambda_{n,k} \lambda_{n,l} \int_0^1 x y'(\lambda_{n,k} x) y'(\lambda_{n,l} x)\, dx$$

を得る. この式と k と l を入れかえた式との差をとれば, (37) の最初の関係が得られる. $k = l$ の場合, $z(x) = y(\lambda_{n,k} x)$ とおけば, z は

$$(xz')' + \left(\lambda_{n,k}^2 x - \frac{n^2}{x}\right) z = 0$$

の解になる. この両辺に xz' を乗じて 0 から 1 まで積分すれば,

$$0 = (xz')^2 \Big|_0^1 + \int_0^1 (\lambda_{n,k}^2 x^2 - n^2)(z^2)'\, dx$$
$$= z'(1)^2 + (\lambda_{n,k}^2 x^2 - n^2) z^2 \Big|_0^1 - \int_0^1 2\lambda_{n,k}^2 x z^2\, dx$$
$$= \lambda_{n,k}^2 J_n'(\lambda_{n,k})^2 - 2\lambda_{n,k}^2 \int_0^1 x J_n(\lambda_{n,k} x)^2\, dx.$$

4.3.3 Gauss の超幾何微分方程式

α, β, γ を定数として,

$$x(1-x)y'' + (\gamma - (\alpha + \beta + 1)x)y' - \alpha\beta y = 0 \qquad (38)$$

を, Gauss の超幾何微分方程式という. $x = 0$ は (38) の確定特異点であり, 決定方程式は

$$f(r) = r(r-1) + \gamma r = r(r - 1 + \gamma) = 0$$

であるから, $r = 0,\ 1 - \gamma$ となる. $y(x) = x^r \sum_{k=0}^{\infty} c_k x^k$ とおいて (38) に代

入すれば，漸化式:
$$(r+k)(r+k-1+\gamma)c_k = (r+k-1+\alpha)(r+k-1+\beta)c_{k-1}, \quad k \geqslant 1$$
が得られる．$1-\gamma \neq$ （整数）ならば，
$$c_k(r) = \prod_{j=1}^{k} \frac{(r+\alpha-1+j)(r+\beta-1+j)}{(r+j)(r+\gamma-1+j)} c_0 \tag{39}$$
に $r=0$, $1-\gamma$ を代入して基本解が得られる．$r=0$, $c_0=1$ とおけば，
$$F(\alpha,\beta,\gamma;x) = y(x,0) = \sum_{k=0}^{\infty} \frac{\Gamma(\alpha+k)\,\Gamma(\beta+k)\,\Gamma(\gamma)}{\Gamma(\alpha)\,\Gamma(\beta)\,\Gamma(\gamma+k)k!} x^k \tag{40}$$
が得られる．$F(\alpha,\beta,\gamma;x)$ を **Gauss** の超幾何級数という．この級数の収束半径は，
$$\lim_{k \to \infty} \left| \frac{c_{k+1}}{c_k} \right| = \lim_{k \to \infty} \left| \frac{(\alpha+k)(\beta+k)}{(1+k)(\gamma+k)} \right| = 1$$
で与えられる．したがって，$F(\alpha,\beta,\gamma;x)$ は $|x|<1$ で正則関数になる．

$r=1-\gamma$ に対しては，$F(\alpha,\beta,\gamma;x)$ に一次独立な解
$$\begin{aligned}
y(x, 1-\gamma) \\
&= x^{1-\gamma} \sum_{k=0}^{\infty} \frac{\Gamma(\alpha+1-\gamma+k)\,\Gamma(\beta+1-\gamma+k)\,\Gamma(2-\gamma)}{\Gamma(\alpha+1-\gamma)\,\Gamma(\beta+1-\gamma)\,\Gamma(2-\gamma+k)\,k!} x^k \\
&= x^{1-\gamma} F(\alpha+1-\gamma, \beta+1-\gamma, 2-\gamma; x)
\end{aligned} \tag{41}$$
が得られる．

$\gamma=1$ の場合，$r=0$ は決定方程式の重解である．
$$\begin{aligned}
\frac{d}{dr} c_k(0) &= \frac{d}{dr} \prod_{j=1}^{k} \frac{(r+\alpha+j-1)(r+\beta+j-1)}{(r+j)^2} \bigg|_{r=0} \\
&= \frac{\Gamma(r+\alpha+k)\,\Gamma(r+\beta+k)\,\Gamma(r+1)^2}{\Gamma(r+\alpha)\,\Gamma(r+\beta)\,\Gamma(r+1+k)^2} \sum_{j=0}^{k-1} \bigg(\frac{1}{r+\alpha+j} \\
&\quad + \frac{1}{r+\beta+j} - \frac{2}{r+j+1} \bigg) \bigg|_{r=0} \\
&= \frac{\Gamma(\alpha+k)\,\Gamma(\beta+k)}{\Gamma(\alpha)\,\Gamma(\beta)\,(k!)^2} \sum_{j=0}^{k-1} \bigg(\frac{1}{\alpha+j} + \frac{1}{\beta+j} - \frac{2}{1+j} \bigg)
\end{aligned}$$

4.3 Bessel の微分方程式

により, $F(\alpha, \beta, 1; x)$ に一次独立な解は,

$$y_r(x, 0) = F(\alpha, \beta, 1; x) \log x$$
$$+ \sum_{k=1}^{\infty} \frac{\Gamma(\alpha+k)\,\Gamma(\beta+k)}{\Gamma(\alpha)\,\Gamma(\beta)\,(k!)^2} \sum_{j=0}^{k-1} \left(\frac{1}{\alpha+j} + \frac{1}{\beta+j} - \frac{2}{1+j} \right) x^k$$

として得られる.

$1 - \gamma = n = \pm 1, \pm 2, \ldots$ の場合にも同様に, Frobenius の方法で基本解を計算できる. たとえば $1 - \gamma = -n = -1, -2, \ldots$ の場合, $F(\alpha, \beta, 1+n; x)$ に一次独立な解を求めてみよう. r を $-n$ に近いパラメターとして, 因数 $r+n$ を含む $c_0(r)$ を, とくに

$$c_0(r) = \prod_{j=1}^{n} \frac{(r+j)(r+n+j)}{(r+\alpha+j-1)(r+\beta+j-1)}$$
$$= \frac{(r+1)\cdots(r+n)(r+n+1)\cdots(r+2n)}{(r+\alpha)\cdots(r+\alpha+n-1)(r+\beta)\cdots(r+\beta+n-1)}$$

で与えよう. このとき, $c_k(r)$ を漸化式 (39) にしたがって計算すれば,

$$c_k(r) = \begin{cases} \displaystyle\prod_{j=k}^{n-1} \frac{(r+j+1)(r+n+j+1)}{(r+\alpha+j)(r+\beta+j)}, & k < n, \\ 1, & k = n, \\ \displaystyle\prod_{j=n}^{k-1} \frac{(r+\alpha+j)(r+\beta+j)}{(r+j+1)(r+n+j+1)}, & k > n \end{cases}$$

となる. これを素直に微分し, $r = -n$ とおけば,

$$\frac{d}{dr} c_k(-n)$$
$$= \begin{cases} \dfrac{(-1)^{n-k-1}(n-k-1)!\,n!}{k!\,\prod_{j=1}^{n-k}(\alpha-j)(\beta-j)}, & k < n, \\ 0, & k = n, \\ \dfrac{n!\,\Gamma(\alpha+k-n)\,\Gamma(\beta+k-n)}{\Gamma(\alpha)\,\Gamma(\beta)\,(k-n)!\,k!} \displaystyle\sum_{j=0}^{k-n-1} \left(\dfrac{1}{\alpha+j} + \dfrac{1}{\beta+j} \right. \\ \left. \qquad\qquad - \dfrac{1}{j+1} - \dfrac{1}{n+j+1} \right), & k > n \end{cases}$$

を得る.したがって,求めるべき解は,

$$y_r(x,-n) = F(\alpha,\beta,1+n;x)\log x + x^{-n}\sum_{k=0}^{\infty}\frac{d}{dr}c_k(-n)x^k$$
$$= F(\alpha,\beta,1+n;x)\log x$$
$$\quad + x^{-n}\sum_{k=0}^{n-1}\frac{(-1)^{n-k-1}(n-k-1)!\,n!}{k!\prod_{j=1}^{n-k}(\alpha-j)(\beta-j)}x^k$$
$$\quad + \sum_{k=1}^{\infty}\frac{n!\,\Gamma(\alpha+k)\,\Gamma(\beta+k)}{\Gamma(\alpha)\,\Gamma(\beta)\,k!\,(k+n)!}\sum_{j=0}^{k-1}\left(\frac{1}{\alpha+j}+\frac{1}{\beta+j}\right.$$
$$\quad \left. -\frac{1}{1+j}-\frac{1}{1+n+j}\right)x^k$$
$$= F(\alpha,\beta,1+n;x)\log x + F_1(\alpha,\beta,1+n;x)$$

となる.$F_1(\cdot)$ の記法を使えば,$y_r(x,0)$ は

$$y_r(x,0) = F(\alpha,\beta,1;x)\log x + F_1(\alpha,\beta,1;x)$$

と書ける.もちろん,$\sum_{k=0}^{n-1}$ の項は現れない.

Gauss の超幾何微分方程式 (38) において様々な変数変換を施せば,Bessel の微分方程式,Hermite の微分方程式や Laguerre の微分方程式が導かれる.ここでは Bessel の微分方程式を導こう.独立変数の変換:$z=\beta x$ を行えば,(38) は

$$z\left(1-\frac{z}{\beta}\right)\frac{d^2y}{dz^2} + \left(\gamma - \left(1+\frac{\alpha+1}{\beta}\right)z\right)\frac{dy}{dz} - \alpha y = 0$$

になる.ここで,$\beta \to \infty$ とすれば,微分方程式

$$z\frac{d^2y}{dz^2} + (\gamma-z)\frac{dy}{dz} - \alpha y = 0 \tag{42}$$

を得る.これを合流型超幾何微分方程式という.σ,λ を定数として $w(z) = z^{\sigma}e^{\lambda z}y(z)$ とおけば,簡単な計算で,

$$\frac{dy}{dz} = z^{-\sigma}e^{-\lambda z}\frac{dw}{dz} - (\sigma z^{-\sigma-1}+\lambda z^{-\sigma})e^{-\lambda z}w$$

$$\frac{d^2y}{dz^2} = z^{-\sigma}e^{-\lambda z}\frac{d^2w}{dz^2} - 2(\sigma z^{-\sigma-1}+\lambda z^{-\sigma})e^{-\lambda z}\frac{dw}{dz}$$
$$\quad + \left(\sigma(\sigma+1)z^{-\sigma-2}+\lambda^2 z^{-\sigma}+2\lambda\sigma z^{-\sigma-1}\right)e^{-\lambda z}w$$

となる．これらを (42) に代入して整理すれば，

$$
\begin{aligned}
&z^2 \frac{d^2 w}{dz^2} + z\left(\gamma - 2\sigma - (1+2\lambda)z\right) \frac{dw}{dz} \\
&\quad + \left(\sigma(1+\sigma-\gamma) + (\sigma - \alpha - \lambda(\gamma - 2\sigma))z + \lambda(1+\lambda)z^2\right) w = 0
\end{aligned}
\tag{43}
$$

となる．とくに $\gamma - 2\sigma = 1,\ 1 + 2\lambda = 0,\ 2\alpha = 1 + 2\sigma (=\gamma)$ とおけば，(42) は

$$
z^2 \frac{d^2 w}{dz^2} + z \frac{dw}{dz} + \left(-\frac{z^2}{4} - \sigma^2\right) w = 0
$$

と書かれ，さらに $z = 2it,\ i = \sqrt{-1}$ とおけば，Bessel の微分方程式 (31):

$$
t^2 \frac{d^2 w}{dt^2} + t \frac{dw}{dt} + (t^2 - \sigma^2) w = 0
$$

が得られる．

第 4 章の演習問題

4.1: つぎの微分方程式の，$x = 0$ を中心とする整級数解を求めよ．
 (i) $y' = y^2, \quad y(0) = 1$,
 (ii) $(1 - x^2) y'' + xy' + 3y = 0, \quad y(0) = c_0,\ y'(0) = c_1$.

4.2.1-1: Rodrigues の公式 (11) を利用して，つぎの等式を示せ:
 (i) $P'_\nu(x) = x P'_{\nu-1}(x) + \nu P_{\nu-1}(x)$,
 (ii) $P'_{\nu+1}(x) - P'_{\nu-1}(x) = (2\nu + 1) P_\nu(x)$.

4.2.1-2: $\nu - 1$ 次以下の任意の多項式 $f(x)$ に対して，f と P_ν は直交する，すなわち，$\int_{-1}^{1} f(x) P_\nu(x)\, dx = 0$ が成り立つことを示せ．

4.2.1-3: Legendre の微分方程式 (10) は，$((1-x^2) y')' + \nu(\nu+1) y = 0$ と表現できる．この表現を経由して，$\mu \neq \nu$ のとき (13) が成り立つことを示せ．

4.2.1-4: $\mu = \nu$ のとき，(16) が成り立つことを示せ．

4.2.1-5: $\int_{-1}^{1} P_{\mu, h}(x) P_{\nu, h}(x)\, dx = 0,\ \mu \neq \nu$ を示せ．

4.2.1-6: 関数系 $\{P_\nu\}_{\nu=0}^{\infty}$ と同様に，$\{P_{\nu, h}\}_{\nu=h}^{\infty}$ は，$[-1, 1]$ 上で平均収束の意味での直交基底，すなわち，任意の $f \in C[-1, 1]$ に対して，

$$
\lim_{n \to \infty} \int_{-1}^{1} \left| f(x) - \sum_{\nu=h}^{n} c_\nu P_{\nu, h}(x) \right|^2 dx = 0,
$$

$$
c_\nu = \frac{1}{\|P_{\nu, h}\|^2} \int_{-1}^{1} f(x) P_{\nu, h}(x)\, dx
$$

であることを示せ．ここで，$\|P_{\nu,h}\|^2 = \int_{-1}^{1} P_{\nu,h}(x)^2\,dx$.

4.2.2: Hermite の多項式 $H_\nu(x)$ について，その直交性 (20) を証明せよ．

4.3.1: つぎの微分方程式の基本解を，それぞれ求めよ：
  (i) $2x^2 y'' + x(3x-1)y' + y = 0$,
  (ii) $x^2 y'' - x(2+x)y' + (2+x)y = 0$,
  (iii) $x^2 y'' + x(3-x)y' + (1-2x)y = 0$,
  (iv) $x^2 y'' + x(1+x)y' - 4y = 0$.

4.3.2-1: $J_{-\frac{1}{2}}(x) = \sqrt{\dfrac{2}{\pi x}} \cos x$ を示せ．

4.3.2-2: 第 1 種 Bessel 関数 $J_\nu(x)$ について，つぎの等式を示せ：
  (i) $(x^\nu J_\nu(x))' = x^\nu J_{\nu-1}(x)$,
  (ii) $(x^{-\nu} J_\nu(x))' = -x^{-\nu} J_{\nu+1}(x)$,
  (iii) $J_{\nu-1}(x) - J_{\nu+1}(x) = 2J_\nu'(x)$,
  (iv) $J_{\nu-1}(x) + J_{\nu+1}(x) = 2\nu x^{-1} J_\nu(x)$.

4.3.2-3: $J_\nu(x) = 0$ の相隣り合う正根を λ_n, λ_{n+1} とする．このとき，区間 $(\lambda_n, \lambda_{n+1})$ に $J_{\nu-1}(x) = 0$ と $J_{\nu+1}(x) = 0$ の根がそれぞれただ一つ存在することを示せ．

4.3.3: Gauss の超幾何微分方程式 (38) について，$1-\gamma = n = 1, 2, \ldots$ の場合，決定方程式の解 $r = n$ に対して求まる解: $x^n F(\alpha+n, \beta+n, 1+n; x)$ に一次独立な解を求めよ．

常微分方程式系の安定性

5.1 自励系

本章では，常微分方程式系の解の安定性について論じる．安定性に関する議論（安定論）は，工学，生物学や経済学等の応用分野において解の時間大域的な挙動を調べる際に基本的な役割を果たす．本章では安定論における慣習にしたがい，第3章，(20), (21) で記述される常微分方程式系において，独立変数 x を t（時刻）に変更する．とくに右辺 f が t を含まない y のみの場合を自励系といい，$y = y(t) = (y_1, y_2, \ldots, y_n)^{\mathrm{T}}$ を未知関数とする微分方程式系は

$$\dot{y}_i = f_i(y_1, y_2, \ldots, y_n) = f_i(y), \quad y_i(0) = \eta_i, \quad 1 \leqslant i \leqslant n$$

と書かれる．ここで $\dot{y}_i = dy_i/dt$ であり，$f = (f_1\, f_2\, \ldots\, f_n)^{\mathrm{T}}$ とすれば，上の微分方程式系はベクトル形式で，

$$\dot{y} = f(y), \quad y(0) = \eta = (\eta_1, \eta_2, \ldots, \eta_n)^{\mathrm{T}} \tag{1}$$

と書かれる．ベクトル記号を今後，$\boldsymbol{f}, \boldsymbol{y}$ 等のかわりに簡単に f, y と書くことにする．初期時刻を，一般の t_0 のかわりに 0 とした．(1) の解は通常，$-\infty < t < \infty$ で考えることが多い．本書では $t \to \infty$ の際の解の大域的挙動に興味があるので，主として $t \geqslant 0$ で考えることにする．$\mathbb{R}^n$ の開集合 D で定義された (1) の右辺の各 f_i は，以下のそれぞれの議論において D における必要な滑らかさをもつと仮定する．

$f(a) = 0$ となる $a \in D$ が存在するとき，a を (1) の平衡点という．$y(t) = a$,

$t \geqslant 0$ は明らかに, $y(0) = a$ となる (1) の解である. 初期値 (初期擾乱) が a から少し離れるときの解の $t \geqslant 0$ における挙動を調べたい. $y(t) = a + \tilde{y}(t)$ とおけば, 微分方程式は

$$\frac{d\tilde{y}}{dt} = \dot{\tilde{y}} = \dot{y} = f(a + \tilde{y}) = \tilde{f}(\tilde{y}), \quad \tilde{f}(0) = 0$$

と書きかえられる. a の近傍の解の考察には, したがって, 最初から $f(0) = 0$ と仮定してよい. f の定義域 D は, 0 を内点にもつ.

(1) の平衡点 0 の安定性について, つぎのように定義しよう: $\forall \varepsilon > 0$ に対して, 十分小さい $\delta = \delta(\varepsilon) > 0$ を選べて, η が $|\eta| < \delta$ を満たす限り,

(i) (1) の解 $y(t)$ が $t \geqslant 0$ で存在し,
(ii) $|y(t)| < \varepsilon$, $t \geqslant 0$

となるとき, 0 は (**Lyapunov の意味で**) 安定であるという. 平衡点 0 が安定であり, さらに $\lim_{t \to \infty} y(t) = 0$ となるとき, 0 は漸近安定であるという. 第 1 章, 1.2 節で考察した単ふりこ (例題 5) は,

$$ml\ddot{\theta} = -mg\sin\theta, \quad \theta(0) = \theta_0, \dot{\theta}(0) = \theta_1$$

により記述された. $\theta\dot{\theta}$-平面において調べたように, 平衡点 $0 = (0, 0)$ の近傍で周期解をもち, 0 は Lyapunov の意味で安定である. しかしながら, 0 は漸近安定ではない. 平衡点 0 の安定性, 漸近安定性を判定する一つの有力な道具として, Lyapunov 関数がある.

Lyapunov 関数

平衡点 0 の近傍 $U \subset \mathbb{R}^n$ で定義された実数値関数を, $V(y) = V(y_1, \ldots, y_n)$ とする. $V \in C(U)$ は $U \setminus \{0\}$ で微分可能であるとし,

$$\dot{V}(y) = \langle \nabla V(y), f(y) \rangle = \sum_{i=1}^{n} V_{y_i}(y) f_i(y) \tag{2}$$

とおく. $y(t)$, $t \geqslant 0$ が (1) の解であれば,

$$\frac{d}{dt} V(y(t)) = \sum_{i=1}^{n} V_{y_i}(y(t)) \dot{y}_i(t) = \sum_{i=1}^{n} V_{y_i}(y(t)) f_i(y(t))$$

であるから,

$$\left. \frac{d}{dt} V(y(t)) \right|_{t=0} = \sum_{i=1}^{n} V_{y_i}(\eta) f_i(\eta) = \dot{V}(\eta).$$

定理 1. 上記関数 V が,

(i) $V(0) = 0, \quad V(y) > 0$ for $y \in U \setminus \{0\}$,

(ii) $\dot{V}(y) \leqslant 0, \quad y \in U \setminus \{0\}$

を満たすと仮定する．このとき，自励系 (1) の平衡点 0 は安定である．この V を (1) に対する Lyapunov 関数という．

証明．十分小さい $\delta > 0$ に対して中心 0, 半径 δ の開球 $B_\delta(0) = \{y \in \mathbb{R}^n; |y| < \delta\}$ が $\overline{B_\delta(0)} \subset U$ となるようにしておく．$\min_{|y|=\delta} V(y) = \alpha > 0$ とおく．

初期値 $\eta \neq 0$ を，$\eta \in B_\delta(0)$ かつ $V(\eta) < \alpha$ となるように選ぶ．(1) の解の一意性より $y(t) \neq 0$ であり，$0 < V(y(0)) < \alpha$ である．この解は少なくとも $t \geqslant 0$ のある区間 $[0, t^*)$ において，$B_\delta(0)$ に留まる．この解を延長して，$\overline{B_\delta(0)}$ に属する，すなわち $|y(t)| \leqslant \delta$ となるような延長不能な解（第 3 章，3.3 節参照）が有限区間; $[0, t_1)$ になれば，矛盾することを示そう．$y(t), t \in [0, t_1)$ は有界閉集合 $\overline{B_\delta(0)}$ に留まるから，$M > 0$ が存在して，

$$|y(t_m) - y(t_n)| = \left|\int_{t_n}^{t_m} f(y(\tau))\, d\tau\right|$$
$$\leqslant \left|\int_{t_n}^{t_m} |f(y(\tau))|\, d\tau\right| \leqslant M|t_m - t_n|, \quad t_m, t_n \to t_1.$$

したがって $\{y(t_n)\}$ は Cauchy 列になり，$\lim_{t \nearrow t_1} y(t_n) = y(t_1) \in \overline{B_\delta(0)}$ が存在する．もし $y(t_1) \in B_\delta(0)$ であれば，$y(t_1)$ を初期値とする $B_\delta(0)$ に属する解が t_1 の近傍で存在することになり，解が $\overline{B_\delta(0)}$ に属する延長不能な区間が $[0, t_1)$ であることに反する．したがって，$y(t_1) \in \partial B_\delta(0)$，すなわち $|y(t_1)| = \delta$ であり，$V(y(t_1)) \geqslant \alpha > V(y(0))$ がしたがう．平均値の定理により

$$\dot{V}(y(t_2)) = \left.\frac{d}{dt} V(y(t))\right|_{t_2} = \sum_i V_{y_i}(y(t_2)) f_i(y(t_2)) > 0, \quad t_2 \in (0, t_1)$$

となる t_2 が存在することになり，仮定 (ii) に反する．したがって，$\overline{B_\delta(0)}$ に属する解 $y(t)$ は，$[0, \infty)$ で存在することがわかる．すなわち，安定である．

$$U_1 = \{y \in B_\delta(0); V(y) < \alpha\} \subset B_\delta(0) \subset U$$

とすれば，U_1 は $U_1 \neq \varnothing$ となる開集合になり，初期値 η は，$\eta \in U_1$ と選ぶ

ことになる. □

定理 2(漸近安定性). 定理 1 において $f \in C^1(U)$ とし,V が
 (i) $V(0) = 0, \quad V(y) > 0$ for $y \in U \setminus \{0\}$,
 (ii) $\dot{V}(y) < 0, \quad y \in U \setminus \{0\}$
を満たすとしよう.このとき,(1) の平衡点 0 は漸近安定になる.

証明. $\delta' > \delta$ を,$B_\delta(0) \subset \overline{B_{\delta'}(0)} \subset U$ となるように選び,$\min_{|y|=\delta'} V(y) = \alpha' > 0$ とおく.$y(0) = \eta \in B_\delta(0)$ をとくに $V(\eta) < \min(\alpha, \alpha')$ となるように選んだ解 $y(t)$ は,定理 1 の結果から $[0, \infty)$ で存在し,$y(t) \in \overline{B_\delta(0)}$ となる.$\overline{B_\delta(0)}$ のコンパクト性より適当な数列 $\{t_n\}$ $(t_n \to \infty)$ が存在して,$\{y(t_n)\}$ が収束列,すなわち,$y(t_n) \to z_0 \in \overline{B_\delta(0)}$,$t_n \to \infty$ とできる.$z_0 = 0$ となることを示そう.$\dot{V}(y(t)) = \frac{d}{dt} V(y(t)) < 0$ であるから,$V(y(t))$ は狭義単調減少関数であり,V の連続性より,$V(y(t_n)) \to V(z_0)$.したがって,$V(y(t)) \downarrow V(z_0)$,$t \to \infty$ がわかる.もし $z_0 \neq 0$ であれば,

$$0 < V(z_0) < \min(\alpha, \alpha'), \quad z_0 \in \overline{B_\delta(0)} \subsetneq B_{\delta'}(0)$$

となる.$z(0) = z_0$ となる解 $z(t)$,$t \geqslant 0$ は,少なくとも $t > 0$ のある区間 $[0, t^*)$ で存在し,その区間で $z(t) \in B_{\delta'}(0)$ となる.もし $z(t) \in \overline{B_{\delta'}(0)}$ となる延長不能な解 $z(t)$ の区間が有限区間 $[0, \tau_1)$ に留まるならば,$\lim_{t \nearrow \tau_1} z(t) = z(\tau_1) \in \overline{B_{\delta'}(0)}$ が存在する.定理 1 の議論を繰り返せば,$z(\tau_1) \in \partial B_{\delta'}(0)$,すなわち $|z(\tau_1)| = \delta'$ であり,

$$V(z(\tau_1)) \geqslant \alpha' \geqslant \min(\alpha, \alpha') > V(z_0)$$

となる.再び平均値の定理により $\dot{V}(z(\tau_2)) > 0$,$\exists \tau_2 \in (0, \tau_1)$ となり,仮定に反する.したがって,$\overline{B_{\delta'}(0)}$ に属する解 $z(t)$ は,$[0, \infty)$ で存在する.また $V(z(t))$ は狭義単調減少である.

$f \in C^1(U)$ であるから,f は有界閉集合 $\overline{B_{\delta'}(0)}$ 上で Lipschitz 連続.$y_n(t) = y(t + t_n)$ は $y_n(0) = y(t_n)$ となる (1) の解であり,$y_n(t) \in \overline{B_\delta(0)} \subset B_{\delta'}(0)$.

$$|y_n(t) - z(t)| = \left| (y(t_n) - z_0) + \int_0^t (f(y_n(\tau)) - f(z(\tau))) \, d\tau \right|$$

$$\leqslant |y(t_n) - z_0| + \int_0^t K |y_n(\tau) - z(\tau)| \, d\tau, \quad t \geqslant 0$$

であるから，Gronwall の不等式により，

$$|y_n(t) - z(t)| \leqslant |y(t_n) - z_0| e^{Kt}, \quad t \geqslant 0.$$

固定した $T > 0$ に対して，$|y_n(T) - z(T)| \leqslant |y(t_n) - z_0| e^{KT}$ であるから，$\forall \varepsilon > 0$ に対して十分大きい N を選べば，$|y_n(T) - z(T)| \leqslant \varepsilon$ for $\forall n \geqslant N$.

$$V(z(T)) < V(z_0) < V(y(T + t_n)) = V(y_n(T)),$$
$$0 < V(z_0) - V(z(T)) < V(y_n(T)) - V(z(T))$$

となり，V の連続性に反する．したがって，どのような収束する部分列 $\{y(t_n)\}$ についても $y(t_n) \to z_0 = 0$ であり，$\lim_{t \to \infty} y(t) = 0$ がしたがう． □

5.2 非線形系の安定性

自励系 (1) において $f \in C^2(D)$ と仮定すると，各 $f_i(y)$ の 0 を中心とする 2 次までの Taylor 展開が可能である．(1) の第 1 次近似としての線形系は，

$$\dot{y}_i = \sum_{1 \leqslant j \leqslant n} a_{ij} y_j, \quad 1 \leqslant i \leqslant n, \quad \text{あるいは} \quad \dot{y} = Ay, \quad y(0) = \eta \quad (3)$$

と書かれる．線形系 (3) が (1) の安定性に本質的に関わると予想するのは，自然である．$\sigma(A) \subset \mathbb{C}_-$，すなわち，$A$ のすべての固有値が左半平面に存在すると仮定し，$a > 0$ を $\max_{\lambda \in \sigma(A)} \operatorname{Re} \lambda < -a < 0$ となるように任意に選ぼう．このとき，

$$\left\| e^{tA} \right\| \leqslant \operatorname{const} e^{-at}, \quad t \geqslant 0$$

が成り立つ．上の減衰評価の証明は，A の Jordan 標準形を経由する第 2 章，2.2 節の表現 (21) による．あるいは，$\sigma(A)$ をその内部に含む任意の単純閉曲線を γ として，もっと容易に，$e^{tA} = \frac{1}{2\pi i} \int_{\Gamma} e^{t\lambda} (\lambda I - A)^{-1} d\lambda$ からも得られる（第 2 章，2.2.3 項）．したがって，線形系 (3) の解は，

$$|y(t)| \leqslant \operatorname{const} e^{-at} |\eta|, \quad t \geqslant 0$$

を満たすから，0 は漸近安定になる．線形系 (3) の平衡点 0 が漸近安定であるための必要十分条件は，明らかに $\sigma(A) \subset \mathbb{C}_-$ となることである．

$n=2$ の場合に，(3) の平衡点 0 の安定性の様子を，解 $y = (y_1, y_2)^{\mathrm{T}}$ の $t \to \infty$ の際の挙動とともに幾何学的に調べよう．2×2 行列 A の固有値を，$\lambda = \lambda_1, \lambda_2$ とする．解が描く曲線 $\{(y_1(t), y_2(t)); t \geqslant 0\}$ を本来の $y_1 y_2$-平面ではなく，適当に正則変換された平面で考える方が理解が容易である．以後，λ_1, λ_2 の値の一部の場合の組み合わせに限って，平衡点 0 の様子を見よう．

(i) $\lambda_1 \neq \lambda_2$ の場合，A は対角化可能であり，正則行列 P を見つけて，$P^{-1}AP = \Lambda = \mathrm{diag}\,(\lambda_1, \lambda_2)$ とできる．$\tilde{y} = P^{-1} y$ とおけば，

$$\tilde{y}(t) = e^{t\Lambda}\tilde{y}(0), \quad \text{or} \quad \tilde{y}_1(t) = e^{\lambda_1 t}\tilde{y}_1(0), \quad \tilde{y}_2(t) = e^{\lambda_2 t}\tilde{y}_2(0) \tag{4}$$

と書ける．煩雑さを避けるため，今後は $\tilde{y}$ を y で表しても誤解の恐れはないであろう．

$\lambda_1 < \lambda_2 < 0$ としよう．このとき，曲線 $\{(y_1(t), y_2(t)); t \geqslant 0\}$ が描く図形の概略と $y(t)$ の 0 への近づき方は，下図左のようになる．

$\lambda_1 = a + ib, \lambda_2 = a - ib, b \neq 0, a < 0$ の場合，$\Lambda = \mathrm{diag}\,(a+ib\ \ a-ib)$ となる．実数値解の挙動を調べるため，かわりに A に相似な

$$\widetilde{\Lambda} = \begin{pmatrix} a & -b \\ b & a \end{pmatrix} = aI + N \tag{5}$$

を係数にもつ線形系 (3) を考える．第 2 章ですでに見たように，

$$y(t) = e^{t\widetilde{\Lambda}}\eta = e^{-at}\begin{pmatrix} \cos bt & -\sin bt \\ \sin bt & \cos bt \end{pmatrix}\begin{pmatrix} \eta_1 \\ \eta_2 \end{pmatrix}$$

となる．$b > 0$ の場合，点 η を 0 を中心に反時計方向に bt 回転させ，動径方向を e^{-at} 倍すれば，$y(t)$ が得られるから，解曲線の 0 への近づき方は，下図右のようになる．

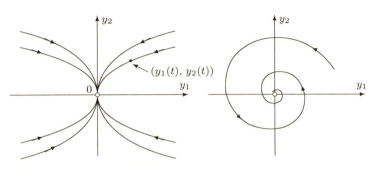

5.2 非線形系の安定性

(ii) $\lambda_1 = \lambda_2$ の場合, $A = \lambda_1 I$ か, あるいは正則行列 P を見つけて $P^{-1}AP = \Lambda = \begin{pmatrix} \lambda_1 & 1 \\ 0 & \lambda_1 \end{pmatrix}$ とできるかのいずれかである. 前者の場合は容易であるので, 後者の場合, とくに $\lambda_1 < 0$ の場合を考える.

$$e^{t\Lambda} = e^{\lambda_1 t}\begin{pmatrix} 1 & t \\ 0 & 1 \end{pmatrix}, \quad y_1(t) = e^{\lambda_1 t}(\eta_1 + \eta_2 t), \quad y_2(t) = e^{\lambda_1 t}\eta_2$$

である. $\eta_2 \neq 0$ の場合, パラメーター t を消去して $y_1(t)$ は $y_2(t)$ の関数として,

$$y_1 = \frac{\eta_1}{\eta_2} y_2 + \frac{y_2}{\lambda_1} \log \frac{y_2}{\eta_2}$$

と表される. したがって, 解曲線の 0 への近づき方の様子は下図のようになる:

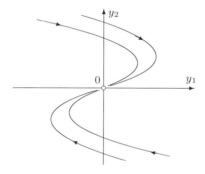

行列 A の固有値の中に $\mathrm{Re}\,\lambda > 0$ となるものが存在する場合には, 0 は安定ではない. 0 のまわりでの解曲線の振る舞いの様子は, 上記の場合とはかなり異なるものとなる (章末演習問題).

線形系 (3) において, $\sigma(A) \subset \mathbb{C}_-$ であると仮定する. すでに 0 の漸近安定性はわかっているが, 前節で述べたこの場合の Lyapunov 関数 $V(y)$ を構成できる. $\eta = (0 \ldots \overset{i}{1} \ldots 0)^{\mathrm{T}}$ となる (3) の解を, $\psi_i(t)$ で表す. したがって $\psi_i(t)$ は e^{tA} の第 i 列ベクトルであり, $e^{tA} = (\psi_1(t) \ldots \psi_n(t))$. 関数系 $\{\psi_i\}_{1 \leqslant i \leqslant n}$ は, (3) の基本解を構成する. (3) の解は, $y(t) = \sum_{1 \leqslant i \leqslant n} \eta_i \psi_i(t) = e^{tA}\eta$ と表現できるので,

$$\begin{aligned} V(\eta) &= \int_0^\infty |e^{sA}\eta|^2 \, ds = \int_0^\infty \langle y(s), y(s)\rangle \, ds \\ &= \sum_{1 \leqslant i,j \leqslant n} \eta_i \eta_j \int_0^\infty \langle \psi_i(s), \psi_j(s)\rangle \, ds = \sum_{1 \leqslant i,j \leqslant n} v_{ij}\eta_i\eta_j \end{aligned} \quad (6)$$

とおけば，明らかに $V(\eta) = V(\eta_1, \eta_2, \ldots, \eta_n)$ は $\mathbb{R}^n$ 上の正値 2 次形式になり，

$$\exists c_1,\, c_2 > 0;\quad c_1|\eta|^2 \leqslant V(\eta) \leqslant c_2|\eta|^2,\quad \forall \eta \in \mathbb{R}^n.$$

(3) の任意の解 $y(t) = e^{tA}\eta$ に対して，

$$V(y(t)) = \int_0^\infty |e^{sA}e^{tA}\eta|^2\, ds = \int_0^\infty |e^{(s+t)A}\eta|^2\, ds = \int_t^\infty |e^{sA}\eta|^2\, ds,$$

$$\frac{d}{dt}V(y(t)) = -|e^{tA}\eta|^2.$$

したがって，上記の評価により，

$$\dot{V}(\eta) = \left.\frac{d}{dt}V(y(t))\right|_{t=0} = -|\eta|^2 \leqslant -\frac{1}{c_2}V(\eta). \tag{7}$$

以上より，(6) の $V(\eta)$ は定理 2 の条件を満たし，(3) に対する Lyapunov 関数になる．関係式

$$\frac{d}{dt}V(y(t)) = \frac{d}{dt}V(y_1(t), \ldots, y_n(t)) = \sum_i \frac{\partial V(y(t))}{\partial y_i}\dot{y}_i(t)$$

$$= \sum_{i,j} V_{y_i}(y(t))\, a_{ij}y_j(t)$$

より，

$$\left(\dot{V}(\eta) = \right)\sum_{i,j} V_{y_i}(\eta)\, a_{ij}\eta_j = -|\eta|^2 \leqslant -\frac{1}{c_2}V(\eta),\quad \forall \eta \in \mathbb{R}^n \tag{8}$$

に注意しよう．

再び自励系 (1) を考え，(1) の平衡点 0 の安定性を検証しよう．$f \in C^2(D)$ と仮定すれば，各 $f_i(y)$ の 0 を中心とする 2 次までの Taylor 展開は，

$$\begin{aligned}
f_i(y) &= f_i(0) + \sum_{1 \leqslant j \leqslant n} \frac{\partial f_i}{\partial y_j}(0)y_j + \frac{1}{2!}\sum_{j,k} \frac{\partial^2 f_i}{\partial y_j \partial y_k}(\theta_i y)y_j y_k \\
&= \sum_{1 \leqslant j \leqslant n} a_{ij}y_j + R_i(y(t)),\quad 0 < \theta_i < 1
\end{aligned} \tag{9}$$

であるから，(1) は，0 の近傍で，

$$\dot{y} = Ay + R(y),\quad y(0) = \eta \tag{10}$$

5.2 非線形系の安定性

と書ける．(10) の係数行列 A については $\sigma(A) \subset \mathbb{C}_-$ と仮定し，(6) により関数 $V(\eta)$ を定義する．このとき，(10) の解 y に対して

$$\frac{d}{dt} V(y(t)) = \sum_i \frac{\partial V(y(t))}{\partial y_i} \dot{y}_i(t)$$

$$= \sum_i V_{y_i}(y(t)) \sum_j a_{ij} y_j(t) + \sum_i V_{y_i}(y(t)) R_i(y(t))$$

であるから，(8) を利用して，

$$\begin{aligned}\dot{V}(\eta) &= \frac{d}{dt} V(y(t))\Big|_{t=0} = \sum_{i,j} V_{y_i}(\eta) a_{ij} \eta_j + \sum_i V_{y_i}(\eta) R_i(\eta) \\ &\leqslant -c V(\eta) + \sum_i V_{y_i}(\eta) R_i(\eta), \quad c = \frac{1}{c_2} > 0.\end{aligned} \quad (11)$$

(11) 右辺第 2 項を評価しよう．$c_1|\eta|^2 \leqslant V(\eta)$ であるから，十分小さい $b > 0$ に対して，$V(\eta) \leqslant b$ である限り $\eta \in D$ とできる．$f \in C^2(D)$ であるから，

$$\exists k > 0; \quad V(\eta) \leqslant b \quad \Rightarrow \quad |R_i(\eta)| \leqslant k|\eta|^2 \leqslant \frac{k}{c_1} V(\eta).$$

また $V_{y_i}(y) = 2\langle (v_{i1}, \ldots, v_{in}), y \rangle = 2 \sum_j v_{ij} y_j$ であるから，$\forall \eta \in \mathbb{R}^n$ に対して，$|V_{y_i}(\eta)| \leqslant \mathrm{const}\, V(\eta)^{1/2}$ も成り立つ．したがって，

$$\exists d > 0; \quad V(\eta) \leqslant b \quad \Rightarrow \quad \left|\sum_i V_{y_i}(\eta) R_i(\eta)\right| \leqslant d V(\eta)^{3/2}.$$

正数 c_3 を，$c_3 \leqslant b$, $d\sqrt{c_3} \leqslant \frac{c}{2}$ となるように選ぶ．このとき，(11) より

$$V(\eta) \leqslant c_3 \quad \Rightarrow \quad \dot{V}(\eta) \leqslant -cV(\eta) + d\sqrt{c_3}\, V(\eta) \leqslant -\frac{c}{2} V(\eta). \quad (12)$$

結局，$V(y)$ は定理 2 の条件を満たし，(1), (10) において 0 は漸近安定になる．

今の場合，$y(0) = \eta$ が十分小さい限り，解 $y(t)$ に対するさらに精密な評価が得られる．$V(\eta) < c_3$ となる初期値 η に対する (1) あるいは (10) の解 $y(t)$ に対して，$v(t) = V(y(t)),\ t \geqslant 0$ とおく．評価 (12) により，$v(t) \leqslant c_3$ である限り，

$$\begin{aligned}\dot{v}(t) &= \frac{d}{dt} V(y(t)) = \sum_i \frac{\partial V(y(t))}{\partial y_i} \dot{y}_i(t) \\ &= \sum_{i,j} V_{y_i}(y(t)) a_{ij} y_j(t) + \sum_i V_{y_i}(y(t)) R_i(y(t)) \\ &\leqslant -\frac{c}{2} V(y(t)) = -\frac{c}{2} v(t).\end{aligned} \quad (13)$$

$V(\eta) < c_3$ を満たす初期値 η に対する (1), (10) の解 $y(t)$ が,$\forall t \geqslant 0$ で存在することを示そう.まず,$t_0 > 0$ が小さい限り,解は $[0, t_0)$ で存在して,$V(y(t)) \leqslant c_3$, $t \in [0, t_0)$ となる.そこで t_0 を増大させて,$V(y(t)) \leqslant c_3$ となる延長不能な解が有限区間: $[0, t_1)$ であったとしよう.$y(t)$, $[0, t_1)$ は f の定義域 D の有界閉集合に留まるから,$K > 0$ が存在して,

$$|y(t) - y(s)| = \left|\int_s^t f(y(\tau))\,d\tau\right| \leqslant \left|\int_s^t |f(y(\tau))|\,d\tau\right|$$
$$\leqslant K|t-s|, \quad s,\, t \in [0, t_1).$$

したがって,$t \uparrow t_1$ のとき $\{y(t)\}$ は Cauchy 列になり,$\lim_{t \uparrow t_1} y(t) = y(t_1)$ が存在する.このとき,$v(t_1) = V(y(t_1)) = c_3$ になる.実際,もし $V(y(t_1)) < c_3$ であれば,$t = t_1$ において $y(t_1)$ を初期値にもつ解を t_1 の近傍で構成でき,$[0, t_1)$ の解と接続できるから,$[0, t_1)$ が $V(y(t)) \leqslant c_3$ となる延長不能な解であることに矛盾する.(13) により,$[0, t_1]$ において $\dot{v}(t) \leqslant 0$ であるから,

$$c_3 = v(t_1) \leqslant v(0) = V(\eta) < c_3$$

となり,矛盾を起こす.結局,(1), (10) の $V(y(t)) \leqslant c_3$ となる解 $y(t)$ は,$\forall t \geqslant 0$ で存在することがわかった.

評価 (13) は $\forall t \geqslant 0$ で成り立つから,容易に

$$v(t) = V(y(t)) \leqslant e^{-\frac{c}{2}t} v(0), \quad t \geqslant 0$$

を得,$V(\eta)$ と $|\eta|^2$ の同等性により,$V(\eta) < c_3$ なる初期値 $y(0) = \eta$ に対しては,

$$|y(t)| \leqslant \mathrm{const}\, e^{-\frac{c}{4}t} |y(0)|, \quad t \geqslant 0 \tag{14}$$

が成り立つ.以上をまとめよう.

定理 3. 自励系 (10) において,$\sigma(A) \subset \mathbb{C}_-$ と仮定すれば,原点 0 は漸近安定であり,0 に近い η から出発する解は減衰評価 (14) を満たす.

例題 1. 第 1 章,1.2 節で考察した長さ l の単ふりこにおいて,0 は安定であった.速度 $l\dot{\theta}(t)$ に比例する空気抵抗の効果を考慮すれば,微分方程式は,

$$ml\ddot{\theta} = -mg\sin\theta - cl\dot{\theta}, \qquad \theta(0) = \theta_0,\quad \dot{\theta}(0) = \theta_1$$

5.2 非線形系の安定性

により記述される ($c > 0$ は定数). $y_1 = \theta$, $y_2 = \dot\theta$ とおけば, $y = (y_1, y_2)^{\mathrm{T}}$ に関する微分方程式 (1) はつぎのように記述される:

$$\dot y_1 = y_2, \quad \dot y_2 = -k^2 \sin y_1 - \frac{c}{m} y_2, \quad k = \sqrt{g/l}$$

平衡点 0 における第 1 次近似として現れる行列 A は,

$$A = \begin{pmatrix} 0 & 1 \\ -k^2 & -c/m \end{pmatrix}$$

であり, A の固有値は, $\lambda = \frac{1}{2m}\left(-c \pm \sqrt{c^2 - 4m^2 k^2}\right)$, $\sigma(A) \subset \mathbb{C}_-$ がわかる. したがって $0 = (0, 0)$ は漸近安定であり, 0 に近い $y(0) = (\theta(0), \dot\theta(0))$ から出発する解は減衰評価 (14) を満たす.

非線形系 (10) において, $\sigma(A) \cap \mathbb{C}_+ \neq \varnothing$ の場合には, 平衡点 0 は Lyapunov の意味で安定ではないことを示そう[*]. $\sigma(A) \cap \mathbb{C}_+$ に対応する A の一般化固有空間を W_+, $\sigma(A) \cap \overline{\mathbb{C}_-}$ に対応する A の一般化固有空間を W_- とすれば, W_+, W_- はともに不変部分空間である. (10) の平衡点 0 の安定性の正否は解 y の正則変換に関して影響を受けないことに注意しよう. 第 2 章補足にしたがって, A をとくに実数を成分とする Jordan 標準形に変換すれば, 各 Jordan ブロック J は,

$$J = \begin{pmatrix} \lambda & 1 & & \\ & \ddots & \ddots & \\ & & \lambda & 1 \\ & & & \lambda \end{pmatrix} = \lambda I + N_1; \quad m \times m, \quad \text{または}$$

$$\begin{pmatrix} D & I_2 & & \\ & \ddots & \ddots & \\ & & D & I_2 \\ & & & D \end{pmatrix} = \mathrm{diag}\,(D \ldots D) + N_2; \quad 2m \times 2m, \quad D = \begin{pmatrix} a & -b \\ b & a \end{pmatrix}$$

の形のいずれかになる. 行列 A の W_+ への制限, $A|_{W_+}$, W_- への制限, $A|_{W_-}$

---

[*] 不安定性に関する以下の記述とつぎの 5.3 節は, 基本的に M. W. Hirsch and S. Smale, "Differential Equations, Dynamical Systems, and Linear Algebra" (Academic Press) にしたがったが, technical な変更を行っている.

に対応する標準化された行列を,それぞれ A_1, A_2 とすれば,$A \sim \mathrm{diag}\,(A_1\ A_2)$ であり,後者に対応して $\mathbb{R}^n = E_1 \oplus E_2$ と分解する.

$\min_{\lambda \in \sigma(A_1)} \mathrm{Re}\,\lambda = c > 0$ としよう.A_1 の Jordan ブロックの一つが上の前者の場合,$\lambda \geqslant c$ であり,$\varepsilon > 0$ に対して,$P = \mathrm{diag}\,(1\ \varepsilon^{-1}\ \ldots\ \varepsilon^{m-1})$ とおけば,変更された基底による J の表現は,

$$\widetilde{J} = PJP^{-1} = P(\lambda + N_1)P^{-1} = \lambda I + \varepsilon N_1$$

になる.$\|N_1\| = 1$ だから,必要なら ε を小さく選んで,

$$\begin{aligned}\langle \widetilde{J}x,\,x\rangle &= \langle(\lambda + \varepsilon N_1)x,\,x\rangle = \lambda|x|^2 + \varepsilon\langle N_1 x,\,x\rangle \\ &\geqslant c|x|^2 - \varepsilon|x|^2 = (c-\varepsilon)|x|^2, \quad x \in \mathbb{R}^m, \quad c - \varepsilon > 0\end{aligned} \quad (15)$$

とできる.A_1 の Jordan ブロックが後者の場合,$\widehat{P} = \mathrm{diag}\,(I_2\ \varepsilon I_2\ \ldots\ \varepsilon^{m-1}I_2)$ とすれば,J は新しい座標系で $\widetilde{J} = \widehat{P}J\widehat{P}^{-1} = \mathrm{diag}\,(D\ \ldots\ D) + \varepsilon N_2$ と書かれる.$\langle Dx,\,x\rangle = a|x|^2$, $x \in \mathbb{R}^2$, $a \geqslant c$ だから同様に,

$$\langle \widetilde{J}x,\,x\rangle = a|x|^2 + \varepsilon\langle N_2 x,\,x\rangle \geqslant (c-\varepsilon)|x|^2, \quad x \in \mathbb{R}^{2m}. \quad (15)'$$

以上をまとめよう.上記の正則変換を経由し,表現の変更された A_1 を記号を変えずに A_1 とすれば,

$$\langle A_1 x,\,x\rangle \geqslant (c-\varepsilon)|x|^2, \quad \forall x \in E_1, \quad c-\varepsilon > 0 \quad (16)$$

が成り立つ(以後,$c-\varepsilon$ を $c > 0$ と書く).同様に,$\max_{\lambda \in \sigma(A_2)} \mathrm{Re}\,\lambda \leqslant 0$ であるから,A_2 の各ブロックに対して P あるいは $\widehat{P}$ を経由して (15),(15)$'$ に対応する評価を行えば,

$$\langle A_2 x,\,x\rangle \leqslant \varepsilon|x|^2, \quad \forall x \in E_2 \quad (17)$$

が成り立つ(新しい座標系での A_2 を記号を変えずに A_2 としている).

さて,非線形系 (10) において,適当な正則変換を通じて A が評価 (16),(17) を満たす A_1, A_2 により $\mathrm{diag}\,(A_1\ A_2)$ と記述されているとすれば,(10) は状態 $y = (y_1, y_2)^\mathrm{T}$ をもつつぎの微分方程式系と同等である:

$$\frac{d}{dt}\begin{pmatrix}y_1\\y_2\end{pmatrix} = \begin{pmatrix}A_1 & 0\\0 & A_2\end{pmatrix}\begin{pmatrix}y_1\\y_2\end{pmatrix} + \begin{pmatrix}R_1(y)\\R_2(y)\end{pmatrix}, \quad \begin{pmatrix}y_1(0)\\y_2(0)\end{pmatrix} = \begin{pmatrix}\eta_1\\\eta_2\end{pmatrix}. \quad (18)$$

射影 y_1 の挙動を中心に見るため，錐体 C を，

$$C = \left\{ y = (y_1, y_2)^{\mathrm{T}} \in E_1 \oplus E_2;\ |y_2| \leqslant |y_1| \right\} \tag{19}$$

とする．錐体 C の境界（錐面）∂C は $g(y) = \frac{1}{2}(|y_1|^2 - |y_2|^2) = 0$ により記述される．∂C 上の点 (y_1, y_2) における法線ベクトルは $g(y)$ に対する勾配 (gradient) $\nabla g = (y_1, -y_2)$ と計算されるが，これが内向き法線 ν になる．

小さい $\delta > 0$ に対して，$\eta = (\eta_1, \eta_2)^{\mathrm{T}} \in B_\delta(0) \cap C$ を初期値とする解 y の挙動を考える．$R(y) = (R_1(y), R_2(y))^{\mathrm{T}}$ は y の 2 次式だから，

$$\forall \varepsilon > 0, \quad \exists \delta > 0;\quad |R(y)| \leqslant \varepsilon |y| \quad \forall y \in B_\delta(0). \tag{20}$$

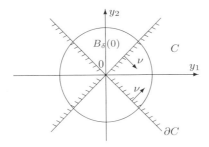

$B_\delta(0) \cap C$ において $(\dot{y}_1, \dot{y}_2)$ と C の内向き法線 $\nu = (y_1, -y_2)$ との内積を考えると，(16), (17), (20) により

$$\langle \dot{y}_1, y_1 \rangle - \langle \dot{y}_2, y_2 \rangle = \langle A_1 y_1 + R_1(y), y_1 \rangle - \langle A_2 y_2 + R_2(y), y_2 \rangle$$
$$\geqslant c|y_1|^2 - \varepsilon|y_2|^2 - |\langle R_1, y_1 \rangle| - |\langle R_2, y_2 \rangle|$$
$$\geqslant c|y_1|^2 - \varepsilon|y_2|^2 - \varepsilon|y|(|y_1| + |y_2|).$$

C 内においては $|y_2| \leqslant |y_1|$ であり，$|y|^2 = |y_1|^2 + |y_2|^2 \leqslant 2|y_1|^2$ に注意する．十分小さい $\varepsilon > 0$ と対応する $\delta > 0$ を選べば，

$$\langle \dot{y}_1, y_1 \rangle - \langle \dot{y}_2, y_2 \rangle \geqslant (c - \varepsilon - 2\sqrt{2}\,\varepsilon)|y_1|^2 > 0. \tag{21}$$

この不等式の意味するところは，解 $y(t)$ が $\partial C\,(\cap B_\delta(0))$ を通過する場合，解の方向ベクトル $\dot{y}(t)$ は C の内部に向かうことである．したがって，$\eta \in B_\delta(0) \cap C$ から出発する解は，$B_\delta(0)$ を出る前に ∂C を出ることはない．

一方，$B_\delta(0) \cap C$ における y_1 の評価を行う．$\dot{y}_1 = A_1 y_1 + R_1(y_1, y_2)$ であ

るから，

$$\frac{1}{2}\frac{d}{dt}|y_1|^2 = \frac{1}{2}\frac{d}{dt}\langle y_1, y_1\rangle = \langle \dot{y}_1, y_1\rangle = \langle A_1 y_1 + R_1(y), y_1\rangle$$
$$\geqslant c|y_1|^2 - |R_1(y)||y_1|$$
$$\geqslant c|y_1|^2 - \varepsilon|y||y_1| \geqslant (c - \sqrt{2}\varepsilon)|y_1|^2, \quad y \in B_\delta(0) \cap C.$$

したがって，

$$\begin{aligned}|y_1(t)| &\geqslant e^{(c-\sqrt{2}\varepsilon)t}|y_1(0)|, \\ |y(t)| &\geqslant \frac{1}{\sqrt{2}}e^{(c-\sqrt{2}\varepsilon)t}|y(0)|, \quad y \in B_\delta(0) \cap C.\end{aligned} \tag{22}$$

初期値 $\eta \in B_\delta(0) \cap C$ から出発する解 $y(t)$ は，$t = 0$ の近くでは $B_\delta(0) \cap C$ に留まる．$B_\delta(0) \cap C$ に留まる延長不能な解が $[0, \infty)$ であれば，上の評価より $|y(t)| \to \infty$ となり矛盾する．したがって，$B_\delta(0) \cap C$ に留まる延長不能な解は有限区間 $[0, t_*)$ になる．$y(t)$, $0 \leqslant t < t_*$ は有界だから，$\lim_{t \nearrow t_*} y(t) = y(t_*)$ が存在する．$y(t_*)$ が $B_\delta(0) \cap C$ の内点であれば，$y(t_*)$ を初期値とする解が t_* の近傍で存在することになり，矛盾．したがって，$y(t_*) \in \partial(B_\delta(0) \cap C)$．評価 (21) により，$y(t_*) \notin \partial C$ であるから，$y(t_*) \in \partial B_\delta(0)$ となる．$\forall \eta \in B_\delta(0) \cap C$ を出発する解は，有限時間で必ず $\partial B_\delta(0)$ に到達することになり，Lyapunov の安定性の定義に反する． □

5.3 Poincaré-Bendixon の定理

本節では，$\mathbb{R}^2$ における非線形系 (1) において孤立した周期解が存在するとし，その近傍から出発する解の漸近挙動に関する Poincaré-Bendixon の定理を紹介する．

ω 極限集合: $\mathbb{R}^2$ において状態変数 $y = (y_1, y_2)^T$ をもつ自励系 (1) を考えよう．有界閉集合 $F \subset \mathbb{R}^2$ に対して，$y(0) = \eta \in F$ となる (1) の解 $y(t) = \varphi(t; \eta)$ が $[0, \infty)$ で存在し，かつ F 内に留まると仮定する．このとき，

$$L_\omega(\eta) = \{z;\ \exists\{t_n\};\quad t_n \nearrow \infty,\quad z = \lim_{n \to \infty} y(t_n)\} \subset F \tag{23}$$

を，η の ω 極限集合 (ω-limit set) という．もし $\lim_{t \to \infty} y(t) = 0$ ならば，

$L_\omega(\eta) = \{0\}$ は明らか.$L_\omega(\eta)$ は閉集合になる(章末演習問題).

$y(0) = \eta' \in L_\omega(\eta)$ となる (1) の解 $\varphi(t;\eta')$ を考えよう.$\eta' \in F$ であるから,仮定により $\varphi(t;\eta')$ は $[0,\infty)$ で存在し,F 内に留まる.$\exists\{t_n\}; \varphi(t_n;\eta) \to \eta'$ であるから,(1) が自励系であること,解の初期値に関する連続性により,

$$\varphi(t;\eta') = \lim_{n\to\infty}\varphi(t;\varphi(t_n;\eta)) = \lim_{n\to\infty}\varphi(t+t_n;\eta), \quad t \geqslant 0$$

となって,$\varphi(t;\eta') \in L_\omega(\eta)$ となる.結局,$L_\omega(\eta)$ から発する解は,必ず $L_\omega(\eta)$ に留まることがわかる.したがって,$L_\omega(\eta)$ は不変集合である.

$f = (f_1, f_2)^{\mathrm{T}}$ の 0 における**局所切断面** S: S を 0 を含む $\mathbb{R}^2$ の線分とする.$f(y) \notin S$ for $y \in S$ となるとき,S を 0 における f の局所切断面という.したがって,S を通過する (1) の解 $y(t)$ はその速度ベクトル $\dot{y}(t) = f(y(t))$ が S には含まれない(S が f に**横断的**であるという).h を S の法線ベクトルとすれば,$\langle h, f(y)\rangle \neq 0$,すなわち,$\langle h, f(y)\rangle$ は S 上で符号を変えないことになる.とくに,$f(0) \neq 0$ であるから,0 は非平衡点であることに注意する.S を含む直線を H で表す.$z \in S$ は,z_0 を S 上の単位ベクトルとして,$z = sz_0$,$s \in (-a, b)$, $a, b > 0$ と一意に表されるので,S と $(-a, b)$ とを同一視できる.$(t, s) = (0, 0) \in \mathbb{R}^1 \times S$ の近傍で,

$$\Psi(t,s) = \varphi(t;z) = \varphi(t;sz_0) = \bigl(\varphi_1(t;sz_0),\ \varphi_2(t;sz_0)\bigr)^{\mathrm{T}}, \tag{24}$$

と定義すると,関数行列式 J は,

$$J = \frac{\partial(\varphi_1,\varphi_2)}{\partial(t,s)} = \begin{vmatrix}(\varphi_1)_t & (\varphi_2)_t \\ (\varphi_1)_s & (\varphi_2)_s\end{vmatrix} = \begin{vmatrix}f_1(y) & f_2(y) \\ (\varphi_1)_s & (\varphi_2)_s\end{vmatrix}.$$

とくに,$\Psi(0,0) = \varphi(0;0) = 0$ である.第 2 行については,$\varphi_i(t;sz_0) = s(z_0)_i + \int_0^t f_i(\varphi(\tau;sz_0))\,d\tau$, $i = 1, 2$ であるから,

$$(\varphi_i)_s = (z_0)_i + \int_0^t \frac{\partial f_i}{\partial y_1}(\varphi(\tau;sz_0))(\varphi_1)_s(\tau;sz_0)\,d\tau$$
$$+ \int_0^t \frac{\partial f_i}{\partial y_2}(\varphi(\tau;sz_0))(\varphi_2)_s(\tau;sz_0)\,d\tau.$$

S が f に横断的であることにより,

$$J|_{(0,0)} = \begin{vmatrix}f_1(0) & f_2(0) \\ (z_0)_1 & (z_0)_2\end{vmatrix} \neq 0.$$

陰関数の定理により，$(t,s) = (0,0)$ の近傍で定義された滑らかな Ψ の逆関数が存在する．必要なら S を 0 の近傍で小さく選び（言いかえれば $S \Leftrightarrow (-a', b') \subset (-a, b)$ として），$\sigma > 0$ を小さく選んで，$N = (-\sigma, \sigma) \times S$ が $V_\sigma = \Psi(N) \subset \mathbb{R}^2$ と滑らかな 1 対 1 写像になるようにしておく．もちろん，$0 = \varphi(0;0) \in V_\sigma$．$V_\sigma$ を $y = 0$ のまわりの**流れ箱**という．$p \in V_\sigma$ の場合，$p = \varphi(t; sz_0)$ となる $(t, s) \in N$ が一意に定まる．時刻 0 のとき 局所切断面 S 上の点 $sz_0 \in S$ から出発する解軌道が時刻 t, $|t| < \sigma$ において点 p に到達することを意味する．

注意． 非線形系 (1) において，任意の非平衡点 y_0 $(f(y_0) \neq 0)$ のまわりの流れ箱をつぎのように定義できる: y_0 の近傍で $\tilde{y} = y - y_0$ とおけば，(1) は $\dot{\tilde{y}} = f(\tilde{y} + y_0) = \tilde{f}(\tilde{y})$, $\tilde{f}(0) \neq 0$ と書ける．このとき，流れ箱 $\widetilde{V}_\sigma$ は $\tilde{y} \sim 0$ のまわりで，つまり y_0 のまわりで定義される．対応する V_σ は，y_0 の近傍; $\widetilde{V}_\sigma + y_0$ として定義される．

平面力学系における単調列

線分 $I\,(\subset \mathbb{R}^2)$ 上の点列 $\{\eta_n\}_{n \geqslant 0}$ が，$\eta_n - \eta_0 = \lambda_n(\eta_{n-1} - \eta_0)$, $\exists \lambda_n > 1$, $n \geqslant 2$ を満たすとき，点列 $\{\eta_n\}$ は I に沿って単調であるという．S を局所切断面とし，解 $y(t)$ が S を点 $\eta_0, \eta_1, \eta_2, \ldots$ において通過するとしよう:

$$\eta_0 = y(t_0), \quad \eta_1 = y(t_1), \quad \eta_2 = y(t_2), \ldots, \quad t_0 < t_1 < t_2 < \ldots.$$

このとき，点列 $\{\eta_n\}$ は S に沿って単調になることを示そう．簡単のため，たとえば η_0, η_1 は以下の図のように位置しているとしよう．

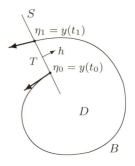

$\Sigma = B \cup T$,
   B; 始点 η_0，終点 η_1 となる解曲線の部分,
   T; 線分 $\overline{\eta_0 \eta_1}$,
   D; 単純閉曲線 Σ の内部領域,
   h; S の法線

図では，解は η_1 において D の外部に向かっている．線分 $T \subset S$ は f に横

5.3 Poincaré-Bendixon の定理

断的である．$\eta_1 = y(t_1)$ を出発する解は，S 上で $\langle h, f(y)\rangle < 0$ であるから，$t > t_1$ において T を通過できない．また，解の一意性より B を通過できない．実際，曲線 B のある点を通過する（あるいは接する）ならば，その点を初期値とする二つの解曲線，一つは t が減少する方向で η_0，他方は η_1 を通過することになるからである．結局，$y(t)$，$t > t_1$ は D の外部に存在することになる．仮定により $y(t)$ は，$t = t_2 > t_1$ において S を通過するから，$\eta_2 - \eta_0 = \lambda(\eta_1 - \eta_0)$，$\lambda > 1$ となる．同じ議論を始点 η_1，終点 η_2 として，$\eta_3 - \eta_1 = \lambda'(\eta_2 - \eta_1)$，$\lambda' > 1$ がわかる．以後，同様だから，$\{\eta_n\}$ は S に沿って単調になる．以上は，一般論である．

補題 4. $y \in L_\omega(x)$ から出発する解は，局所切断面 S とは 2 点以上では交わらない．

証明． $y \in L_\omega(x)$，$y \neq 0$ に対して，$y = \lim_{n\to\infty} \varphi(t_n; x)$，$t_n \to \infty$ となる $\{t_n\}$ が存在する．このとき，y から出発する軌道 $\varphi(t; y)$，$t \geqslant 0$ を考えれば，$\{\varphi(t; y); t \geqslant 0\} \subset L_\omega(x)$ である．軌道上の任意の点 $y_1 = \varphi(t_1; y) \in L_\omega(x)$ における局所切断面 S を考え，y_1 のまわりの流れ箱を $V_{(1)}$ とする：$V_{(1)} \Leftrightarrow (-\sigma, \sigma) \times J_1$，$J_1 \subset S$．点 $y_1 \in L_\omega(x)$ は $V_{(1)}$ の内点であり，$\varphi(\tau_n; x) \to y_1$，$\tau_n \to \infty$ となる点列 $\varphi(\tau_n; x)$ があるから，$V_{(1)}$ の内部に無数の $\varphi(\tau_n; x)$ が存在する．したがって，時刻 0 において $x_n \in J_1$ を出発する解 $\varphi(t; x_n)$ が $t = \varepsilon_n \in (-\sigma, \sigma)$ において $\varphi(\tau_n; x)$ と一致する：

$$\exists 1(\varepsilon_n, x_n) \in (-\sigma, \sigma) \times J_1; \quad \varphi(\tau_n; x) = \varphi(\varepsilon_n; x_n).$$

ところで，

$$\varphi(t - \varepsilon_n + \tau_n; x): \quad t = \varepsilon_n \text{ のとき，} \varphi(\tau_n; x) \text{ となる解}$$
$$\varphi(t; x_n): \quad t = \varepsilon_n \text{ のとき，} \varphi(\varepsilon_n; x_n) \text{ となる解}$$

であるから，二つの解は一致する：$\varphi(t - \varepsilon_n + \tau_n; x) = \varphi(t; x_n)$ for $\forall t \in \mathbb{R}^1$．したがって，$x_n = \varphi(\tau_n - \varepsilon_n; x) \in J_1 \subset S$，$\tau_n' = \tau_n - \varepsilon_n \to \infty$ となる．すなわち，$t = 0$ のとき x から出発する解軌道 $\varphi(t; x)$ は，無限回 J_1 を通過することになる．

もし y の軌道 $\varphi(t; y)$ 上に y_1 とは異なる点 $y_2 = \varphi(t_2; y) \in S$ が存在したとすれば，同様に y_2 のまわりの十分小さい流れ箱 $V_{(2)}$ をつくれる：

$$V_{(2)} \Leftrightarrow (-\sigma', \sigma') \times J_2, \quad J_2 \subset S, \quad J_1 \cap J_2 = \emptyset.$$

$V_{(1)}$ の場合と同様に, $\varphi(t;x)$ は, 無限回 J_2 を通過することになる: $\varphi(\tau_n''; x) \in J_2$, $\tau_n'' \to \infty$. しかしながら, これは矛盾を生む. 実際, S は局所切断面であり, $\tau_l' < \tau_m'' < \tau_n'$ となる時間列に対して, $\varphi(\tau_l'; x), \varphi(\tau_n'; x) \in J_1$ であるが, $\varphi(\tau_m''; x) \in J_2$ となり, この 3 点は S に沿って単調ではなくなる. すなわち, 矛盾を引き起こす. □

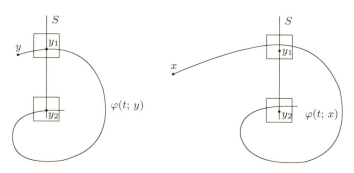

定理 5 (Poincaré-Bendixson の定理). x の ω 極限集合 $L_\omega(x)$ がコンパクトであるとし, $L_\omega(x)$ が平衡点を含まなければ, $L_\omega(x)$ は閉軌道になる.

証明. $y \in L_\omega(x)$ とする. $t = 0$ において y を出発する解は周期解であることを示そう. $\varphi(t; y) \in L_\omega(x)$, $t \geqslant 0$ であるから $\{\varphi(t; y); t \geqslant 0\}$ は相対コンパクトであり, $L_\omega(y) \subset L_\omega(x)$ となる. $z \in L_\omega(y)$ と z における局所切断面を S とする. z のまわりの流れ箱を $V \Leftrightarrow (-\sigma, \sigma) \times J$, $J \subset S$ とする. 仮定: $z \in L_\omega(y)$ より, $\varphi(t_n; y) \to z$, $t_n \to \infty$ となる無限点列が存在するから, 無限個の $\varphi(t_n; y)$ について, $\in V$ となる. したがって,

$$\exists 1(\varepsilon_n, y_n) \in (-\sigma, \sigma) \times J; \quad \varphi(t_n; y) = \varphi(\varepsilon_n; y_n).$$

$\varphi(t - \varepsilon_n + t_n; y)$, $\varphi(t; y_n)$ はともに $t = \varepsilon_n$ のとき, 同じ点 $\varphi(t_n; y) = \varphi(\varepsilon_n; y_n)$ を通過する (1) の解であるから, 両者は一致する: $\varphi(t - \varepsilon_n + t_n; y) = \varphi(t; y_n)$. $t = 0$ とおいて, $\varphi(-\varepsilon_n + t_n; y) = y_n \in J \subset S$. $t = 0$ で $y \in L_\omega(x)$ を出発する解 $\varphi(t; y)$ は無限回, 局所切断面 $J \subset S$ を通過することになる. 補題 4 により, この軌道は S においてちょうど 1 点においてのみ交わるから,

$$\exists r, s > 0; \quad \varphi(r; y) = \varphi(s; y), \quad r > s.$$

5.3 Poincaré-Bendixon の定理

解の一意性により $\varphi(t+r;y) = \varphi(t+s;y), \forall t \in \mathbb{R}^1$ であるから, $\varphi(r-s;y) = y$ となる. $L_\omega(x)$ は平衡点を含まないから, y の軌道は閉軌道, すなわち, 周期解になる.

つぎに, $L_\omega(x)$ 自身が閉軌道になることを示す. そのためには, $C \subset L_\omega(x)$ を閉軌道とするとき,

$$\lim_{t \to \infty} \operatorname{dist}(\varphi(t;x), C) = 0 \tag{25}$$

となることを示せばよい. 実際, もしそうなら, 任意の $z \in L_\omega(x)$ に対して, $\varphi(t_n;x) \to z$, $t_n \to \infty$ としよう. (25) により $|\varphi(t_n;x) - \gamma_n| \to 0$ となる $\gamma_n \in C$ が存在するから, $\gamma_n \to z$ となる. したがって $z \in C$ であり, $C = L_\omega(x)$ となるからである.

さて, $z \in C$ における局所切断面を S とし, $z \in L_\omega(x)$ のまわりの流れ箱 $V \Leftrightarrow N = (-\sigma, \sigma) \times J$, $J \subset S$ を考える. $\varphi(t_n;x) \to z$ となる正数列 $t_n \to \infty$ を選べば, 十分大きい各 n について $\varphi(t_n;x) \in V$ となる.

$$\exists 1 (\varepsilon_n, x_n) \in N = (-\sigma, \sigma) \times J; \quad \varphi(t_n;x) = \varphi(\varepsilon_n;x_n)$$

であるから, 上と同じ議論により $x_n = \varphi(t_n - \varepsilon_n;x) \in J$, $\tau_n = t_n - \varepsilon_n \to \infty$ となる. 一方, $\Psi(N) = V$ として (Ψ については (24) を見よ), $N \Leftrightarrow V$ であるから, $\varphi(t_n;x) \to z = \varphi(0;z) \in V$ より $(\varepsilon_n, x_n) \to (0, z)$ となる.

$\varphi(t;x) \in J$ となる $t \in (\tau_n, \tau_{n+1})$ が存在する可能性がある. このような t は存在するとしても, 高々有限個しかない. 直感的には明らかなことではあるが, 無限個の $s_i \in (\tau_n, \tau_{n+1})$ について, $\varphi(s_i;x) \in J$ であれば, 矛盾することを示そう. 必要なら部分列を選んで, $s_i \to s_0 \in [\tau_n, \tau_{n+1}]$ とできる.

$$\varphi(s_{i+1};x) = \varphi(s_i;x) + \int_{s_i}^{s_{i+1}} f(\varphi(\tau;x))\, d\tau.$$

J 上の点 $\varphi(s_i;x)$ においては, $f(\varphi(s_i;x))$ は S 上にない. 言いかえれば, S の法線を h として, $\langle f(\varphi(s_i;x)), h \rangle \neq 0$ である. 詳しく言えば, J 上の点 $p \in J$ に対して一様に $\langle f(p), h \rangle > a\, (>0)$ or $< -a\, (<0)$ である. $\langle f(\varphi(\tau;x)), h \rangle$ の一様連続性により, i が十分大きいとき, s_i と s_{i+1} との間にある τ に対して, $\langle f(\varphi(\tau;x)), h \rangle \neq 0$ である. しかしながら,

$$0 = \langle \varphi(s_{i+1}; x) - \varphi(s_i; x), h \rangle = \int_{s_i}^{s_{i+1}} \langle f(\varphi(\tau; x)), h \rangle \, d\tau \neq 0$$

となって，矛盾する．結局，必要なら各区間 (τ_n, τ_{n+1}) の中に有限個の点を加え，番号を変更することにより，

$$x_n = \varphi(\tau_n; x) \in J, \quad \varphi(t; x) \notin J \text{ for } \tau_n < t < \tau_{n+1} \tag{26}$$

とできる．$x_n = \varphi(\tau_n; x)$ とおくと，$\{x_n\}$ は S に沿って単調になり，かつ $x_n \to z$ である（記号変更前の x_n について $x_n \to z$ であったことと，変更後の x_n の S に沿っての単調性）．

$z \in C$ だから，$\varphi(\lambda; z) = z$ となる周期の一つ $\lambda > 0$ が存在する．$\lambda > \sigma$ としておく．

$$\varphi(\lambda; x_n) = x_n + \int_0^\lambda f(\varphi(\tau; x_n)) \, d\tau, \quad \varphi(\lambda; z) = z + \int_0^\lambda f(\varphi(\tau; z)) \, d\tau$$

と Gronwall の不等式より，$|\varphi(\lambda; x_n) - z| \leqslant |x_n - z| e^{M\lambda} \to 0$ を得，十分大きい n に対して，$\varphi(\lambda; x_n) \in V$ となる．したがって，

$$\exists 1 (\varepsilon_n', x_n') \in N = (-\sigma, \sigma) \times J; \quad \varphi(\lambda; x_n) = \varphi(\varepsilon_n'; x_n'),$$

$x_n' = \varphi(\lambda - \varepsilon_n'; x_n) = \varphi(\tau_n + \lambda - \varepsilon_n'; x) \in J$, $\lambda - \varepsilon_n' > 0$ となる．したがって $\tau_{n+1} - \tau_n \leqslant \lambda - \varepsilon_n' < \lambda + \sigma$ であり，結局，$\sup_n (\tau_{n+1} - \tau_n) \leqslant \lambda + \sigma$．

$|t| \leqslant \lambda + \sigma$ とする．Gronwall の不等式を経由すれば，

$$\forall \varepsilon > 0, \ \exists \delta = \delta(\varepsilon) > 0; \quad |u - v| < \delta \Rightarrow |\varphi(t; u) - \varphi(t; v)| \leqslant |u - v| e^{M|t|} < \varepsilon$$

であることに注意しよう．n_0 を大きく選んで，$|x_n - z| < \delta$, $\forall n \geqslant n_0$ としておく．$\forall t > \tau_{n_0}$ に対して $\tau_n \leqslant t \leqslant \tau_{n+1}$ となる $n (\geqslant n_0)$ を選ぶと，

$$\text{dist}(\varphi(t; x), C) \leqslant |\varphi(t; x) - \varphi(t - \tau_n; z)| \quad (\varphi(t - \tau_n; z) \in C)$$
$$= |\varphi(t - \tau_n; x_n) - \varphi(t - \tau_n; z)| \leqslant \varepsilon$$

と計算できる．以上で，(25) が示された． □

注意． (25) は，軌道 $\varphi(t; x)$ が $t \to \infty$ につれて閉軌道 $C = L_\omega(x)$ に巻きつくことを意味している．詳しく言えば，$\forall \varepsilon > 0$ に対して $T = T(\varepsilon) > 0$ を大きく選べば，軌道 $\{\varphi(t; x)\}_{t>T}$ は C の ε-近傍にある．

今度は $L_\omega(x) = C$ が孤立した閉軌道であると仮定しよう．すなわち，集合 C の近傍には，C 以外の閉軌道はないと仮定する．このとき，x の近傍から出発する軌道 $\varphi(t; y)$ が C に巻きつくことを示そう．点 z における局所切断面を S とする．(26) においてすでに示したように，$\forall \varepsilon > 0$ に対して $\tau_n < \tau_{n+1}$ を十分大きく選んで，$\varphi(\tau_n; x) \in S$, $\varphi(\tau_{n+1}; x) \in S$ を両端にもつ C とは交わらない区間 $T (\subset S)$ を見つけることができ，かつ $\varphi(t; x) \notin S$ for $t \in (\tau_n, \tau_{n+1})$ とできる．さらに，$\{\varphi(t; x)\}_{t \geqslant \tau_n}$ は C の ε-近傍にある．閉曲線: $\{\varphi(t; x)\}_{\tau_n \leqslant t \leqslant \tau_{n+1}} \cup T$ と C で囲まれた領域 R は正の方向に不変であり，とくに C の ε-近傍にある．時刻 τ_{n+1} のときに $\varphi(\tau_{n+1}; x)$ を通過する解 φ は，固定した $t_* > \tau_{n+1}$ において $\varphi(t_*; x) \in R$ である．$\delta > 0$ を十分小さく選べば，$|x - y| < \delta$ である限り，

$$|\varphi(t_*; x) - \varphi(t_*; y)| \leqslant |x - y| e^{Mt_*} \leqslant \delta e^{Mt_*}$$

だから，$\varphi(t_*; y)$ は R の内点に留まる．したがって，$\{\varphi(t; y)\}_{t \geqslant t_*} \subset R$ であり，$L_\omega(y) \subset \overline{R}$ がしたがう．すなわち，$L_\omega(y)$ は C の ε-近傍にある: $\mathrm{dist}\,(C, L_\omega(y)) \leqslant \varepsilon$．仮定により C は孤立した閉軌道であるから，$C = L_\omega(y)$ となる．

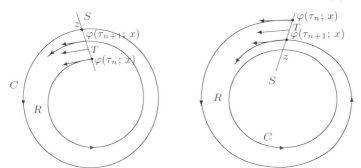

結局，x の十分小さい近傍 $O_\delta(x)$ を選べば，$y \in O_\delta(x)$ から出発する軌道は $t \to \infty$ につれて C に巻きつくことがわかる．

$$\lim_{t \to \infty} \mathrm{dist}\,(\varphi(t; y), C) = 0, \quad C = L_\omega(x). \tag{27}$$

Van der Pol の方程式

孤立した閉軌道をもつ例として，Liénard の方程式の特別な場合として昔か

らよく知られている Van der Pol の方程式がある．奇関数 f を $f(x) = x^3 - x$ として，状態 $z = (x, y)^{\mathrm{T}} \in \mathbb{R}^2$ をもつ微分方程式:

$$\begin{cases} \dot{x} = y - f(x), \\ \dot{y} = -x, \end{cases} \quad \text{あるいは} \quad \dot{z} = F(z), \quad z = \begin{pmatrix} x \\ y \end{pmatrix} \tag{28}$$

として記述される．以下で，(28) が孤立した唯一の閉軌道をもつことの概略を述べる．平衡点は，$y - f(x) = 0$, $x = 0$ より，$(x, y) = (0, 0)$ のみ．$\mathbb{R}^2$ を，曲線 $y = f(x) = x^3 - x$ と x-軸，y-軸にしたがって，四つの領域; A, B, C, D に分割する（下図参照）．ここで，$A = \{(x, y); x > 0, y > f(x)\}, \ldots$.

y^+; y-軸の正の部分,
y^-; y-軸の負の部分,
g^+; f のグラフの $x > 0$ 正の部分,
g^-; f のグラフの $x > 0$ 負の部分

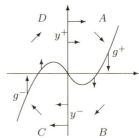

各領域 $A, \ldots, D$ においては，$\dot{x}, \dot{y}$ の符号は一定である．たとえば，A においては $\dot{x} > 0$, $\dot{y} < 0$, B においては $\dot{x} < 0$, $\dot{y} < 0$ である．このとき,

(i) y^+ から出発する解は，有限時間で g^+ に到達;
(ii) g^+ から出発する解は，有限時間で y^- に到達;
(iii) y^- から出発する解は，有限時間で g^- に到達; そして，
(iv) g^- から出発する解は，有限時間で y^+ に到達

することが容易にわかる（章末演習問題）．したがって，解 $z(t)$ は $t \geqslant 0$ で存在し，時計方向に変化することがわかる．

$t = 0$ で点 $(0, p) \in y^+$ から出発する解が最初に y^- を通過する時刻を $t_1 = t_1(p) > 0$ とすれば，t_1 は p の C^1 関数になる（章末演習問題）．$z(t_1(p)) \in y^-$ の y-座標を $\alpha(p)$, すなわち $z(t_1(p)) = (0, \alpha(p))$ とおけば，$\alpha; \mathbb{R}^1_+ \to \mathbb{R}^1_-$ は（解の一意性より）1 対 1 写像，かつ，C^1 級関数になる．続けて，時刻 $t_1(p)$ で $z(t_1(p))$ を通過する解が最初に y^+ を通過する時刻を $t_2 = t_2(p) > 0$ とすれば，t_2 も同様に p の C^1 級関数になる．$z(t_2(p)) = (0, \sigma(p))$ とおくと，$\sigma; \mathbb{R}^1_+ \to \mathbb{R}^1_+$ も 1 対 1 写像，かつ，p の連続関数になる．

もし $\sigma(p) = p$ となる p, すなわち p が σ の不動点であれば, $z(t)$ は周期解になる. ここで, $z(t)$ が解であれば, $-z(t)$ も解になることに着目する. もし $\alpha(p) = -p < 0$ であれば, $(0, \alpha(p)) \in y^-$ を通過する解は時間 $t_1(p)$ の後に $(0, p)$ に到達し, 周期解の存在がわかる. このとき, $t_2(p) = 2t_1(p)$. このような p を見出すために,

$$\delta(p) = \alpha(p)^2 - p^2, \quad (0, p) \in y^+$$

とおく. 時刻 0 で $(0, p_1) \in y^+$ を通過する解が, 点 $(1, 0)$ を通過するとしよう (曲線 $y = x^3 - x$ 上の点 $(1, 0)$ を通過する解を $t < 0$ の方向で考えれば, 有限時間で y^+ に到達する). このとき,

(i) $\delta(p) > 0$, for $0 < p \leqslant p_1$,

(ii) $\delta(p)$ は, $p(> p_1)$ の単調減少関数で, 十分大きい p に対して $\delta(p) < 0$ となる (証明省略)*). 中間値の定理により, $\delta(p_*) = 0$ となる $p_*(> p_1)$ がただ一つ存在する. したがって, $(0, p_*)$ を通過する解は周期解になる.

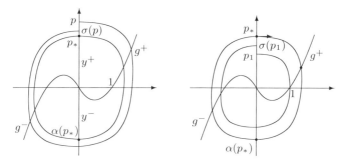

$p > p_*$ であれば $p_* = |\alpha(p_*)| < |\alpha(p)|$ だから, $\sigma(p) < |\alpha(p)| < p$ である. $t = 0$ で $(0, \sigma(p))$ を出発する解は, $t \geqslant 0$ において始点 $(0, p)$, 終点 $(0, \sigma(p))$ の解軌道と $(0, p)$, $(0, \sigma(p))$ を結ぶ線分から成る閉曲線を境界とする閉集合に留まる. また, この軌道は周期軌道とは接しも交わりもせず, その外にある. したがって, $\sigma^2(p) = \sigma \circ \sigma(p) = \sigma(\sigma(p)) < \sigma(p) < p$ であり, 帰納的に,

---

*) (i) については, 以下のように示す: $z(t)$ に対して $W(t) = \frac{1}{2}|z(t)|^2 = \frac{1}{2}(x^2(t) + y^2(t))$ とおけば, $\delta(p) = 2(W(t_1) - W(0))$ である. $\dot{W}(t) = \langle z(t), \dot{z}(t) \rangle = x(t)\dot{x}(t) + y(t)\dot{y}(t) = x(y - f(x)) - yx = -x(x^3 - x) = x^2(1 - x^2)$ だから, $\delta(p) = 2\int_0^{t_1} \dot{W}(t)\,dt = 2\int_0^{t_1} x^2(t)(1 - x(t)^2)\,dt$. $0 \leqslant x(t) \leqslant 1$ であるから, 確かに $\delta(p) > 0$, $p \leqslant p_1$ がわかる.

$$p_* < \sigma^{n+1}(p) < \sigma^n(p) < p, \quad n \geqslant 1$$

となる．$\sigma^n(p)$ は下に有界な単調減少列であるから，$p_\infty = \lim_{n\to\infty} \sigma^n(p) \geqslant p_*$ とすれば，$p_* = p_\infty$ となる．実際，$\sigma(p)$ の連続性より，

$$\sigma(p_\infty) - p_\infty = \lim_{n\to\infty} \sigma(\sigma^n(p)) - p_\infty = \lim_{n\to\infty} \sigma^{n+1}(p) - p_\infty = 0$$

を得．また，p_* が σ の唯一の不動点であるからである（あるいは，$p_\infty > p_*$ とすれば，$\sigma(p_\infty) < p_\infty$ となり矛盾）．これは，$(0, p)$, $p > p_*$ から出発する解軌道が周期軌道に巻きつくことを示している．$p < p_*$ の場合も，同様である．

第 5 章の演習問題

5.1-1: 微分方程式 $\dfrac{dy}{dt} = f(y)$, $x \geqslant 0$, $y(0) = y_0$ において $f \in C(\mathbb{R}^1)$ とし，解の一意性が成り立つとする．
  (i) $yf(y) < 0$ $(y \neq 0)$ が成り立ち，延長不能な解 y が $[0, \infty)$ で存在すると仮定すれば，$\lim_{t\to\infty} y(x) = 0$ となることを示せ．
  (ii) $yf(y) > 0$ $(y \neq 0)$ が成り立ち，延長不能な解 y, $y_0 \neq 0$ が $[0, \infty)$ で存在すると仮定すれば，$\lim_{t\to\infty} |y(x)| = \infty$ となることを示せ．

5.1-2: 微分方程式系 (1) において，C^1 級の $V(y_1, \ldots, y_n)$ が存在して，

$$\dot{y}_i = f_i(y_1, \ldots, y_n) = -\frac{\partial V}{\partial y_i}(y_1, \ldots, y_n), \quad 1 \leqslant i \leqslant n$$

となるとき，(1) を勾配系という．微分方程式系

$$\dot{y}_1 = -y_1(y_1^2 + y_2^2), \quad y_1(0) = y_1^0, \quad \dot{y}_2 = -y_2(y_1^2 + y_2^2), \quad y_2(0) = y_2^0$$

において，$V(y_1, y_2) = \frac{1}{4}(y_1^2 + y_2^2)^2$ とおく．このとき，任意の解 (y_1, y_2) に対して，$V(y_1(t), y_2(t)) = e^{-4t} V(y_1^0, y_2^0)$ が成り立つことを示せ．

5.2: $n = 2$ の場合の線形微分方程式系 (3) において，A の固有値が (i) $\lambda_1 < 0 < \lambda_2$, (ii) $0 < \lambda_1 < \lambda_2$ であるとき，解 (y_1, y_2) が描く曲線の様子の概形をそれぞれ描け．

5.3-1: $\mathbb{R}^n$ において状態変数 y をもつ自励系 (1) について，初期値 η の ω 極限集合 $L_\omega(\eta)$ は閉集合になることを示せ．

5.3-2: Van der Pol の方程式 (28) において，y^+（正の y-軸）から出発する解 $z(t) = (x(t)\ y(t))^{\mathrm{T}}$ は，有限時間で g^+ ($y = x^3 - x$ のグラフの $x > 0$ の部分）に到達することを示せ．

5.3-3: Van der Pol の方程式 (28) において，$t = 0$ で $(0, p) \in y^+$ を出発する解 $z(t)$ が最初に y^- を通過する時刻 $t_1(p)$ は p の C^1 級関数になることを示せ．

1階偏微分方程式

6.1 1階準線形偏微分方程式

第6–9章では，偏微分方程式について考察する．第6章では，常微分方程式からの類推が比較的に容易である1階偏微分方程式について考える．ここでは，常微分方程式系に関する基礎的理論（第3章，パラメターや初期値に依存する解の滑らかさ等）を活用する．未知関数 $u = u(x,y)$ についての方程式

$$a(x,y,u)\frac{\partial u}{\partial x} + b(x,y,u)\frac{\partial u}{\partial y} = c(x,y,u) \tag{1}$$

を，準線形偏微分方程式 (quasi-linear partial differential equation) という．この名前は，左辺が $\partial u/\partial x$, $\partial u/\partial y$ に関しては線形であることに由来する．(1) の解 u が存在すると仮定すれば，u は $\mathbb{R}^3$ における曲面: $\{(x, y, u(x, y))\}$ を構成する．この曲面上の各点における法線方向ベクトルは，よく知られているように，$(u_x, u_y, -1)$ で与えられる．ここで，$u_x = \frac{\partial u}{\partial x}$, $u_y = \frac{\partial u}{\partial y}$. したがって (1) により，ベクトル (a, b, c) は接平面上に存在することになる．(a, b, c) を **Monge** の方向場という．このような幾何学的な考察から，(1) の特性曲線 (characteristic curve) の概念を導入する．パラメター s により記述される xyu-空間の曲線 K で，常微分方程式系

$$\frac{dx}{ds} = a(x,y,u), \quad \frac{dy}{ds} = b(x,y,u), \quad \frac{du}{ds} = c(x,y,u) \tag{2}$$

を満たすものを (1) の特性曲線といい，(2) を特性微分方程式という．特性曲線 K の接線は，Monge の方向と一致する．

初期値問題: $I \subset \mathbb{R}^1$ を区間とし,パラメーター $t \in I$ で記述される曲線 A を,

$$A = \{(x(t), y(t), u(t));\ t \in I\} \tag{3}$$

により与える.ここで,$x(\cdot),\ y(\cdot),\ u(\cdot) \in C^1(I)$,かつ $\dot{x}(t)^2 + \dot{y}(t)^2 > 0,\ t \in I$ と仮定する ($\dot{x}(t)$ は dx/dt を表す).A を初期曲線とする (1) の解,すなわち,その曲面が A を含むような解を常微分方程式系 (2) を利用して求めよう.$a,\ b,\ c$ は,xyu-空間の適当な領域で C^1 級であると仮定する.各 $t \in I$ に対して,(2) の解 $(x(s,t), y(s,t), u(s,t))$ で,$s = 0$ における初期条件

$$x(0, t) = x(t), \quad y(0, t) = y(t), \quad u(0, t) = u(t)$$

を満たすものが $s = 0$ の近傍で存在する(第 3 章,3.2, 3.5 節).関数 $a,\ b,\ c$ は C^1 級であるから,解 $(x(s,t), (s,t), u(s,t))$ は t について C^1 級である(第 3 章,3.6 節).つぎの二つの場合について考えよう:

(i) 曲線 A の xy-平面への射影 $A' : \{(x(t), y(t), 0)\}$ は,特性曲線 K の射影 K' と一致せず,また接しない.

(ii) 初期曲線 A は,特性曲線 K の一つに一致する.

まず (i) の場合,$\dot{x}(t) : \dot{y}(t) \neq a(x(t), y(t), u(t)) : b(x(t), y(t), u(t))$ である.このとき,$s = 0$ において $x_t(0, t) : y_t(0, t) = \dot{x}(t) : \dot{y}(t) \neq a : b$.また,$a : b = x_s(0, t) : y_s(0, t)$ であるから,$s = 0$ の近傍で,$x_t : y_t \neq x_s : y_s$ となる.したがって,変換 $(s, t) \mapsto (x, y)$:

$$x = x(s, t), \quad y = y(s, t) \tag{4}$$

において,その関数行列式 J は,

$$J = \frac{\partial(x, y)}{\partial(s, t)} = \begin{vmatrix} x_s & y_s \\ x_t & y_t \end{vmatrix} \neq 0$$

である.陰関数定理により,(4) は $s = s(x, y),\ t = t(x, y)$ と解ける.そこで,

$$u(s, t) = u(s(x, y), t(x, y)) = U(x, y) \tag{5}$$

とおけば,$U_x = u_s s_x + u_t t_x,\ U_y = u_s s_y + u_t t_y$ であるから,

$$aU_x + bU_y = a(u_s s_x + u_t t_x) + b(u_s s_y + u_t t_y)$$
$$= (as_x + bs_y)u_s + (at_x + bt_y)u_t = u_s = c$$

6.1　1階準線形偏微分方程式

となり，確かに U は (1) の解である．

解の一意性: $\tilde{u}(x,y)$ が (1) の解で，その解曲面が初期曲線 A を含むと仮定するとき，t をパラメーターとする (x,y) に関する常微分方程式系:

$$\frac{dx}{ds} = a(x,y,\tilde{u}(x,y)), \quad \frac{dy}{ds} = b(x,y,\tilde{u}(x,y)), \tag{6}$$
$$x(0,t) = x(t), \quad y(0,t) = y(t)$$

を解く．(6) の解 (x,y) に対して $\hat{u}(s,t) = \tilde{u}(x(s,t), y(s,t))$ とおくと，

$$\hat{u}_s = \tilde{u}_x(x,y)x_s + \tilde{u}_y(x,y)y_s = a(x,y,\tilde{u}(x,y))\tilde{u}_x + b(x,y,\tilde{u}(x,y))\tilde{u}_y$$
$$= c(x,y,\tilde{u}(x,y)) = c(x(s,t), y(s,t), \hat{u}(s,t)).$$

しかも，$\hat{u}(0,t) = \tilde{u}(x(t), y(t)) = u(t)$ であるから，$(x(s,t), y(s,t), \hat{u}(s,t))$ は (2) の解になる．常微分方程式系 (2) の初期値問題の解の一意性により，先ほどの u と $\tilde{u}(x,y) = \hat{u}(s,t)$ は一致する．

(ii) の場合，K と交わる別の曲線 A_1 を初期曲線とすれば，A_1 に対する解が一つ決まり，それは K を通る．A_1 の選び方は無数にあるから，解 u は無数に存在することになる．

例題 1. $uu_x + u_y = 1$ については，特性曲線 K は，$x_s = u$, $y_s = u_s = 1$ により規定される．(3) で記述される初期曲線 A に対して，$x(s,t) = \frac{s^2}{2} + u(t)s + x(t)$, $y(s,t) = s + y(t)$, $u(s,t) = s + u(t)$ と解く．このとき，A が $J\big|_{s=0} = \begin{vmatrix} u(t) & 1 \\ \dot{x}(t) & \dot{y}(t) \end{vmatrix} = u(t)\dot{y}(t) - \dot{x}(t) \neq 0$ を満たせば，$s = s(x,y)$, $t = t(x,y)$ と解けて，解 u を構成できる．

例題 2. (1) において，a, b, c を定数，$ab \neq 0$ とする．定数 p, q を $aq - bp = ab$ を満たすように選び，$\varphi(\cdot)$ を C^1 級の関数とする．関数

$$u(x,y) = \frac{c}{ab}(qx - py) + \varphi\left(\frac{-bx + ay}{ab}\right)$$

は (1) を満たす．この u は，p, q の選択によらず特性直線 $A: \{(at, bt, ct + \varphi(0)); t \in \mathbb{R}^1\}$ を通過し，A を通過する解の一意性が成り立たない．

特性曲線の別の見方: 解曲面上の初期曲線 A に沿って，$p(t) = u_x(x(t), y(t))$, $q(t) = u_y(x(t), y(t))$ は既知関数であり，$u \in C^2$ と仮定すれば，

$$\dot{p}(t) = u_{xx}\dot{x} + u_{xy}\dot{y}, \quad \dot{q}(t) = u_{xy}\dot{x} + u_{yy}\dot{y}. \tag{7}$$

(1) を x, y でそれぞれ偏微分して,$(a_x + a_u u_x)u_x + au_{xx} + (b_x + b_u u_x)u_y + bu_{xy} = c_x + c_u u_x$, $(a_y + a_u u_y)u_x + au_{xy} + \cdots = c_y + c_u u_y$ であるから,

$$\begin{aligned} au_{xx}(x(t),y(t)) + bu_{xy}(x(t),y(t)) &= d(t), \\ au_{xy}(x(t),y(t)) + bu_{yy}(x(t),y(t)) &= e(t) \end{aligned} \tag{8}$$

を得る($d(t), e(t)$ は既知関数である).A に沿って,u_{xx}, u_{xy}, u_{yy} は一意に決まるであろうかという問題を考えてみよう.$\Delta = \begin{vmatrix} a & b \\ \dot{x} & \dot{y} \end{vmatrix} = 0$ であれば,(7),(8) からは,u_{xx}, u_{xy}, u_{yy} の値は一意には決まらない.このとき $\dot{x} : \dot{y} = a : b$ であり,また A に沿って $\dot{u} = u_x \dot{x} + u_y \dot{y}$ であるから,$\dot{x} : \dot{y} : \dot{u} = a : b : c$ となり,初期曲線 A は特性曲線になる.すなわち,特性曲線は,それに沿って u_{xx}, u_{xy}, u_{yy} の値が初期データからは一意に決められないような曲線という意味をもつ.前例題2において,C^2 級の φ, ψ を $\varphi(0) = \psi(0), \varphi'(0) = \psi'(0)$,$\varphi''(0) \neq \psi''(0)$ となるように選ぶと,対応する二つの解は A 上では1次までの偏導関数は一致するが,2次の偏導関数は一致しなくなる.

6.2 一般の1階偏微分方程式

$F = F(x, y, u, p, q)$ を,$xyupq$-空間の適当な領域で定義された C^2 級関数であるとし,$u = u(x, y)$ に関する1階偏微分方程式

$$F(x, y, u, u_x, u_y) = 0 \tag{9}$$

を考える.(9) の解 $u(x, y)$ が存在すると仮定すれば,解曲面の各点 $P = (x, y, u)$ において $(u_x, u_y) = (p, q)$ が定まる.一方,(9) を各点 P において (p, q) が満たすべき関係式とみると,そのような (p, q) の組の一つが (u_x, u_y) に一致することになる.ここで,$|F_p| + |F_q| > 0$ と仮定しよう.たとえば,$F_p \neq 0$ であれば,陰関数定理により,(9) は p に関して解くことができ,$p = p(q)$ となる.$F_q \neq 0$ としても同様である.そこで,パラメター λ を導入して,(9) を満たす (p, q) を $(p(\lambda), q(\lambda))$ と表そう:

$$F(x, y, u, p(\lambda), q(\lambda)) = 0. \tag{10}$$

$F_p \neq 0$ の場合には,$q = \lambda$,$p = p(\lambda)$ になっている.P を通る平面のうち,一つが接平面である.P を通って $(u_x, u_y, -1) = (p(\lambda), q(\lambda), -1)$ を法線にもつ平面は,(10) により包絡面 (envelope) K_P を形成する.K_P を **Monge 錐** (Monge cone) という.xyu-空間の曲線で,曲線上の各点での接線が K_P の母線の一つと一致するものを,**Monge 曲線**という.

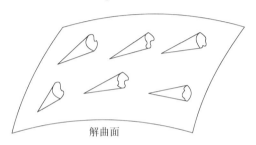

解曲面

準線形方程式 (1) の場合は $F = a(x, y, u)p + b(x, y, u)q - c(x, y, u) = 0$ であるから,$(p, q, -1) \perp (a, b, c)$.したがって,これらの平面の族は常に (a, b, c) を含むから,Monge 錐は (a, b, c) を方向ベクトルにもつ直線に退化している.

幾何学的には Monge 錐は,各点 P において,解曲面に母線で接していることになる.K_P の母線の方程式を導こう.$P = (x, y, u)$ において K_P に接する接平面は,X, Y, U を流通座標として,

$$(X - x)p(\lambda) + (Y - y)q(\lambda) - (U - u) = 0.$$

包絡面(の必要条件)は,包絡線の場合と同様に,つぎの二つの方程式

$$(X - x)p'(\lambda) + (Y - y)q'(\lambda) = 0,$$
$$(X - x)p(\lambda) + (Y - y)q(\lambda) - (U - u) = 0$$

から λ を消去して得られる.$F(x, y, u, p(\lambda), q(\lambda)) = 0$ の両辺を λ で偏微分すれば,$F_p p'(\lambda) + F_q q'(\lambda) = 0$,すなわち,$(X - x) : (Y - y) = F_p : F_q$ となる.したがって,

$$(X - x) : (Y - y) : (U - u) = F_p : F_q : (pF_p + qF_q)$$

を得る[*].6.1 節におけると同様に,この関係から Monge 曲線を定義しよう.

---

[*] この関係は,準線形の場合,$(X - x) : (Y - y) : (U - u) = a : b : c$ となることに注意する.

$$\frac{dx}{ds} = F_p(x,y,u,p,q), \quad \frac{dy}{ds} = F_q(x,y,u,p,q),$$
$$\frac{du}{ds} = pF_p(x,y,u,p,q) + qF_q(x,y,u,p,q). \tag{11}$$

ここで, $u = u(x,y)$, $p = u_x(x,y)$, $q = u_y(x,y)$. ところが, (11) には p, q が満たすべき微分方程式がない. (9) の両辺を x, y でそれぞれ偏微分して,

$$F_x + F_u u_x + F_p u_{xx} + F_q u_{yx} = 0, \quad F_y + F_u u_y + F_p u_{xy} + F_q u_{yy} = 0$$

を得る. したがって, p, q に関する微分方程式

$$\frac{dp}{ds} = \frac{d}{ds} u_x(x(s), y(s)) = u_{xx} F_p + u_{xy} F_q = -F_x - F_u p,$$
$$\frac{dq}{ds} = \frac{d}{ds} u_y(x(s), y(s)) = u_{yx} F_p + u_{yy} F_q = -F_y - F_u q \tag{12}$$

が得られる. (11), (12) は (x, y, u, p, q) についての常微分方程式系であるから, 初期値を与えれば解ける. (11), (12) を (9) の特性微分方程式という. 初期曲線: $\{(x(t), y(t), u(t))\}$ において, $u(t) = u(x(t), y(t))$ を微分すれば,

$$\dot{u}(t) = u_x(x(t), y(t))\dot{x}(t) + u_y(x(t), y(t))\dot{y}(t) = p(t)\dot{x}(t) + q(t)\dot{y}(t). \tag{13}$$

この条件を満たす $\{(x(t), y(t), u(t), p(t), q(t))\}$ を帯 (strip) といい, (13) を成帯条件という. (13) を満たし, かつ

$$F(x(t), y(t), u(t), p(t), q(t)) = 0$$

となる初期値に対して (11), (12) を解けば, 解の組: $x(s,t), y(s,t), \ldots, q(s,t)$ が得られる. (11), (12) 式の右辺は, F が C^2 級であるから C^1 級であり, 第 3 章, 3.5 節により, $x(s,t), \ldots, q(s,t)$ は C^1 級になる. このとき,

$$\frac{\partial}{\partial s} F(x, y, u, p, q) = F_x x_s + F_y y_s + F_u u_s + F_p p_s + F_q q_s$$
$$= F_x F_p + F_y F_q + F_u(pF_p + qF_q) + F_p(-F_x - F_u p)$$
$$+ F_q(-F_y - F_u q) = 0.$$

したがって, $F(x(s,t), \ldots, q(s,t))$ は, 各 t を与えるごとに s の関数として定数である. この定数は, $s = 0$ で $F(x(t), \ldots, q(t)) = 0$ であることから,

$$F(x(s,t), y(s,t), u(s,t), p(s,t), q(s,t)) = 0. \tag{14}$$

6.2 一般の1階偏微分方程式

ここで，さらに

$$\dot{x}(t) : \dot{y}(t) \neq F_p(x(t), y(t), \ldots, q(t)) : F_q(x(t), y(t), \ldots, q(t)) \tag{15}$$

と仮定すれば，陰関数定理により，$x = x(s,t)$，$y = y(s,t)$ が，$s = 0$ の近傍で (s,t) に関して解ける：$s = s(x,y)$，$t = t(x,y)$．ここで，$U(x,y) = u(s(x,y), t(x,y))$，あるいは $u(s,t) = U(x(s,t), y(s,t))$ とおけば，

$$U_x x_s + U_y y_s = \frac{\partial U}{\partial s} = u_s, \quad U_x x_t + U_y y_t = \frac{\partial U}{\partial t} = u_t \tag{16}$$

である．この $U(x,y)$ に対して，$U_x = p$, $U_y = q$ が成り立つと予想するのは自然であるが，これは必ずしも自明なことではない．ここで，

$$px_s + qy_s = u_s, \qquad px_t + qy_t = u_t \tag{17}$$

が示されれば，$\begin{vmatrix} x_s & y_s \\ x_t & y_t \end{vmatrix} \neq 0$ より $U_x = p$, $U_y = q$ を得て，U は

$$F(x, y, U, U_x, U_y) = 0$$

を満たすことがわかる．(17) の最初の等式については，$px_s + qy_s = pF_p + qF_q = u_s$ であるので，問題ない．第2の等式を示そう．つぎの関係に注意する：

$$x_{st} = \frac{\partial}{\partial t} F_p(x, y, u, p, q) = F_{px} x_t + F_{py} y_t + \cdots + F_{pq} q_t$$

は連続関数．偏微分の順序交換に関する Schwarz の定理[*] を適用できて，x_s, x_t, x_{st} の連続性より x_{ts} の存在が保証され，$x_{st} = x_{ts}$ を得る．同様にして，$y_{st} = y_{ts}$, $u_{st} = u_{ts}$ を得る．したがって，x, y, u は C^2 級関数になる．

$\beta(s,t) = u_t - px_t - qy_t$ とおくと，成帯条件 (13) より，$\beta(0,t) = \dot{u}(t) - p(t)\dot{x}(t) - q(t)\dot{y}(t) = 0$ に注意する．$\beta(s,t)$ が各 t に対して微分方程式：

$$\beta_s + F_u \beta = 0 \tag{18}$$

を満たすことを示せば，常微分方程式の解の一意性により，$\beta = 0$，すなわち，(17) の第2の等式がしたがう．さて，

---

[*] xy-平面の領域 D で定義された関数 $f(x,y)$ に対して，D で連続な f_x, f_y, f_{xy} が存在すれば，f_{yx} も存在して，$f_{xy} = f_{yx}$ が成り立つ（小平邦彦，「解析入門」（岩波書店）p.274）．

$$\beta_s = \beta_s - (u_s - px_s - qy_s)_t$$
$$= u_{ts} - p_s x_t - px_{ts} - q_s y_t - qy_{ts} - (u_{st} - p_t x_s - px_{st} - q_t y_s - qy_{st})$$
$$= (F_x + F_u p)x_t + (F_y + F_u q)y_t + p_t F_p + q_t F_q.$$

一方,(14) を t で偏微分して,$F_x x_t + F_y y_t + \cdots + F_q q_t = 0$ であるから,

$$\beta_s = -F_u u_t + F_u p x_t + F_u q y_t = -F_u(u_t - px_t - qy_t) = -F_u \beta$$

となり,(18) が示された.結局,$U(x,y)$ は (9) の解になる.

解の一意性: $U(x,y)$ が (9) の C^2 級の解で,

$$U(x(t), y(t)) = u(t), \quad U_x(x(t), y(t)) = p(t), \quad U_y(x(t), y(t)) = q(t)$$

を満たすとき,$U(x,y)$ が上でつくった U に一致することを示そう.そのためには,上で行った議論を繰り返せばよい.x,y に関する常微分方程式系

$$x_s = F_p(x, y, U(x,y), U_x(x,y), U_y(x,y)),$$
$$y_s = F_q(x, y, U(x,y), U_x(x,y), U_y(x,y))$$

は,初期条件:$x(0,t) = x(t)$, $y(0,t) = y(t)$ のもとで解ける:$x = x(s,t)$,$y = y(s,t)$.ここで,$U(x(s,t), y(s,t))$ は (s,t) の関数であるから,

$$U_s = U_x(x,y) F_p(x, y, U(x,y), U_x(x,y), U_y(x,y))$$
$$+ U_y(x,y) F_q(x, y, U(x,y), U_x(x,y), U_y(x,y)).$$

一方,(9) の両辺を x で偏微分して,$F_x + F_u U_x + F_p U_{xx} + F_q U_{yx} = 0$ であるから,

$$\frac{\partial}{\partial s} U_x(x(s,t), y(s,t)) = U_{xx} F_p + U_{xy} F_q = -F_x - F_u U_x.$$

同様に,$\frac{\partial}{\partial s} U_y(x(s,t), y(s,t)) = -F_y - F_u U_y$ を得る.したがって,(s,t) の関数 (x, y, U, U_x, U_y) は (11),(12) を満たし,かつ,初期条件:$(x, y, U, U_x, U_y)|_{(0,t)} = (x(t), y(t), u(t), p(t), q(t))$ を満たす.常微分方程式系 (11),(12) の解の一意性により,$U(x(s,t), y(s,t)) = u(s,t)$,あるいは $U(x,y) = u(s(x,y), t(x,y))$ を得る.

例題 1. $c^2(u_x^2 + u_y^2) = 1$ を考える($c > 0$ は定数).$F = \frac{1}{2}(c^2 p^2 + c^2 q^2 - 1)$

とおいて，
$$x_s = c^2 p, \quad y_s = c^2 q, \quad u_s = c^2(p^2 + q^2), \quad p_s = q_s = 0 \qquad (19)$$
を解けばよい．初期曲線については，$p(t)$, $q(t)$ に関する成帯条件を含む関係式:
$$c^2\bigl(p(t)^2 + q(t)^2\bigr) = 1, \quad \dot{x}(t)p(t) + \dot{y}(t)q(t) = \dot{u}(t)$$
を仮定し，これは，$\dot{x}(t)^2 + \dot{y}(t)^2 \geqslant c^2 \dot{u}(t)^2$ のときにのみ実数解をもつ．とくに，$u(t) = 0$ とすれば，初期曲線は xy-平面上の曲線となる．(19) を解いて，
$$p(s,t) = p(t), \quad q(s,t) = q(t), \quad u(s,t) = s,$$
$$x(s,t) = c^2 p(t)s + x(t), \quad y(s,t) = c^2 q(t)s + y(t).$$
ここで，
$$\boldsymbol{x}(s,t) = \begin{pmatrix} x(s,t) \\ y(s,t) \end{pmatrix}, \quad \boldsymbol{x}(t) = \begin{pmatrix} x(t) \\ y(t) \end{pmatrix}, \quad \boldsymbol{p}(t) = \begin{pmatrix} p(t) \\ q(t) \end{pmatrix}$$
とおくと，$\boldsymbol{x}(s,t) = c^2 \boldsymbol{p}(t)s + \boldsymbol{x}(t)$, $|c^2 \boldsymbol{p}(t)| = c$ であり，
$$\left.\frac{\partial(x,y)}{\partial(s,t)}\right|_{s=0} = c^2 \begin{vmatrix} p(t) & q(t) \\ \dot{x}(t) & \dot{y}(t) \end{vmatrix} \neq 0$$
であるから，s, t が x, y の関数として解ける．s を時間とみれば，その速度は $\left|\frac{\partial \boldsymbol{x}}{\partial s}\right| = |c^2 \boldsymbol{p}(t)| = c$ となり，一定値．$u(s,t) = s$ は，時刻 s を固定したときの波面 (wave front) と考えられる．

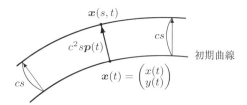

6.3　2階線形偏微分方程式: 双曲形，楕円形，放物形への分類

第 7, 8, 9 章でそれぞれ考察する楕円形，双曲形，放物形の三つの形の 2 階偏微分方程式に対する準備として，$u(x,y)$ についての 2 階線形偏微分方程式:

$$au_{xx} + 2bu_{xy} + cu_{yy} + du_x + eu_y + fu = 0 \tag{20}$$

を考える．ここで，$a, b, \ldots, f$ は x, y の関数である．(20) の解 u が存在すれば，それは xyu-空間における解曲面 S を構成する．パラメター τ をもつ S 上の滑らかな曲線 C を

$$C = \{(x(\tau), y(\tau), u(\tau))\}, \quad u(\tau) = u(x(\tau), y(\tau))$$

で表す．$p = u_x$, $q = u_y$, $r = u_{xx}$, $s = u_{xy}$, $t = u_{yy}$ とすれば，これらの関数は曲線 C に沿って τ の関数になる:

$$p(\tau) = u_x(x(\tau), y(\tau)), \quad q(\tau) = u_y(x(\tau), y(\tau)), \ldots, t(\tau) = u_{yy}(x(\tau), y(\tau))$$

であるから，曲線 C に沿って成帯条件:

$$\dot{u} = p\dot{x} + q\dot{y}, \quad \dot{p} = r\dot{x} + s\dot{y}, \quad \dot{q} = s\dot{x} + t\dot{y} \quad (\dot{u} = du/d\tau, \ldots) \tag{21}$$

が成り立つはずである．(20) の解の上に横たわる $(x(\tau), y(\tau), u(\tau), \ldots, t(\tau))$ を (20) の積分帯 (integral strip) という．解 u の 3 次偏導関数が存在すると仮定しよう．(20) を x, y でそれぞれ偏微分すれば，

$$ar_x + 2bs_x + ct_x + dr + es + fp + a_x r + 2b_x s + c_x t + \cdots = 0,$$
$$ar_y + 2bs_y + ct_y + ds + et + fq + a_y r + 2b_y s + c_y t + \cdots = 0$$

であるから，

$$\begin{aligned} ar_x + 2bs_x + ct_x &= -dr - es - fp - \cdots = -X, \\ ar_y + 2bs_y + ct_y &= -ds - et - fq - \cdots = -Y \end{aligned} \tag{22}$$

を得る（右辺の X, Y は既知関数）．(20) の積分帯 $(x(\tau), \ldots, t(\tau))$ に沿って，

$$\alpha = u_{xxx} = r_x, \quad \beta = u_{xxy} = r_y = s_x,$$
$$\gamma = u_{xyy} = s_y = t_x, \quad \delta = u_{yyy} = t_y$$

と書くと，

$$\begin{pmatrix} a & 2b & c \\ \dot{x} & \dot{y} & 0 \\ 0 & \dot{x} & \dot{y} \end{pmatrix} \begin{pmatrix} \alpha \\ \beta \\ \gamma \end{pmatrix} = \begin{pmatrix} -X \\ \dot{r} \\ \dot{s} \end{pmatrix}, \tag{23}$$

および

6.3 2階線形偏微分方程式: 双曲形, 楕円形, 放物形への分類

$$\begin{pmatrix} a & 2b & c \\ \dot{x} & \dot{y} & 0 \\ 0 & \dot{x} & \dot{y} \end{pmatrix} \begin{pmatrix} \beta \\ \gamma \\ \delta \end{pmatrix} = \begin{pmatrix} -Y \\ \dot{s} \\ \dot{t} \end{pmatrix} \tag{23}'$$

を得る. したがって, この積分帯に沿って,

$$\Delta = \begin{vmatrix} a & 2b & c \\ \dot{x} & \dot{y} & 0 \\ 0 & \dot{x} & \dot{y} \end{vmatrix} = a\dot{y}^2 - 2b\dot{x}\dot{y} + c\dot{x}^2 \neq 0$$

であれば, u の 3 次偏導関数 $\alpha, \beta, \gamma, \delta$ が一意に定まる. 一方,

$$\Delta = a(x,y)\dot{y}^2 - 2b(x,y)\dot{x}\dot{y} + c(x,y)\dot{x}^2 = 0 \tag{24}$$

であれば, 解が存在しても $u_{xxx}, \ldots$ は一意には決まらない可能性がある. (24) を満たすような積分帯を, (20) の解の**分岐帯** (branch strip) という. その名が示すように, 曲線 C を通る (20) の解が一意に決まらない可能性がある. (24) を満たす $(x(\tau), y(\tau))$ は $\mathbb{R}^2$ における曲線を定義し, その曲線を (20) の**特性曲線**という. もし y が x の関数として表せるならば, $y'(x) = \dot{y}/\dot{x}$ であるから, (24) は

$$ay'(x)^2 - 2by'(x) + c = 0, \quad \text{あるいは}$$
$$\frac{dy}{dx} = \frac{b(x,y) \pm \sqrt{b(x,y)^2 - a(x,y)c(x,y)}}{a(x,y)} \tag{24}'$$

と書かれる. 解の分岐に関する概念, その幾何学的に意味するところは (20) に限ったことではなく, 6.1 節においても考察している.

微分方程式 (20) を, 関係式 (24), (24)′ に関連づけて考えよう. 変数変換,

$$(x,y) \mapsto (\xi, \eta); \qquad \xi = \varphi(x,y), \quad \eta = \psi(x,y)$$

によって, (20) は

$$A(\xi, \eta)u_{\xi\xi} + 2B(\xi, \eta)u_{\xi\eta} + C(\xi, \eta)u_{\eta\eta} + \cdots = 0 \tag{25}$$

と変換される. ここで, 変換された係数は

$$A = a\varphi_x^2 + 2b\varphi_x\varphi_y + c\varphi_y^2, \quad B = a\varphi_x\psi_x + b(\varphi_x\psi_y + \varphi_y\psi_x) + c\varphi_y\psi_y,$$
$$C = a\psi_x^2 + 2b\psi_x\psi_y + c\psi_y^2, \quad \ldots$$

により与えられる．(24), (24)′ で与えられる特性曲線を陰関数の形で $\Phi(x,y) = $ const と表せば，
$$a(x,y)\Phi_x^2 + 2b(x,y)\Phi_x\Phi_y + c(x,y)\Phi_y^2 = 0$$
が成り立つことに注意しよう．常微分方程式 (24)′ の表現から，(20) を
 (i) $b^2 - ac > 0$ のとき，**双曲形** (hyperbolic);
 (ii) $b^2 - ac < 0$ のとき，**楕円形** (elliptic);
 (iii) $b^2 - ac = 0$ のとき，**放物形** (parabolic)
と分類する．

 (i) **双曲形の場合**:

微分方程式 (24) または (24)′ を満たす 2 本の特性曲線が存在する．これらを陰関数の形で，$\Phi(x,y) = $ const, $\Psi(x,y) = $ const で表す．変数変換に用いる φ, ψ をそれぞれ Φ, Ψ に選べば，$A = C = 0$，また，$B^2 = (b^2 - ac)(\Phi_x\Psi_y - \Phi_y\Psi_x)^2 \neq 0$ となる．したがって，(25) を $2B$ で割っておけば，双曲形方程式の標準形:
$$u_{\xi\eta} + Du_\xi + Eu_\eta + Fu = 0 \tag{26}$$
を得る．さらに，変数変換: $x' = \xi + \eta$, $y' = \xi - \eta$ を施してできる
$$u_{y'y'} - u_{x'x'} + D'u_{x'} + E'u_{y'} + F'u = 0 \tag{27}$$
を標準形ということもある．

 (ii) **楕円形の場合**:

実数値関数の範囲内では，(24) を満たす特性曲線は存在しない．しかしながら，もし
$$A = C, \qquad B = 0$$
となる φ, ψ が選べれば，楕円形方程式の標準形:
$$u_{\xi\xi} + u_{\eta\eta} + Du_\xi + Eu_\eta + Fu = 0 \tag{28}$$
が得られる．これが成り立つためには，
$$\varphi_x = \frac{b\psi_x + c\psi_y}{\sqrt{ac - b^2}}, \qquad \varphi_y = -\frac{a\psi_x + b\psi_y}{\sqrt{ac - b^2}}$$

であればよい．これから φ を取り除けば，

$$\left(\frac{a\psi_x + b\psi_y}{\sqrt{ac-b^2}}\right)_x + \left(\frac{b\psi_x + c\psi_y}{\sqrt{ac-b^2}}\right)_y = 0 \qquad (29)$$

が得られる．これは ψ に関する 2 階楕円形方程式（Beltrami 方程式という）であり解けるのであるが，本文では一般論を展開しない．とくに a, b, c が定数の場合，(24) より $\frac{dy}{dx} = \alpha + \sqrt{-1}\,\beta, \ \alpha = b/a, \ \beta = \sqrt{ac-b^2}/a$ を解いて，$y = (\alpha + \sqrt{-1}\,\beta)x$. ここで，

$$\xi = y - \alpha x = \varphi(x,y), \qquad \eta = -\beta x = \psi(x,y)$$

とおくと，ψ は (29) を満たす．また，このとき

$$A = a\alpha^2 - 2b\alpha + c = a\beta^2 = C, \qquad B = a\alpha\beta - b\beta = 0$$

となり，確かに標準形 (28) を得る．

(iii) 放物形の場合:

$AC - B^2 = (ac-b^2)(\varphi_x\psi_y - \varphi_y\psi_x)^2 = 0$ が成り立つことに注意する（直接，計算すればよい）．(24) の解は一つのみであり，それを $\varphi(x,y) = \mathrm{const}$ で表せば，$A = 0, B = 0$ となる．φ と関数関係にない $\psi(x,y)$ を選べば，すなわち，$\dfrac{\partial(\varphi,\psi)}{\partial(x,y)} \neq 0$ となる ψ を選べば，上の関係式より，$B = 0$ を得る．したがって，放物形方程式の標準形は，

$$u_{\eta\eta} + Du_\xi + Eu_\eta + Fu = 0. \qquad (30)$$

例題 1. 数理物理学で現れる典型的な方程式を挙げてみる．

(i) $u_{tt} - u_{xx} = 0$ （双曲形方程式）

(ii) $\Delta u = u_{xx} + u_{yy} = 0$ （楕円形方程式）

(iii) $u_t - u_{xx} = 0$ （放物形方程式）

(i) は 1 次元波動方程式であり，波の伝播の様子は第 8 章で論じられる．(ii) の解は調和関数といわれ，第 7 章で論じられる．また，独立変数が二つの場合，関数論との関わりがとくに深い．(iii) は 1 次元熱伝導方程式であり，熱の伝わり方は第 9 章で論じられる．また形式上，常微分方程式との類似性がある．すなわち，(iii) を関数空間上の常微分方程式とみて，考察することが可能である．各章で，解は上記の形に応じてまったく異なった性質をもつことが示される．

第 6 章の演習問題

6.1: つぎの偏微分方程式を，与えられた初期条件のもとで解け:
 (i) $uu_x + u_y = 1$, $x(t) = y(t) = t$, $u(t) = 0$,
 (ii) $au_x + bu_y = 0$, $x(t) = t$, $y(t) = 0$, $u(t) = h(t)$. ここで, $a, b(\neq 0)$ は定数, h は C^1 級関数である.
 (iii) $xu_x + yu_y = u$, $x(t) = \cos t$, $y(t) = \sin t$, $u(t) = 1$,
 (iv) $yu_x - xu_y = u$, $x(t) = t > 0$, $y(t) = 0$, $u(t) = h(t)$. ここで, h は C^1 級関数である.

6.2: つぎの偏微分方程式を，与えられた初期条件のもとで解け:
 (i) $u_x^2 + u_y^2 = 1$, $x(t)^2 + y(t)^2 = 1$, $u(t) = 0$,
 (ii) $u_x u_y = 1$, $x(t) = 0$, $y(t) = t$, $u(t) = \sqrt{t}$,
 (iii) $u_x^2 + u_y^2 = 2u$, $x(t) = y(t) = t$, $u(t) = c \ (> 0)$,
 (iv) $u_x + u_y^2 = 1$, $x(t) = 0$, $y(t) = t$, $u(t) = t^2/2$.

6.3-1: 1対1の変換: $(x, y) \mapsto (\xi, \eta)$, $\xi = \varphi(x, y)$, $\eta = \psi(x, y)$ により，特性曲線 Φ を (ξ, η) の関数とみれば，

$$a(x,y)\Phi_x^2 + 2b(x,y)\Phi_x\Phi_y + c(x,y)\Phi_y^2$$
$$= A(\xi,\eta)\Phi_\xi^2 + 2B(\xi,\eta)\Phi_\xi\Phi_\eta + C(\xi,\eta)\Phi_\eta^2 = 0$$

が成り立つことを示せ．この関係により，特性曲線の条件は，この変換により不変であることがわかる．

6.3-2: 2階線形偏微分方程式 (20) において a, b, c を定数とし, $b^2 - ac > 0$ と仮定する. $a\lambda^2 - 2b\lambda + c = 0$ の2実数解を α, β とするとき，適当な線形変換: $(x, y) \mapsto (\xi, \eta)$ を見出し，微分方程式を標準形 (26) にせよ．

6.3-3: 2階線形偏微分方程式 (20) において a, b, c を定数とし, $b^2 - ac = 0$ と仮定する. 適当な線形変換: $(x, y) \mapsto (\xi, \eta)$ を見出し，微分方程式を標準形 (30) にせよ．

6.3-4: つぎの2階線形偏微分方程式を，それぞれ標準形にせよ:
 (i) $u_{xx} - y^2 u_{yy} = 0$,
 (ii) $y^2 u_{xx} + x^2 u_{yy} = 0$,
 (iii) $u_{xx} - 2x u_{xy} + x^2 u_{yy} = 0$.

楕円形偏微分方程式

7.1 境界値問題，Green の公式

$\Omega \subset \mathbb{R}^2$ を有界領域，$\Gamma = \partial \Omega$ をその境界として，境界値問題
$$-\Delta u = -u_{xx} - u_{yy} = f \quad \text{in } \Omega, \qquad u|_\Gamma = g \qquad (1)$$
を考える．$\Delta = \partial^2/\partial x^2 + \partial^2/\partial y^2$ を，Laplace 作用素または Laplacian という．f, g はそれぞれ Ω, Γ 上で与えられ，問題に応じて適当な滑らかさをもつ関数とする．(1) を満たす u を求める問題を，**Dirichlet** 問題という．もし g が $\overline{\Omega}$ への拡張，$\tilde{g} \in C^2(\overline{\Omega})$ をもてば（すなわち，$\tilde{g}|_\Gamma = g$ となる $\tilde{g}$ が存在すれば），(1) は
$$-\Delta(u - \tilde{g}) = f + \Delta \tilde{g} \quad \text{in } \Omega, \qquad (u - \tilde{g})|_\Gamma = g - g = 0$$
と書きかえられ，$v = u - \tilde{g}$ に関する斉次境界値問題
$$-\Delta v = f + \Delta \tilde{g} \quad \text{in } \Omega, \qquad v|_\Gamma = 0 \qquad (2)$$
に帰着される．これらの問題の考察には，**Green** の公式:
$$\begin{aligned}\int_\Omega \Delta u \, v \, dxdy &= \int_\Gamma \frac{\partial u}{\partial \nu} v \, d\Gamma - \int_\Omega \nabla u \cdot \nabla v \, dxdy \\ &= \int_\Gamma \frac{\partial u}{\partial \nu} v \, d\Gamma - \int_\Omega (u_x v_x + u_y v_y) \, dxdy\end{aligned} \qquad (3)$$
が基礎的である．ここで，$u \in C^2(\Omega) \cap C^1(\overline{\Omega})$; $\int_\Omega |\Delta u| \, dxdy < \infty$; かつ，$v \in C^1(\overline{\Omega})$ と仮定した．$\nu = (\nu_\xi, \nu_\eta)$ は，各点 $(\xi, \eta) \in \Gamma$ における外向き単位

法線，$d\Gamma$ は線素 (line element) を表す．u と v を入れかえた式と (3) との差をとって得られる

$$\int_\Omega (\Delta u\, v - u\Delta v)\, dxdy = \int_\Gamma \left(\frac{\partial u}{\partial \nu}v - u\frac{\partial v}{\partial \nu}\right) d\Gamma \tag{3}'$$

を Green の公式ということもある．

極座標系: $x = r\cos\theta, \quad y = r\sin\theta$ を導入すれば，

$$\Delta = \frac{\partial^2}{\partial x^2} + \frac{\partial^2}{\partial y^2} = \frac{\partial^2}{\partial r^2} + \frac{1}{r}\frac{\partial}{\partial r} + \frac{1}{r^2}\frac{\partial^2}{\partial \theta^2} \tag{4}$$

と書ける（章末演習問題）．これを利用すれば，

$$\Delta \log r = \Delta \log \sqrt{x^2 + y^2} = 0, \quad r > 0$$

がわかる．点 $P = (\xi, \eta) \in \Omega$ を固定し，$r = \sqrt{(x-\xi)^2 + (y-\eta)^2}$ とおけば，同様にして $\Delta \log r = 0$ を得る．Ω から中心 P，十分小さい半径 ε の円およびその内部を取り除いた領域を Ω_ε とし，$u \in C^2(\Omega) \cap C^1(\overline{\Omega})$, $\int_\Omega |\Delta u|\, dxdy < \infty$, $v = \log r$ に対して Green の公式 (3)' を適用すれば（この円周を Γ_ε として），

$$\int_{\Omega_\varepsilon} \Delta u \log r\, dxdy = \int_{\Gamma \cup \Gamma_\varepsilon} \left(\frac{\partial u}{\partial \nu}\log r - u\frac{\partial \log r}{\partial \nu}\right) d\Gamma.$$

ところで，Γ_ε 上では $\partial/\partial \nu = -\partial/\partial r$, $d\Gamma = \varepsilon d\theta$ であるから，$\varepsilon \to 0$ のとき，

$$\int_{\Gamma_\varepsilon} \left(\frac{\partial u}{\partial \nu}\log r - u\frac{\partial \log r}{\partial \nu}\right) d\Gamma = \int_0^{2\pi} \left(\frac{\partial u}{\partial \nu}\log\varepsilon + \frac{u}{\varepsilon}\right)\varepsilon\, d\theta \to 2\pi u(P).$$

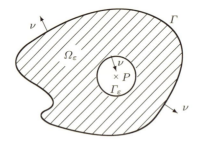

一方，$\log r$ の $r = 0$ での可積分性により，$\varepsilon \to 0$ のとき，

$$\int_{\Omega_\varepsilon} \Delta u \log r\, dxdy \to \int_\Omega \Delta u \log r\, dxdy$$

である．したがって，

7.1 境界値問題, Green の公式

$$u(P) = \frac{1}{2\pi}\int_\Omega \Delta u \log r\, dxdy + \frac{1}{2\pi}\int_\Gamma \left(u\frac{\partial \log r}{\partial \nu} - \frac{\partial u}{\partial \nu}\log r\right) d\Gamma$$

を得る．とくに

$$-\Delta u = f \quad \text{in } \Omega, \qquad u|_\Gamma = 0 \tag{5}$$

であれば，

$$u(P) = -\int_\Omega f \frac{1}{2\pi}\log r\, dxdy - \frac{1}{2\pi}\int_\Gamma \frac{\partial u}{\partial \nu}\log r\, d\Gamma. \tag{6}$$

ここで，Green 関数 $G(x,y;\xi,\eta)$ を導入しよう:

$$G(x,y;\xi,\eta) = -\frac{1}{2\pi}\log\sqrt{(x-\xi)^2+(y-\eta)^2} + \gamma(x,y;\xi,\eta) \tag{7}$$

とおく．γ は**補正関数**といわれ，各 (ξ,η) を固定するごとに，

$$\Delta\gamma = \gamma_{xx} + \gamma_{yy} = 0 \quad \text{in } \Omega, \quad G(x,y;\xi,\eta)\big|_\Gamma = 0$$

を満たすように選ばれているものとする．このような γ が存在するとき，G を **Green 関数**という．再び (5) の解 u，G と Ω_ε に対して Green の公式を適用すれば，同様な計算で

$$u(\xi,\eta) = \int_\Omega G(x,y;\xi,\eta)f(x,y)\, dxdy \tag{8}$$

を得る．Green 関数 G については，対称律:

$$G(x,y;\xi,\eta) = G(\xi,\eta;x,y) \tag{9}$$

が成り立つ（章末演習問題）．Green 関数が簡単に求められる例題を考えよう．

例題 1. Ω を単位円: $\Omega = \{(x,y);\ x^2+y^2 < 1\}$，$P = (x,y)$，$P_1 = (\xi,\eta)$ とし，P_1 の $\Gamma = \partial\Omega$ に関する対称点を $P_2 = (\xi^*,\eta^*)$ とする．すなわち，$O = (0,0)$ として，

$$\overline{OP_1}\cdot\overline{OP_2} = 1^2 \quad \Rightarrow \quad (\xi^*,\eta^*) = \frac{1}{\xi^2+\eta^2}(\xi,\eta).$$

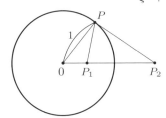

このとき，

$$G(x,y;\xi,\eta) = -\frac{1}{2\pi} \log \frac{\overline{PP_1}}{\overline{PP_2}} + \frac{1}{2\pi} \log \overline{OP_1}. \tag{10}$$

例題 2. Ω を半平面: $\Omega = \{(x,y);\ y > 0\}$, $P = (x,y)$, $P_1 = (\xi,\eta)$ とし, P_1 の $\Gamma = \partial\Omega$ に関する対称点を $P_2 = (\xi^*,\eta^*)$ とする. すなわち, $P_2 = (\xi,-\eta)$. この場合, Ω は有界ではないが, Green 関数 G が存在して,

$$G(x,y;\xi,\eta) = -\frac{1}{2\pi} \log \frac{\overline{PP_1}}{\overline{PP_2}}. \tag{11}$$

非斉次境界値問題: 問題 (1) は, $\tilde{g}$ を用いれば (2) に変換されるが, Green 関数 G が存在する場合,

$$\Delta u = 0 \quad \text{in } \Omega, \qquad u|_\Gamma = g \tag{12}$$

の解 u が存在すると仮定して, u を g により直接表現できる (章末演習問題):

$$u(P) = u(x,y) = -\int_\Gamma g(\xi,\eta) \frac{\partial}{\partial \nu_{\xi,\eta}} G(x,y;\xi,\eta)\,d\Gamma_{\xi,\eta}. \tag{13}$$

境界値問題 (12) の解 u を, 調和関数という. この表現を利用すれば, $\Omega = \{(x,y);\ x^2 + y^2 < 1\}$ のとき, 極形式: $(x,y) = re^{i\theta}$ を用いて, 解 u は

$$u(re^{i\theta}) = \frac{1}{2\pi} \int_0^{2\pi} \frac{1-r^2}{1-2r\cos(\theta-\varphi)+r^2} g(\varphi)\,d\varphi \tag{14}$$

と表現される (章末演習問題). 右辺の積分を **Poisson 積分**といい, この解の公式は, **Poisson の公式**として知られている. Poisson の公式は今後, いろいろな別のアプローチにより得られるであろう (後述).

領域 $\Omega \subset \mathbb{R}^3$ における **Dirichlet 問題**:

$$-\Delta u = -u_{xx} - u_{yy} - u_{zz} = f(x,y,z), \qquad u|_\Gamma = 0$$

の場合にも, $\mathbb{R}^2$ における場合と同様に議論できる. ただし, $\log r$ の特異性は $1/r$ で置きかえる必要があり, Green 関数は

$$\begin{aligned} G(x,y,z;\xi,\eta,\zeta) &= \frac{1}{4\pi r} + \gamma(x,y,z;\xi,\eta,\zeta), \\ \Delta_{x,y,z}\gamma = 0, \quad G|_\Gamma &= 0, \quad r = \sqrt{(x-\xi)^2 + (y-\eta)^2 + (z-\zeta)^2} \end{aligned} \tag{15}$$

により定義される. Green 関数 G が存在する場合,

7.1 境界値問題，Green の公式

$$-\Delta u = f \quad \text{in } \Omega, \qquad u|_\Gamma = g$$

の解 u はもし存在すれば，(8) と同様に

$$u(\xi,\eta,\zeta) = \int_\Omega G(x,y,z;\xi,\eta,\zeta)f(x,y,z)\,dxdydz$$

により与えられる．

例題 3. $\Omega = \{(x,y,z);\ x^2+y^2+z^2<1\}$, $P=(x,y,z)$, $P_1=(\xi,\eta,\zeta)$ とし，P_1 の $\Gamma = \partial\Omega$ に関する対称点を $P_2=(\xi^*,\eta^*,\zeta^*)$ とする．このとき，

$$G(x,y,z;\xi,\eta,\zeta) = \frac{1}{4\pi}\left(\frac{1}{\overline{PP_1}} - \frac{1}{\overline{OP_1}\cdot\overline{PP_2}}\right)$$

となることが容易にわかる．

Dirichlet 問題に対する解の存在: Ω を再び $\mathbb{R}^2$ の有界領域とし，Green 関数 G が存在するとしよう．$f \in C^1(\overline{\Omega})$ であるならば，(8) で与えられる $u(x,y) = \int_\Omega G(x,y;\xi,\eta)f(\xi,\eta)\,d\xi d\eta$ は，確かに

$$-\Delta u = f \quad \text{in } \Omega, \qquad u|_\Gamma = 0$$

の一意な解となることを示そう．

$$u = -\frac{1}{2\pi}\int_\Omega f(\xi,\eta)\log r\,d\xi d\eta + \int_\Omega f(\xi,\eta)\gamma(x,y;\xi,\eta)\,d\xi d\eta = v+w$$

とおく．w については，$\gamma \in C^2(\overline{\Omega})$, $\Delta\gamma = 0$ より

$$\Delta w = \int_\Omega f(\xi,\eta)\Delta_{x,y}\gamma(x,y;\xi,\eta)\,d\xi d\eta = 0.$$

v については，部分積分により

$$v_x = -\frac{1}{2\pi}\int_\Omega f(\xi,\eta)\frac{\partial}{\partial x}\log r\,d\xi d\eta = \frac{1}{2\pi}\int_\Omega f(\xi,\eta)\frac{\partial}{\partial \xi}\log r\,d\xi d\eta$$

$$= \frac{1}{2\pi}\int_\Gamma f\log r\,\nu_\xi\,d\Gamma - \frac{1}{2\pi}\int_\Omega f_\xi \log r\,d\xi d\eta,$$

$$v_{xx} = -\frac{1}{2\pi}\int_\Gamma f\frac{\partial}{\partial \xi}\log r\,\nu_\xi\,d\Gamma + \frac{1}{2\pi}\int_\Omega f_\xi\frac{\partial}{\partial \xi}\log r\,d\xi d\eta$$

と計算する（$\partial^2/\partial\xi^2$ の演算の一部を，f の滑らかさに負わせている）．同様に，

$$v_{yy} = -\frac{1}{2\pi}\int_\Gamma f\frac{\partial}{\partial \eta}\log r\,\nu_\eta\,d\Gamma + \frac{1}{2\pi}\int_\Omega f_\eta\frac{\partial}{\partial \eta}\log r\,d\xi d\eta$$

を得る．これら二つの式を加えて，

$$\Delta v = -\frac{1}{2\pi}\int_{\Gamma} f \frac{\partial}{\partial \nu}\log r\, d\Gamma + \frac{1}{2\pi}\int_{\Omega}(f_\xi(\log r)_\xi + f_\eta(\log r)_\eta)\, d\xi d\eta$$
$$= -\frac{1}{2\pi}\int_{\Gamma} f \frac{\partial}{\partial \nu}\log r\, d\Gamma + \frac{1}{2\pi}\lim_{\varepsilon \to 0}\int_{\Omega_\varepsilon}(f_\xi(\log r)_\xi + f_\eta(\log r)_\eta)\, d\xi d\eta.$$

ここで，Ω_ε は Ω から中心 (x,y)，十分小さい半径 ε の円を取り除いた領域であり，$(\log r)_\xi$, $(\log r)_\eta$ が (x,y) の近傍で可積分な特異性をもつことを用いた．Green の公式により，

$$\int_{\Omega_\varepsilon}(f_\xi(\log r)_\xi + f_\eta(\log r)_\eta)\, d\xi d\eta$$
$$= \int_{\Gamma \cup \Gamma_\varepsilon} f \frac{\partial}{\partial \nu}\log r\, d\Gamma - \int_{\Omega_\varepsilon} f \Delta_{\xi,\eta}\log r\, d\xi d\eta = \left(\int_\Gamma + \int_{\Gamma_\varepsilon}\right)f\frac{\partial}{\partial \nu}\log r\, d\Gamma$$

であり，したがって

$$\Delta v = \frac{1}{2\pi}\lim_{\varepsilon \to 0}\int_{\Gamma_\varepsilon} f\frac{\partial}{\partial \nu}\log r\, d\Gamma = -f(x,y), \quad \text{あるいは} \quad -\Delta u = f(x,y)$$

を得る．境界条件については，

$$u|_\Gamma = \int_\Omega G(x,y;\xi,\eta)\big|_{(x,y)\in\Gamma}f(\xi,\eta)\, d\xi d\eta = 0$$

であり，結局，u は境界値問題 (5) の一意な解であることがわかった．

7.2　円における Dirichlet 問題の解

前節で考察した Ω が原点中心，半径 1 の円の内部である場合，Poisson の公式 (14) が得られたが，これを別の方向から導いてみよう．極座標系：$P = (x,y) = re^{i\theta}$ を導入すれば，(4) で示したように，

$$\Delta u = u_{rr} + \frac{1}{r}u_r + \frac{1}{r^2}u_{\theta\theta} = 0, \qquad u|_\Gamma = g. \tag{16}$$

$g = g(\theta)$ は，θ の周期 2π の連続関数と仮定する．当面は境界条件を考慮せず，

$$u(r,\theta) = R(r)\Theta(\theta)$$

なる形の変数分離された解を探そう．u を (16) に代入すれば，

$$R''\Theta + \frac{1}{r}R'\Theta + \frac{1}{r^2}R\Theta'' = 0, \quad \text{あるいは}$$

$$-\frac{r^2 R''(r) + r R'(r)}{R(r)} = \frac{\Theta''(\theta)}{\Theta(\theta)}.$$

上式左辺は r のみの，右辺は θ のみの関数であるから，両辺は r, θ に無関係な定数 ($=c$) でなければならない．ところで，u は一価関数であるから，Θ は周期 2π の関数である．したがって $c<0$ であり，$c=-k^2$ とおけば，

$$\Theta''(\theta) + k^2 \Theta(\theta) = 0, \qquad \Theta(\theta) = a\cos k\theta + b\sin k\theta$$

が得られる．周期 2π ということから $k=0, \pm1, \pm2, \ldots$ である．$k=n$ とおいても $k=-n$ とおいても定数 a, b が変わるだけであるから，$k=0, 1, 2, \ldots$ とおける．このとき，R は Euler の微分方程式（第 2 章，演習問題）

$$r^2 R''(r) + r R'(r) - n^2 R(r) = 0$$

の解である．この一般解は，$c, \ldots, f$ を定数として

$$R(r) = \begin{cases} cr^n + dr^{-n}, & n \geqslant 1, \\ e\log r + f, & n = 0 \end{cases}$$

で与えられるが，$R(r)$ の $r=0$ の近傍での有界性を考慮すれば，

$$R(r) = \begin{cases} cr^n, & n \geqslant 1, \\ f, & n = 0 \end{cases}$$

となる．結局，

$$u(r,\theta) = \begin{cases} (a_n \cos n\theta + b_n \sin n\theta)r^n, & n \geqslant 1, \\ \dfrac{a_0}{2}, & n = 0 \end{cases}$$

なる形の解が得られる．a_n, b_n は任意定数であり，これらの有限個の線形結合もやはり解（調和関数）である．ここで境界条件を考慮して，

$$u(r,\theta) = \frac{a_0}{2} + \sum_{n=1}^{\infty} (a_n \cos n\theta + b_n \sin n\theta)r^n \tag{17}$$

とおこう．この段階では級数の収束性については厳密な議論をせず，形式的に考えるものとする．$r=1$ とおけば，

$$u(1,\theta) = \frac{a_0}{2} + \sum_{n=1}^{\infty}(a_n \cos n\theta + b_n \sin n\theta) = g(\theta)$$

が得られるが,これは周期関数 g の Fourier 級数展開を表している.したがって,必然的に

$$a_n = \frac{1}{\pi}\int_0^{2\pi} g(\varphi)\cos n\varphi\, d\varphi, \qquad b_n = \frac{1}{\pi}\int_0^{2\pi} g(\varphi)\sin n\varphi\, d\varphi$$

となる.この表現を (17) に代入すれば,

$$\begin{aligned}u(r,\theta) &= \frac{1}{\pi}\int_0^{2\pi}\left(\frac{1}{2} + \sum_{n=1}^{\infty}\cos n(\varphi-\theta)r^n\right)g(\varphi)\, d\varphi \\ &= \frac{1}{2\pi}\int_0^{2\pi}\frac{1-r^2}{1-2r\cos(\varphi-\theta)+r^2}\, g(\varphi)\, d\varphi\end{aligned}$$

となり, Poisson の公式 (14) が得られた.

Poisson の公式を今度は,関数論の立場から導こう. Ω が単連結領域であることから u の共役調和関数 v が存在する.すなわち,Cauchy-Riemann の関係式:

$$u_x = v_y, \qquad u_y = -v_x$$

を満たす v が存在する.したがって,

$$f(z) = u(x,y) + iv(x,y), \quad z = x+iy, \quad i = \sqrt{-1} \tag{18}$$

は Ω で正則,かつ $\overline{\Omega}$ で連続である. $z = re^{i\theta}$, $r < 1$ を固定したとき, $f(\zeta)$ は $|\zeta| \leqslant \rho\,(r < \rho < 1)$ で正則であるから,Cauchy の積分公式により,

$$f(z) = \frac{1}{2\pi i}\int_{|\zeta|=\rho}\frac{f(\zeta)}{\zeta - z}\, d\zeta$$

となる.一方,円 $|\zeta| = \rho$ に関する z の対称点 z^* は,

$$z\overline{z^*} = \rho^2, \quad\text{あるいは}\quad z^* = \frac{\rho^2}{r}e^{i\theta} = \frac{\rho^2}{r^2}z$$

により与えられる.点 z^* が円 $|\zeta| = \rho$ の外部にあることから,

$$0 = \frac{1}{2\pi i}\int_{|\zeta|=\rho}\frac{f(\zeta)}{\zeta - z^*}\, d\zeta = \frac{1}{2\pi i}\int_{|\zeta|=\rho}\frac{r^2 f(\zeta)}{r^2\zeta - \rho^2 z}\, d\zeta$$

に注意する.したがって,

$$f(z) = \frac{1}{2\pi i} \int_{|\zeta|=\rho} \left(\frac{1}{\zeta-z} - \frac{r^2}{r^2\zeta - \rho^2 z} \right) f(\zeta)\,d\zeta$$
$$= \frac{1}{2\pi} \int_0^{2\pi} \frac{\rho^2 - r^2}{\rho^2 - 2r\rho\cos(\varphi-\theta) + r^2} f(\rho e^{i\varphi})\,d\varphi.$$

両辺の実部をとって,
$$u(re^{i\theta}) = \frac{1}{2\pi} \int_0^{2\pi} \frac{\rho^2 - r^2}{\rho^2 - 2r\rho\cos(\varphi-\theta) + r^2} u(\rho e^{i\varphi})\,d\varphi.$$

ここで $\rho \to 1$ とすれば,Poisson の公式 (14) が得られる.

これまで,3 通りのアプローチで Poisson の公式を導いた.$g(\varphi)$ が周期 2π の連続関数であるとき,(14) により与えられる u が実際に解になることを示そう.関係:
$$\frac{1-r^2}{1-2r\cos(\theta-\varphi)+r^2} = \mathrm{Re}\,\frac{1+re^{i(\theta-\varphi)}}{1-re^{i(\theta-\varphi)}}$$

に注意して,
$$\Delta_{r,\theta} \frac{1-r^2}{1-2r\cos(\theta-\varphi)+r^2}$$
$$= \mathrm{Re}\,\left(\frac{\partial^2}{\partial r^2} + \frac{1}{r}\frac{\partial}{\partial r} + \frac{1}{r^2}\frac{\partial^2}{\partial \theta^2} \right) \frac{1+re^{i(\theta-\varphi)}}{1-re^{i(\theta-\varphi)}} = 0.$$

したがって,(14) において $\Delta_{r,\theta}$ と積分記号を交換して,
$$\Delta u = 0.$$

つぎに,$u|_\Gamma = g$ を示そう.$v = 1$ は $\Delta v = 0$, $v|_\Gamma = 1$ を満たすから,
$$1 = \frac{1}{2\pi} \int_0^{2\pi} \frac{1-r^2}{1-2r\cos(\theta-\varphi)+r^2}\,d\varphi$$

が成り立つことに注意しよう.この関係式は右辺を直接計算(たとえば,留数計算)することによっても容易に確かめられる.したがって,
$$u(re^{i\theta}) - g(\theta_0) = \frac{1}{2\pi} \int_0^{2\pi} (g(\varphi+\theta) - g(\theta_0)) \frac{1-r^2}{1-2r\cos\varphi+r^2}\,d\varphi. \quad (19)$$

(19) 式の右辺が,$r \to 1$, $\theta \to \theta_0$ のとき 0 に収束することを示せばよい.g の連続性により,
$$\forall \varepsilon > 0, \quad \exists \delta = \delta(\varepsilon) > 0;\quad |\theta - \theta_0| < \delta \quad \Rightarrow \quad |g(\theta) - g(\theta_0)| < \varepsilon.$$

(19) の右辺を，

$$\frac{1}{2\pi}\int_0^\gamma + \frac{1}{2\pi}\int_\gamma^{2\pi-\gamma} + \frac{1}{2\pi}\int_{2\pi-\gamma}^{2\pi}$$

と分割する．$|\theta - \theta_0| < \delta/2$ とするとき，$\gamma = \delta/2$ と選び，g の周期性に注意すれば，

$$\left|\frac{1}{2\pi}\left(\int_0^\gamma + \int_{2\pi-\gamma}^{2\pi}\right)\cdots d\varphi\right| \leqslant \frac{1}{2\pi}\left(\int_0^\gamma + \int_{2\pi-\gamma}^{2\pi}\right)\frac{\varepsilon(1-r^2)}{1-2r\cos\varphi+r^2}\,d\varphi$$

$$\leqslant \frac{\varepsilon}{2\pi}\int_0^{2\pi}\frac{1-r^2}{1-2r\cos\varphi+r^2}\,d\varphi = \varepsilon$$

となる．残りの積分においては，固定された $\gamma = \delta/2$ に対して

$$\frac{1-r^2}{1-2r\cos\varphi+r^2} \leqslant \frac{1-r^2}{\sin^2\gamma}$$

であるから，$|g(\varphi)| \leqslant M$ として，r が十分 1 に近ければ，

$$\left|\frac{1}{2\pi}\int_\gamma^{2\pi-\gamma}\cdots d\varphi\right| \leqslant \frac{1}{2\pi}\int_\gamma^{2\pi-\gamma}\frac{1-r^2}{\sin^2\gamma}2M\,d\varphi \leqslant \frac{2M(1-r^2)}{\sin^2\gamma} \leqslant \varepsilon$$

を得て，結局，

$$\lim_{r\to 1,\,\theta\to\theta_0} u(re^{i\theta}) = g(\theta_0) \tag{20}$$

が示された．

7.3 Neumann 問題

f と g をそれぞれ，$\Omega \subset \mathbb{R}^2$, Γ 上で与えられた関数とするとき，

$$-\Delta u = f \quad \text{in } \Omega, \quad \left.\frac{\partial u}{\partial \nu}\right|_\Gamma = g \tag{21}$$

を満たす u を求める問題を，**Neumann 問題**という．(21) の解 u が存在したとすれば，Green の公式により

$$\int_\Omega (\Delta u\,1 - u\,\Delta 1)\,dxdy = \int_\Gamma \left(\frac{\partial u}{\partial \nu}1 - u\frac{\partial 1}{\partial \nu}\right)d\Gamma$$

であるから，

$$-\int_\Gamma f\,dxdy = \int_\Gamma g\,d\Gamma \tag{22}$$

が必要条件として得られる．すなわち，問題 (21) は，任意の f, g に対しては解けないことがわかる．逆に，(22) を満たす適当な滑らかさの f, g に対しては，(21) は解をもつことが知られている．(21) の解が二つ存在したとして，その差を v とおけば，

$$\Delta v = 0 \quad \text{in } \Omega, \quad \left.\frac{\partial u}{\partial \nu}\right|_\Gamma = 0$$

であるが，再び Green の公式により

$$0 = \int_\Omega \Delta v \, v \, dxdy = \int_\Gamma \frac{\partial v}{\partial \nu} v \, d\Gamma - \int_\Omega \left(v_x^2 + v_y^2\right) dxdy = -\int_\Omega |\nabla v|^2 \, dxdy.$$

したがって v は定数となり，(21) の解は定数の差を除いて一意に定まる．

Ω が単位円であるとき，

$$\Delta u = 0 \quad \text{in } \Omega, \quad \left.\frac{\partial u}{\partial \nu}\right|_\Gamma = g \tag{23}$$

を解いてみよう．周期関数 g は，(22) により

$$\int_0^{2\pi} g(\varphi) \, d\varphi = 0$$

を満たすと仮定する．単位円周上の C^1 級関数 $h(\theta)$ に対して，

$$\Delta u = 0 \quad \text{in } \Omega, \quad u|_\Gamma = h \tag{24}$$

は一意な解をもち，解 u は Poisson の公式（7.1 節 (14) 式）：

$$u(r, \theta) = \int_0^{2\pi} P(r, \theta - \varphi) h(\varphi) \, d\varphi, \quad P(r, \theta) = \frac{1}{2\pi} \frac{1 - r^2}{1 - 2r\cos\theta + r^2} \tag{25}$$

により与えられた．Ω が単連結領域であるから，u の共役調和関数 v が存在する：$u_x = v_y$, $u_y = -v_x$. Ω においては $x = r\cos\theta$, $y = r\sin\theta$ であるから，

$$v_r = v_x x_r + v_y y_r = v_x \cos\theta + v_y \sin\theta = -u_y \cos\theta + u_x \sin\theta.$$

一方，

$$u_\theta = u_x x_\theta + u_y y_\theta = -u_x r \sin\theta + u_y r \cos\theta = -r v_r.$$

したがって，

$$v_r(r,\theta) = -\frac{1}{r} u_\theta(r,\theta) = -\frac{1}{r}\frac{\partial}{\partial \theta}\int_0^{2\pi} P(r,\theta-\varphi)h(\varphi)\,d\varphi$$
$$= -\frac{1}{r}\int_0^{2\pi}\frac{\partial}{\partial \theta}P(r,\theta-\varphi)h(\varphi)\,d\varphi = \frac{1}{r}\int_0^{2\pi}\frac{\partial}{\partial \varphi}P(r,\theta-\varphi)h(\varphi)\,d\varphi$$
$$= \frac{1}{r}\left(\Big[P(r,\theta-\varphi)h(\varphi)\Big]_{\varphi=0}^{\varphi=2\pi} - \int_0^{2\pi} P(r,\theta-\varphi)h'(\varphi)\,d\varphi\right).$$

P,h は周期 2π の関数であるから,

$$v_r(r,\theta) = -\frac{1}{r}\int_0^{2\pi} P(r,\theta-\varphi)h'(\varphi)\,d\varphi. \tag{26}$$

(26) の積分項は Ω における調和関数であり,とくに $r\to 1$ のとき,$h'(\theta)$ に収束する.したがって,

$$\left.\frac{\partial v}{\partial \nu}\right|_\Gamma = \lim_{r\to 1} v_r(r,\theta) = -h'(\theta)$$

を得る.以上の考察から,

$$h(\varphi) = -\int_0^\varphi g(t)\,dt$$

とおけば,g に対する仮定により h は周期 2π の C^1 級関数であり,$h'(\varphi) = -g(\varphi)$. この h に対応して (25) の u を考えれば,u の共役調和関数 v が (23) の解を与える.解 v の具体的な表現を求めよう.

$$u(r,\theta) = \frac{1}{2\pi}\int_0^{2\pi}\mathrm{Re}\,\frac{e^{i\varphi}+re^{i\theta}}{e^{i\varphi}-re^{i\theta}}h(\varphi)\,d\varphi$$

において,$\zeta = e^{i\varphi}$, $z=re^{i\theta}$ とおけば,

$$u(r,\theta) = \mathrm{Re}\,\frac{1}{2\pi i}\int_{|\zeta|=1}\frac{\zeta+z}{\zeta-z}\frac{h(\varphi)}{\zeta}\,d\zeta$$

と書きかえられる.上式右辺において,$\frac{1}{2\pi i}\int\cdots d\zeta$ は $|z|<1$ で正則であり,その実部が u であることから,

$$v = \mathrm{Im}\,\frac{1}{2\pi}\int_0^{2\pi}\frac{e^{i\varphi}+re^{i\theta}}{e^{i\varphi}-re^{i\theta}}h(\varphi)\,d\varphi$$
$$= \frac{1}{2\pi}\int_0^{2\pi}\frac{2r\sin(\theta-\varphi)}{1-2r\cos(\theta-\varphi)+r^2}h(\varphi)\,d\varphi$$
$$= \frac{1}{2\pi}\left(\Big[-\log(1-2r\cos(\theta-\varphi)+r^2)\cdot h(\varphi)\Big]_0^{2\pi}\right.$$
$$\left. - \int_0^{2\pi}\log(1-2r\cos(\theta-\varphi)+r^2)\cdot g(\varphi)\,d\varphi\right)$$

を得,結局,(23) の解は,
$$v(r,\theta) = -\frac{1}{2\pi}\int_0^{2\pi} \log(1 - 2r\cos(\theta - \varphi) + r^2) \cdot g(\varphi)\,d\varphi \tag{27}$$
と表現される.

7.4　1 次元境界値問題

7.4.1　Green 関数

数直線上の有界開区間を $I = (a, b) \subset \mathbb{R}^1$ とし,境界値問題:
$$Lu = -\frac{d}{dx}\left(p(x)\frac{du}{dx}\right) + q(x)u = f \quad \text{in } I, \quad u(a) = u(b) = 0 \tag{28}$$
を考えよう.ここで,$p \in C^1[a,b]$,$q \in C[a,b]$,かつ $p(x) > 0$ と仮定する.他の境界条件,たとえば $u'(a) = u'(b) = 0$ なども考えられるが,本節では上記のような Dirichlet 型に限定して議論する.前節と同様に,(28) に対する Green 関数 $G(x,\xi)$ をつぎのように定義する:

(i) 各 $\xi \in I$ に対して,$G(x,\xi)$ は x の連続関数で,$G(x,\xi)|_{x=a,b} = 0$.

(ii) $G(x,\xi)$ は,x に関して $I \setminus \{\xi\}$ で C^2 級であり,$x = \xi$ においては
$$\left[\frac{\partial}{\partial x}G(x,\xi)\right]_{x=\xi-0}^{x=\xi+0} = -\frac{1}{p(\xi)}$$
なる跳躍がある.また,$\frac{\partial^2}{\partial x^2}G(\xi \pm 0, \xi)$ が存在する.

(iii)
$$-\frac{\partial}{\partial x}\left(p(x)\frac{\partial}{\partial x}G(x,\xi)\right) + q(x)G(x,\xi) = 0, \quad x \in I \setminus \{\xi\}.$$

(28) の解が存在するとき,前節と同様に
$$u(x) = \int_a^b G(x,\xi)f(\xi)\,d\xi \tag{29}$$
が成り立つ.すなわち,Green 関数 G が存在すれば,(28) の解の一意性が成り立つ.この命題の対偶を考えれば,(28) の解が一意でなければ,Green 関数は存在しないことになる.逆に,$f \in C[a,b]$ であれば,(29) で与えられる u は,(28) の一意な解であることを示そう.まず,$u'(x) = \int_a^b G_x(x,\xi)f(\xi)\,d\xi$ が正

しい．つぎに，積分区間を (a,x) と (x,b) に分割し，G の連続性，G_x, G_{xx} の区分的連続性を考慮すれば，

$$\begin{aligned}
u''(x) &= \int_a^x G_{xx}(x,\xi)f(\xi)\,d\xi + \int_x^b G_{xx}(x,\xi)f(\xi)\,d\xi \\
&\quad + G_x(x,x-0)f(x) - G_x(x,x+0)f(x) \\
&= \int_a^b G_{xx}(x,\xi)f(\xi)\,d\xi + (G_x(x+0,x) - G_x(x-0,x))f(x) \\
&= \int_a^b G_{xx}(x,\xi)f(\xi)\,d\xi - \frac{f(x)}{p(x)}.
\end{aligned}$$

したがって，

$$\begin{aligned}
-(pu')' + qu &= \int_a^b \{-(p(x)G_x(x,\xi))_x + q(x)G(x,\xi)\}f(\xi)\,d\xi + f(x) \\
&= f(x).
\end{aligned}$$

(28) の解が一意であると仮定して，Green 関数を実際に構成しよう．

$$-(p(x)u_x)_x + q(x)u = 0, \quad x \in I$$

の自明でない二つの解 u_1, u_2 を，$u_1(a) = 0$, $u_2(b) = 0$ となるように選ぶ．このような u_1, u_2 は無数にあるが，これらは一次独立である．実際，一次従属であると仮定すれば，u_1, u_2 は $f = 0$ のときの (28) の自明でない解となり，仮定に反するからである [*]．

$$G(x,\xi) = \begin{cases} c_1 u_1(x), & a \leqslant x \leqslant \xi, \\ c_2 u_2(x), & \xi \leqslant x \leqslant b \end{cases}$$

とおく．c_1, c_2 は，$x = \xi$ における G の連続性，G_x の跳躍の条件から，連立方程式：

$$c_1 u_1(\xi) = c_2 u_2(\xi), \qquad c_2 u_2'(\xi) - c_1 u_1'(\xi) = -\frac{1}{p(\xi)}$$

を満たすように選ばれる．u_1, u_2 の一次独立性により，その Wronskian W は，$W(\xi) = u_1(\xi)u_2'(\xi) - u_1'(\xi)u_2(\xi) \neq 0$ である（第 2 章, 2.1.1 項）．したがっ

---

[*] u_1, u_2 が一次従属であるときは，Green 関数のかわりに広義の Green 関数を構成して (28) の解を表現できる（後述）．

て，連立方程式は一意に解けて，

$$c_1 = -\frac{u_2(\xi)}{W(\xi)p(\xi)}, \qquad c_2 = -\frac{u_1(\xi)}{W(\xi)p(\xi)}$$

を得る．結局，G は，

$$G(x,\xi) = \begin{cases} -\dfrac{1}{W(\xi)p(\xi)} u_2(\xi)u_1(x), & a \leqslant x \leqslant \xi, \\ -\dfrac{1}{W(\xi)p(\xi)} u_1(\xi)u_2(x), & \xi \leqslant x \leqslant b \end{cases} \qquad (30)$$

により与えられることがわかる．

例題 1． $I = (0,1)$ とし，境界値問題: $-u'' = f$ in I, $u(0) = u(1) = 0$ に対する Green 関数を求めよう．

$$u_1(x) = x, \qquad u_2(x) = 1 - x$$

とおく．このとき，$W(\xi) = -1$ であるから，

$$G(x,\xi) = \begin{cases} (1-\xi)x, & 0 \leqslant x \leqslant \xi, \\ \xi(1-x), & \xi \leqslant x \leqslant 1. \end{cases} \qquad (31)$$

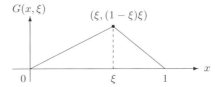

例題 2． $I = (0,\pi)$ とし，$-u'' - \kappa^2 u = f$ in I, $u(0) = u(\pi) = 0$, $\kappa \neq n$ (整数) に対する Green 関数は，同様な計算で，

$$G(x,\xi) = \begin{cases} \dfrac{\sin \kappa(\pi - \xi)}{\kappa \sin \kappa \pi} \sin \kappa x, & 0 \leqslant x \leqslant \xi, \\ \dfrac{\sin \kappa(\pi - x)}{\kappa \sin \kappa \pi} \sin \kappa \xi, & \xi \leqslant x \leqslant \pi. \end{cases} \qquad (32)$$

$f = 0$ としたときの境界値問題 (28) の自明でない解 $u_1(x)$ が存在する場合を考えよう[*]．この場合，Green 関数は存在しない．かわりに，**広義の Green**

---

[*] このような解の集合はすべて u_1 の定数倍である．実際，u_1 に一次独立な解 u_2 が存在すれば，$Lu = 0$ の任意の解は斉次境界条件: $u(a) = u(b) = 0$ を満たすことになるからである．

関数を構成して (28) の解を表現しよう. ただし, (28) が解けるための f には制限が必要になる. 実際, 必要条件として

$$\int_a^b (Lu \cdot u_1 - u\,Lu_1)\,dx = \left[-p(u'u_1 - uu_1')\right]_a^b = 0$$

であるが, 上式左辺は $\int_a^b f u_1\,dx$ に等しい. したがって,

$$\int_a^b f(x)u_1(x)\,dx = 0. \tag{33}$$

広義の Green 関数 $G_1(x,\xi)$ をつぎのように定義する:

(i) 各 $\xi \in I$ に対して $G_1(x,\xi)$ は x の連続関数であり, $G_1(x,\xi)\big|_{x=a,b} = 0$.

(ii) $G_1(x,\xi)$ は, x に関して $I \setminus \{\xi\}$ で C^2 級であり, $x = \xi$ においては

$$\left[\frac{\partial}{\partial x} G_1(x,\xi)\right]_{x=\xi-0}^{x=\xi+0} = -\frac{1}{p(\xi)}$$

なる跳躍がある. また, $\dfrac{\partial^2}{\partial x^2} G_1(\xi \pm 0, \xi)$ が存在する.

(iii)
$$L_x G_1(x,\xi) = -\frac{\partial}{\partial x}\left(p(x)\frac{\partial}{\partial x} G_1(x,\xi)\right) + q(x) G_1(x,\xi)$$
$$= -u_1(\xi)u_1(x), \quad x \in I \setminus \{\xi\}.$$

以下で行うように, u_1 のかわりに αu_1, $\alpha \neq 0$ としてもよい.

以上の条件を満たす G_1 が存在すれば, (33) を満たす $f \in C(\bar{I})$ に対して,

$$u(x) = \int_a^b G_1(x,\xi)f(\xi)\,d\xi \tag{34}$$

は, (28) の(一意でない)解を与えることになる.

$G_1(x,\xi)$ を構成しよう. u_2 を, u_1 に一次独立な $Lu = 0$ の解とする. 明らかに, $u_2(a)u_2(b) \neq 0$ である (実際, たとえば $u_2(a) = 0$ とすれば, u_1, u_2 は一次従属になる). u_1, u_2 に対する Wronskian を $W(x)$ とすれば,

$$W(x) = \begin{vmatrix} u_1 & u_2 \\ u_1' & u_2' \end{vmatrix}, \qquad (pW)' = pW' + p'W = -u_1 Lu_2 + u_2 Lu_1 = 0$$

となる. したがって $p(x)W(x)$ は定数であり, $p(x)W(x) = p(b)W(b) = -p(b)u_1'(b)u_2(b)$ となる.

非斉次常微分方程式: $Lv(x) = -u_1(x)$ の一つの解 v を, $v(a) = 0$ となるように選ぶ（選び方は無数にある）．そのとき, $\alpha \neq 0$ を未定定数として

$$L(\alpha^2 u_1(\xi)v) = -\alpha^2 u_1(\xi)u_1(x)$$

である．そして，

$$G_1(x,\xi) = \begin{cases} \alpha^2 u_1(\xi)v(x) + c_1 u_1(x) + c_2 u_2(x), & a \leqslant x \leqslant \xi, \\ \alpha^2 u_1(\xi)v(x) + d_1 u_1(x) + d_2 u_2(x), & \xi \leqslant x \leqslant b \end{cases} \quad (35)$$

とおく．定数 c_1, c_2, d_1, d_2 は，上記 (i), (ii), (iii)（u_1 のかわりに αu_1 として）が成り立つように設定する．v の選び方から, $G_1(a,\xi) = c_2 u_2(a) = 0$, すなわち, $c_2 = 0$ となる. $G_1(b,\xi) = \alpha^2 u_1(\xi)v(b) + d_2 u_2(b) = 0$ より $d_2 = -\alpha^2 u_1(\xi)v(b)/u_2(b)$ と決まる．$x = \xi$ における条件は,

$$(d_1 - c_1)u_1(\xi) + d_2 u_2(\xi) = 0,$$
$$(d_1 - c_1)u_1'(\xi) + d_2 u_2'(\xi) = -\frac{1}{p(\xi)}$$

であり, $d_1 - c_1, d_2$ に関して一意に解ける：

$$d_1 - c_1 = \frac{u_2(\xi)}{p(\xi)W(\xi)}, \qquad d_2 = -\frac{u_1(\xi)}{p(\xi)W(\xi)}.$$

ここで，すでに求まっている d_2 との整合性が問題である．そのためには，

$$\frac{\alpha^2 u_1(\xi)v(b)}{u_2(b)} = \frac{u_1(\xi)}{p(\xi)W(\xi)}, \qquad \alpha^2 = \frac{u_2(b)}{p(\xi)W(\xi)v(b)} = \frac{-1}{p(b)u_1'(b)v(b)}$$

となるように, α を定めればよい．ここで，

$$-\int_a^b u_1^2 \, dx = \int_a^b (Lv \cdot u_1 - vLu_1) \, dx = \left[pvu_1' \right]_a^b = p(b)v(b)u_1'(b) < 0$$

に注意すれば，確かに α は求まる．以上の条件では, d_1, c_1 を決めるには不十分である．付加条件：

$$\int_a^b G_1(x,\xi)u_1(x) \, dx = 0 \quad (36)$$

を加えよう．このとき，

$$d_1 \left(\int_\xi^b u_1^2 \, dx \right) + c_1 \left(\int_a^\xi u_1^2 \, dx \right) = -\alpha^2 u_1(\xi) \int_a^b vu_1 \, dx - d_2 \int_\xi^b u_1 u_2 \, dx.$$

これと上記の d_1, c_1 についての関係を連立させよう．その係数行列の行列式は，

$$\begin{vmatrix} \int_\xi^b u_1^2\,dx & \int_a^\xi u_1^2\,dx \\ 1 & -1 \end{vmatrix} = -\int_a^b u_1^2\,dx \neq 0$$

であるから，d_1, c_1 が一意に決定され，結局，$G_1(x,\xi)$ が求まることになる．

例題 3. 例題 2 で考察したように $I=(0,\pi)$ とし，n を正整数とすれば，

$$Lu = -u'' - n^2 u = f \text{ in } I, \quad u(0) = u(\pi) = 0$$

に対する Green 関数は存在しない．$u_1(x) = \sin nx$ は，$Lu=0$ の自明でない解である．u_1 に一次独立な $Lu=0$ の解を $u_2(x) = \cos nx$ とする．

$$Lv = -u_1 = -\sin nx \text{ in } I, \quad v(0) = 0$$

の一つの解は，$v(x) = \dfrac{-x}{2n}\cos nx$ となる．$\alpha^{-2} = -u_1'(\pi)v(\pi) = \pi/2$ であるから，$\alpha = \sqrt{2/\pi}$ とする．d_1, d_2, c_1 は，

$$d_1 - c_1 = \frac{\cos n\xi}{-n},$$

$$d_1\left(\int_\xi^\pi \sin^2 nx\,dx\right) + c_1\left(\int_0^\xi \sin^2 nx\,dx\right)$$
$$= -\frac{2}{\pi}\sin n\xi \int_0^\pi \frac{-x}{2n}\cos nx \sin nx\,dx - d_2 \int_\xi^\pi \sin nx \cos nx\,dx,$$

$$d_2 = \frac{1}{n}\sin n\xi$$

を満たすように決めればよい：

$$d_1 = \frac{1}{n\pi}\left(-\xi\cos n\xi + \frac{\sin n\xi}{2n}\right), \quad c_1 = d_1 + \frac{\cos n\xi}{n}.$$

これらの値を (35) に代入すれば，

$$G_1(x,\xi) = \begin{cases} \dfrac{\pi-\xi}{n\pi}\cos n\xi \sin nx + \dfrac{1}{2n^2\pi}\sin n\xi \sin nx \\ \quad - \dfrac{x}{n\pi}\sin n\xi \cos nx, \qquad 0 \leqslant x \leqslant \xi, \\ \dfrac{\pi-x}{n\pi}\sin n\xi \cos nx + \dfrac{1}{2n^2\pi}\sin n\xi \sin nx \\ \quad - \dfrac{\xi}{n\pi}\cos n\xi \sin nx, \qquad \xi \leqslant x \leqslant \pi. \end{cases}$$

境界条件が Dirichlet 型以外でも，広義の Green 関数の概念がある．一般論

のかわりに，$I = (0,1)$ における境界値問題（Neumann 問題）:

$$Lu = -u'' = f \text{ in } I, \quad u'(0) = u'(1) = 0 \tag{37}$$

を例に選んで考えよう．$u_1(x) \equiv 1$ は明らかに (37) ($f = 0$) の自明でない解であるから，Green 関数は存在しない．u_1 に一次独立な $u_2(x) = x$ を選ぶ．

$$LG_1(x,\xi) = -\frac{\partial^2}{\partial x^2}G_1(x,\xi) = -1, \quad x \neq \xi$$

となる G_1 は，$\alpha \neq 0$ を未定定数として，

$$G_1(x,\xi) = \begin{cases} a_1 + a_2 x + \alpha^2 \dfrac{x^2}{2}, & 0 \leqslant x \leqslant \xi, \\ b_1 + b_2 x + \alpha^2 \dfrac{x^2}{2}, & \xi \leqslant x \leqslant 1 \end{cases}$$

とおける．$x = 0, 1$ における境界条件; $x = \xi$ における連続性と跳躍の条件; $\int_0^1 G_1(x,\xi)\,dx = 0$ より,

$$a_2 = 0, \quad b_2 = -\alpha^2 = -1, \quad b_1 = a_1 + \alpha^2 \xi = a_1 + \xi, \quad a_1 = \frac{1}{2}(1-\xi)^2 - \frac{1}{6}$$

を得る．結局，求める広義の Green 関数はつぎのようになる:

$$G_1(x,\xi) = \begin{cases} \dfrac{x^2}{2} + \dfrac{1}{2}(1-\xi)^2 - \dfrac{1}{6}, & 0 \leqslant x \leqslant \xi, \\ \dfrac{\xi^2}{2} + \dfrac{1}{2}(1-x)^2 - \dfrac{1}{6}, & \xi \leqslant x \leqslant 1. \end{cases}$$

7.4.2 積分作用素 G の固有値について

有界開区間 $I = (a,b)$ における Green 関数 $G(x,\xi)$ を用いて，$C(\bar{I})$ から $C(\bar{I})$ への作用素 G を

$$(Gu)(x) = \int_a^b G(x,\xi)u(\xi)d\xi, \quad u \in C(\bar{I}) \tag{38}$$

と定義する．$C(\bar{I})$ には任意の個数の一次独立な関数が存在するから，$C(\bar{I})$ は無限次元空間であることに注意しよう．作用素 G の線形性:

$$G(\alpha u_1 + \beta u_2) = \alpha G u_1 + \beta G u_2, \quad u_1, u_2 \in C(\bar{I}), \quad \alpha, \beta \in \mathbb{C}$$

は明らかであろう．G の固有値 λ，すなわち，

$$(1-\lambda G)\varphi = \varphi - \lambda G\varphi = 0, \qquad \varphi\,(\neq 0) \in C(\bar{I})$$

を満たす φ が存在するような λ について考える. このような φ を, λ に対応する**固有関数**という. Green 関数 $G(x,\xi)$ の性質から,

$$(1-\lambda G)u = 0, \quad u\neq 0 \quad\Longleftrightarrow\quad \begin{cases} Lu = -(p(x)u_x)_x + q(x)u = \lambda u, \\ u\neq 0, \quad u(a) = u(b) = 0 \end{cases}$$

であるから, λ は L の固有値である(これに対比して, λ を G の**特異値**ということもある).

空間 $C(\bar{I})$ における内積 $\langle\cdot,\cdot\rangle$ とノルム $\|\cdot\|$ を, それぞれ

$$\langle u,v\rangle = \int_a^b u(x)\overline{v(x)}\,dx, \quad \|u\| = \langle u,u\rangle^{1/2} = \left(\int_a^b |u(x)|^2\,dx\right)^{1/2} \tag{39}$$

により与える. $\langle u,v\rangle = 0$ のとき, u と v は**直交**するという. このとき, Schwarz の不等式:

$$|\langle u,v\rangle| \leqslant \|u\|\|v\|, \quad u,v\in C(\bar{I})$$

と Minkowski の不等式(三角不等式):

$$\|u+v\| \leqslant \|u\| + \|v\|$$

が成り立つ(章末演習問題). また,

$$\int_a^b |(Gu)(x)|^2\,dx \leqslant \|u\|^2 \int_a^b dx \int_a^b G^2(x,\xi)\,d\xi$$

より, $\|Gu\| \leqslant \alpha\|u\|$, $\forall u\in C(\bar{I})$ となる $\alpha>0$ が存在する. この性質を, G の**有界性**という. G の作用素ノルムを

$$\|G\| = \sup_{\|u\|=1} \|Gu\|$$

により与えれば, G の線形性から

$$\|Gu\| \leqslant \|G\|\|u\|, \quad \forall u\in C(\bar{I}) \tag{40}$$

が成り立つ. $G(x,\xi) = G(\xi,x)$ より, 明らかに

$$\langle Gu,v\rangle = \langle u,Gv\rangle, \quad u,v\in C(\bar{I}) \tag{41}$$

が成り立つ．この性質を，作用素 G の対称性または **Hermite**性という．G の固有値と固有関数を，それぞれ λ, φ とすれば，部分積分により，

$$\lambda\langle\varphi,\varphi\rangle = \langle L\varphi,\varphi\rangle = \int_a^b p(x)|\varphi'(x)|^2\,dx + \int_a^b q(x)|\varphi(x)|^2\,dx$$
$$\geqslant \inf_{x\in[a,b]} q(x)\,\|\varphi\|^2.$$

したがって，λ は実数値であり，$\lambda \geqslant \inf_{x\in[a,b]} q(x)$ であることがわかる．

定理 1. $\|u_n\| \leqslant 1$, $n = 1,2,\ldots$ となる関数列 $u_n \in C(\bar{I})$ に対して，Gu_n は $\bar{I} = [a,b]$ において一様有界かつ同等連続である．すなわち，

$$\sup_{x\in[a,b],\,n\geqslant 1} |(Gu_n)(x)| < \infty,$$

$\forall \varepsilon > 0,\ \exists \delta > 0;\ |x-y| < \delta\ \Rightarrow\ |(Gu_n)(x) - (Gu_n)(y)| < \varepsilon,\quad \forall n \geqslant 1.$

したがって，Ascoli-Arzèla の定理[*]が適用できる：すなわち，適当な部分列 u_{n_i}, $i = 1,2,\ldots$ が存在して，Gu_{n_i} は $[a,b]$ 上で一様収束するようにできる．

注意． 作用素 G の上の性質を，**完全連続性**または**コンパクト性**という．したがって，G は完全連続な Hermite 作用素になる．このような性質をもつ無限次元空間における線形作用素は，有限次元作用素（行列）に近いのである．また，$\{Gu_{n_i}\}$ の一様収束先は，一般に部分列の選び方に依存する．

証明． Schwarz の不等式と 2 変数関数 $G(x,\xi)$ の一様連続性により，評価:

$$|(Gu_n)(x)| \leqslant \sup_{x\in[a,b]} \left(\int_a^b G^2(x,\xi)\,d\xi\right)^{1/2} < \infty,$$

$$|(Gu_n)(x) - (Gu_n)(y)| \leqslant \|u_n\| \left(\int_a^b |G(x,\xi) - G(y,\xi)|^2 d\xi\right)^{1/2}$$
$$\leqslant (b-a)^{1/2} \sup_{\xi\in[a,b]} |G(x,\xi) - G(y,\xi)|$$

が成り立つので，明らかであろう． □

定理 2.
$$\|G\| = \sup_{\|u\|=1} |\langle Gu, u\rangle|. \tag{42}$$

---

[*] たとえば，吉沢太郎,「微分方程式入門」(朝倉書店) を見よ．

証明. 上式右辺を β とする. Schwarz の不等式により,

$$|\langle Gu, u\rangle| \leqslant \|Gu\| \|u\| \leqslant \|G\|, \quad \|u\| = 1$$

であるから, $\beta \leqslant \|G\|$ を得る. 逆向きの不等式: $\beta \geqslant \|G\|$ は, つぎのように示される: G の線形性から, $|\langle Gu, u\rangle| \leqslant \beta \|u\|^2$, $\forall u \in C(\bar{I})$ となることに注意する. $\|u\| = \|v\| = 1$ とすると,

$$\langle G(u+v), u+v\rangle = \langle Gu, u\rangle + \langle Gv, v\rangle + 2\operatorname{Re}\langle Gu, v\rangle \leqslant \beta \|u+v\|^2,$$

$$\langle G(u-v), u-v\rangle = \langle Gu, u\rangle + \langle Gv, v\rangle - 2\operatorname{Re}\langle Gu, v\rangle \geqslant -\beta \|u-v\|^2.$$

したがって,

$$4\operatorname{Re}\langle Gu, v\rangle \leqslant \beta(\|u+v\|^2 + \|u-v\|^2) = 2\beta\left(\|u\|^2 + \|v\|^2\right) = 4\beta.$$

$G(x, \xi)$ が Green 関数であることから, $Gu \neq 0$ である. $v = Gu/\|Gu\|$ とおけば, $\|Gu\| \leqslant \beta$, すなわち, $\|G\| \leqslant \beta$ を得る. □

$G(x, \xi) \not\equiv 0$ であるから, $\|G\| \neq 0$ となることを, 上記で示した. このことは, $\int_a^b |G(x_0, \xi)|^2 \, d\xi > 0$ とすれば, $u_0(x) = G(x_0, x)$ に対して $(Gu_0)(x_0) \neq 0$ であることからもわかる. このとき, つぎの定理が成り立つ:

定理 3. 作用素 G は, 少なくとも一つの固有値をもつ. 実際, $\|G\| > 0$ または $-\|G\|$ は固有値の逆数となる.

証明. 関数列 $\{u_n\} \subset C(\bar{I})$ を,

$$\|u_n\| = 1, \ n = 1, 2, \ldots, \qquad \langle Gu_n, u_n\rangle \to \beta = \|G\|$$

となるように選ぶ (必要なら, G のかわりに $-G$ を選ぶ). 定理 1 により, $\{Gu_n\}$ の適当な部分列は $[a, b]$ 上で一様収束する. 記号を変えずに, この部分列を $\{Gu_n\}$ としておく: $Gu_n \to \varphi \in C(\bar{I})$ としよう. このとき,

$$\|Gu_n - \beta u_n\|^2 = \|Gu_n\|^2 + \beta^2 \|u_n\|^2 - 2\beta \langle Gu_n, u_n\rangle$$
$$\to \|\varphi\|^2 + \beta^2 - 2\beta^2 = \|\varphi\|^2 - \beta^2 \geqslant 0$$

となって, $\varphi \neq 0$. また,

$$\lim_{n \to \infty} \|Gu_n - \beta u_n\|^2 \leqslant \beta^2 + \beta^2 - 2\beta^2 = 0.$$

したがって，$\lim_{n\to\infty} \|G(Gu_n) - \beta Gu_n\| = 0$. これより

$$\int_a^b |(G\varphi)(x) - \beta\varphi(x)|^2 dx = 0, \qquad G\varphi, \ \varphi \in C(\bar{I}).$$

これより，$G\varphi = \beta\varphi, \varphi \neq 0$，すなわち，$\beta$ が固有値の逆数になる． □

定理 4. (i) 作用素 G の相異なる固有値に対応する固有関数は，直交する．

(ii) 固有値 λ の多重度は有限である．すなわち，対応する固有空間は有限次元である．

(iii) 固有値は高々可算無限個であり，∞ を唯一の集積点としてもつ．

注意． (ii) について，とくに 1 次元境界値問題における固有空間の次元は 1 である．実際，固有値 λ に対応する固有関数を φ とすれば，

$$L\varphi = -(p\varphi_x)_x + q\varphi = \lambda\varphi, \qquad \varphi(a) = \varphi(b) = 0$$

である．2 個以上の一次独立な固有関数があれば，$Lu - \lambda u = 0$ のすべての解が $u(a) = u(b) = 0$ を満たすことになり，矛盾する．定理 4 をこのように表現したのは，$\mathbb{R}^m, m \geqslant 2$ における楕円形境界値問題（後述，7.5 節）においても同様な結果が成り立つことを考慮したためである．

証明． (i) $\lambda G\varphi = \varphi, \mu G\psi = \psi, \lambda \neq \mu$ とすれば，

$$\frac{1}{\lambda}\langle\varphi, \psi\rangle = \langle G\varphi, \psi\rangle = \langle\varphi, G\psi\rangle = \frac{1}{\mu}\langle\varphi, \psi\rangle.$$

したがって，$\langle\varphi, \psi\rangle = 0$ を得る．

(ii) 固有空間が無限次元であるとすれば，Schmidt の直交化法により $\langle\varphi_i, \varphi_j\rangle = \delta_{ij}, \lambda G\varphi_i = \varphi_i$ となる $\{\varphi_i\}_{i=1}^{\infty}$ が存在する．このとき，

$$\|G\varphi_i - G\varphi_j\|^2 = \lambda^{-2}\|\varphi_i - \varphi_j\|^2 = 2\lambda^{-2} > 0.$$

作用素 G の完全連続性（定理 1）により，$\{G\varphi_i\}$ の部分列は $\bar{I}$ 上で一様収束し，したがって，$\|\cdot\|$ の意味でも収束するが，これは上式に反する．(iii) は (ii) と同様に証明できる（章末演習問題）． □

作用素 G の各固有空間の基底として正規直交系を選んでおけば，つぎのような固有対 $\{\lambda_i, \varphi_i, i \geqslant 1\}$ が存在する：

$$(1 - \lambda_i G)\varphi_i = 0, \quad \langle \varphi_i, \varphi_j \rangle = \delta_{ij},$$

$$\inf_{x \in [a,b]} q(x) \leqslant \lambda_1 \leqslant \lambda_2 \leqslant \cdots \leqslant \lambda_i \leqslant \cdots \to \infty.$$

各 φ_i は,実数値関数として選ぶことができる. $\{\varphi_i\}_{i=1}^{\infty}$ の正規直交性より,Bessel の不等式:

$$\sum_{i=1}^{\infty} |\langle u, \varphi_i \rangle|^2 \leqslant \|u\|^2, \quad u \in C(\bar{I})$$

が成り立つ.これを用いれば,いわゆる Hilbert-Schmidt の展開定理を得る.

定理 5. (i) 任意の $u \in L^2(I)$ に対して [*],Gu の Fourier 級数は $[a, b]$ 上で絶対一様収束し,Gu に等しい,すなわち,

$$(Gu)(x) = \sum_{i=1}^{\infty} \langle Gu, \varphi_i \rangle \varphi_i(x), \quad x \in [a, b]. \tag{43}$$

(ii) $\{\varphi_i\}_{i=1}^{\infty}$ は,$L^2(I)$ の完全正規直交系 (complete orthonortmal system) である.すなわち,任意の $u \in L^2(I)$ は,$u = \sum_{i=1}^{\infty} \langle u, \varphi_i \rangle \varphi_i$,言いかえれば,

$$\lim_{n \to \infty} \int_a^b \left| u(x) - \sum_{i=1}^{n} \langle u, \varphi_i \rangle \varphi_i(x) \right|^2 dx = 0 \tag{44}$$

と展開される.

証明. (i) まず,G の対称性を用いて,

$$\langle Gu, \varphi_i \rangle = \langle u, G\varphi_i \rangle = \left\langle u, \frac{1}{\lambda_i} \varphi_i \right\rangle = \frac{1}{\lambda_i} \langle u, \varphi_i \rangle$$

となる.x を固定し,$G(x, \xi)$ に対して Bessel の不等式を適用すれば,

$$\sum_{i=1}^{\infty} \frac{1}{\lambda_i^2} |\varphi_i(x)|^2 = \sum_{i=1}^{\infty} \left| \int_a^b G(x, \xi) \varphi_i(\xi) \, d\xi \right|^2 \leqslant \int_a^b |G(x, \xi)|^2 \, d\xi.$$

Schwarz の不等式により,$n \geqslant m \to \infty$ ならば,

---

[*] $L^2(I) = \{f; \int_I |f(x)|^2 \, dx < \infty\}$ である.本来,積分は Lebesgue の意味で考え,f も Lebesgue 可測関数の範疇で考えるべきである.そうすることにより初めて,$L^2(I)$ が完備空間であることがわかるのである.本書では Lebesgue 積分論を仮定しないため,(ii) の証明は読者には不明瞭な部分を含むことをお断りしておく.

$$\sum_{i=m}^{n} |\langle Gu, \varphi_i\rangle| |\varphi_i(x)| = \sum_{i=m}^{n} |\langle u, \varphi_i\rangle| |\lambda_i^{-1}\varphi_i(x)|$$
$$\leqslant \left(\sum_{i=m}^{n} |\langle u, \varphi_i\rangle|^2\right)^{1/2} \left(\int_a^b |G(x,\xi)|^2\, d\xi\right)^{1/2} \to 0.$$

したがって，$\sum_1^\infty \langle Gu, \varphi_i\rangle \varphi_i(x)$ は，$[a,b]$ 上で絶対かつ一様収束する．これが $(Gu)(x)$ に等しいことは，つぎのようにしてわかる：

$$G_n(x,\xi) = G(x,\xi) - \sum_{i=1}^n \frac{1}{\lambda_i}\varphi_i(x)\varphi_i(\xi)$$

とおくと，λ_i, $\varphi_i(x)$ の実数性より $G_n(x,\xi)$ は実数値関数で，$G_n(x,\xi) = G_n(\xi,x)$ となる．これを積分核とする作用素 G_n を (38) と同様に定義すれば，

$$G_n u = Gu - \sum_{i=1}^n \frac{1}{\lambda_i}\langle u, \varphi_i\rangle \varphi_i$$
$$= Gu - \sum_{i=1}^n \langle u, G\varphi_i\rangle \varphi_i = Gu - \sum_{i=1}^n \langle Gu, \varphi_i\rangle \varphi_i$$

となる．これが 0 に一様収束すればよい．$\{\varphi_i\}$ の正規直交性から，

$$\langle G_n u, \varphi_j\rangle = \langle Gu, \varphi_j\rangle - \langle Gu, \varphi_j\rangle = 0, \quad j \leqslant n.$$

μ を G_n の固有値，u_0 を対応する固有関数；$(1-\mu G_n)u_0 = 0$ とすれば，

$$\langle Gu_0, \varphi_j\rangle = \langle u_0, G\varphi_j\rangle = \frac{1}{\lambda_j}\langle u_0, \varphi_j\rangle = \frac{\mu}{\lambda_j}\langle G_n u_0, \varphi_j\rangle = 0, \quad j \leqslant n.$$

したがって $(1-\mu G)u_0 = (1-\mu G_n)u_0 = 0$ を得て，μ, u_0 はそれぞれ G の固有値，固有関数になる．ところが，$\langle u_0, \varphi_j\rangle = 0$, $j \leqslant n$ より，$0 < \lambda_n \leqslant \mu$，すなわち，$G_n$ の固有値は正になる．定理 3 により，μ として $\|G_n\|^{-1}$ を選べば，

$$\|G_n\| \leqslant \frac{1}{\lambda_n} \to 0, \qquad n \to \infty$$

を得る．したがって，任意の $u \in C(\bar{I})$ に対して，$\|G_n u\| \to 0$, $n \to \infty$ であり，これと $G_n u$ の一様収束性を合わせて，$G_n u$ は 0 に一様収束する．これより，(43) が示された．

(ii) 作用素 G は実は $L^2(I)$ 上で定義され，(40) の評価により，G は

$L^2(I)$ における有界作用素であることに注意する．$\ker G = \{0\}$，すなわち，$Gf = 0, f \in L^2(I)$ であれば，$f = 0$ がしたがうことを示そう．$C(\bar{I})$ は $L^2(I)$ で稠密 (dense) であるから，$C(\bar{I})$ の適当な関数列 $\{f_n\}$ が存在して，$f_n \to f$ in $L^2(I)$，あるいは，$\int_a^b |f_n(x) - f(x)|^2 \, dx \to 0$ とできる *)．

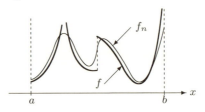

$Gf_n = u_n$ は (28) の解であり，$L^2(I)$ において $u_n \to Gf = 0$, $n \to \infty$ であるから，任意の $\varphi \in C_0^2(I)$ に対して **)，

$$\langle f_n, \varphi \rangle = \langle L u_n, \varphi \rangle = \langle u_n, L\varphi \rangle \to \langle 0, L\varphi \rangle = 0,$$

すなわち，$\langle f, \varphi \rangle = 0$ が任意の $\varphi \in C_0^2(I)$ に対して成り立つ．空間 $C_0^2(I)$ も $L^2(I)$ で稠密であるから，$f = 0$ がしたがう．

さて，任意の $u \in L^2(I)$ に対して，(43) により，

$$G\left(u - \sum_{i=1}^\infty \langle u, \varphi_i \rangle \varphi_i \right) = Gu - \sum_{i=1}^\infty \langle u, \varphi_i \rangle G\varphi_i$$
$$= Gu - \sum_{i=1}^\infty \langle u, \varphi_i \rangle \frac{1}{\lambda_i} \varphi_i = 0.$$

$\ker G = \{0\}$ により，$u - \sum_{i=1}^\infty \langle u, \varphi_i \rangle \varphi_i = 0$ となって，(44) が示された．□

7.4.3 固有値，固有関数の漸近表示

定理4により，L の固有値 λ_n は ∞ に発散するが，λ_n, φ_n の $n \to \infty$ の

---

*) $\{f_n\}$ の選び方は様々である．たとえば，Friedrichs の軟化子 (mollifier) $\rho_{1/n}*$ を利用して，
$$f_n(x) = (\rho_{1/n} * f)(x) = \int_a^b \rho_{1/n}(x - y) f(y) \, dy, \quad n = 1, 2, \ldots$$
とおけばよい．ここで，$\rho_{1/n}$ は，
$$\rho_{1/n}(x) = n\rho(nx), \quad \rho \in C^\infty(\mathbb{R}^1), \quad \rho(x) \begin{cases} > 0, & |x| < 1, \\ = 0, & |x| \geq 1, \end{cases} \quad \int_{-1}^1 \rho(x) \, dx = 1$$
となるように選ぶことができる（詳細は，溝畑茂，「偏微分方程式論」（岩波書店）を参照）．

**) $C^2(\bar{I})$ に属し，$x = a, b$ の近傍で 0 となる関数の集合を $C_0^2(I)$ で表す．

7.4 1次元境界値問題

際の漸近表示を求めてみよう．議論を簡単にするため，

$$Lu = -(p(x)u_x)_x + q(x)u = \lambda u, \qquad u(a) = u(b) = 0 \tag{45}$$

を少し簡単な方程式にする．変換

$$u(x) \mapsto v(t): \qquad v = p^{1/4}u, \quad t = \int_a^x \frac{1}{\sqrt{p(s)}}\,ds \tag{46}$$

を **Liouville** 変換という．この変換により，(45) は同等な

$$-v_{tt} + r(t)v = \lambda v, \qquad v(0) = v(l) = 0, \qquad l = \int_a^b \frac{1}{\sqrt{p(s)}}\,ds$$

に変換されることが簡単な計算でわかる．ここで，$r = f_{tt}/f + q$，$f = p^{1/4}$ である（章末演習問題）．今後は，(45) のかわりに

$$Lu = -u_{xx} + r(x)u = \lambda u, \qquad u(0) = u(l) = 0 \tag{47}$$

とし，固有値 λ_n と閉区間 $\bar{I} = [0, l]$ 上で正規化された固有関数 φ_n について考察する．$u \in C^2(I) \cap C(\bar{I})$ が，$Lu \in L^2(I)$, $u(0) = u(l) = 0$ を満たすとする．

$$\langle Lu, \varphi_i \rangle = \langle u, L\varphi_i \rangle = \lambda_i \langle u, \varphi_i \rangle$$

であるから，定理 5, (ii) により $Lu = \sum_{i=1}^{\infty} \lambda_i \langle u, \varphi_i \rangle \varphi_i$．したがって，

$$\langle Lu, u \rangle = \sum_{i=1}^{\infty} \lambda_i |u_i|^2, \qquad u_i = \langle u, \varphi_i \rangle. \tag{48}$$

定理 6. 作用素 L の第 n 固有値 λ_n は，

$$\lambda_n = \sup_{v_1, \ldots, v_{n-1}} \inf_{\substack{\|u\|=1, \\ u \perp v_1, \ldots, v_{n-1}}} \langle Lu, u \rangle \tag{49}$$

により与えられる．ここで，上限 (sup) は $v_1, \ldots, v_{n-1} \in L^2(I)$ について考え，下限 (inf) は $u \in C^2(I) \cap C(\bar{I})$, $Lu \in L^2(I)$, $u(0) = u(l) = 0$ なる u について考える．

証明． とくに，$v_i = \varphi_i$, $1 \leqslant i \leqslant n-1$ のとき，

$$\langle Lu, u \rangle = \sum_{i=n}^{\infty} \lambda_i |u_i|^2, \qquad \sum_{i=n}^{\infty} |u_i|^2 = 1$$

であるから，明らかに

$$\inf_{\substack{\|u\|=1,\\ u\perp\varphi_1,\ldots,\varphi_{n-1}}} \langle Lu, u\rangle = \min_{\substack{\|u\|=1,\\ u\perp\varphi_1,\ldots,\varphi_{n-1}}} \langle Lu, u\rangle = \lambda_n.$$

したがって，$\sup\inf \langle Lu, u\rangle \geqslant \lambda_n$ となる．一方，任意の $v_i \in L^2(I)$, $1 \leqslant i \leqslant n-1$ に対して，

$$u = \sum_{i=1}^n c_i\varphi_i, \quad \langle u, v_j\rangle = 0, \quad 1 \leqslant j \leqslant n-1$$

となるように u を選ぼう．これは，$c_1,\ldots,c_n$ に関する斉次の連立方程式

$$\sum_{i=1}^n \langle \varphi_i, v_j\rangle c_i = 0, \qquad 1 \leqslant j \leqslant n-1$$

と同値であり，必ず自明でない解 $(c_1,\ldots,c_n) \neq (0,\ldots,0)$ をもつ．さらに $\sum_{i=1}^n |c_i|^2 = 1$ とできるから，この u に対しては

$$\langle Lu, u\rangle = \sum_{i=1}^n \lambda_i |c_i|^2 \leqslant \lambda_n \sum_{i=1}^n |c_i|^2 = \lambda_n$$

であるから，

$$\inf_{\substack{\|u\|=1,\\ u\perp v_1,\ldots,v_{n-1}}} \langle Lu, u\rangle \leqslant \lambda_n.$$

したがって $\sup\inf\langle Lu, u\rangle \leqslant \lambda_n$ を得て，(49) が示された． □

定理 6 を用いて，λ_n の漸近挙動を調べよう．$r(x) = 0$ のときの固有値問題:

$$Mu = -u_{xx} = \mu u, \qquad u(0) = u(l) = 0 \tag{50}$$

は，固有値，$\mu_n = \dfrac{\pi^2}{l^2} n^2$, $n = 1, 2, \ldots$ をもつ．定理 6 により，

$$\mu_n = \frac{\pi^2}{l^2} n^2 = \sup_{v_1,\ldots,v_{n-1}} \inf_{\substack{\|u\|=1,\\ u\perp v_1,\ldots,v_{n-1}}} \langle Mu, u\rangle.$$

ところで，

$$\langle Lu, u\rangle = \int_0^l \left(|u_x|^2 + r(x)|u|^2\right) dx, \qquad \langle Mu, u\rangle = \int_0^l |u_x|^2 dx$$

となることを思い起こそう．$\|u\| = 1$ の条件のもとでは，

7.4　1次元境界値問題

$$|\langle Lu,\, u\rangle - \langle Mu,\, u\rangle| \leqslant \sup_{x\in\bar{I}}|r(x)| = c$$

であるから，

$$|\sup\inf\langle Lu,\, u\rangle - \sup\inf\langle Mu,\, u\rangle| \leqslant c,$$

すなわち，

$$|\lambda_n - \mu_n| \leqslant c, \quad \text{あるいは} \quad \lambda_n = \frac{\pi^2}{l^2}n^2 + O(1) \tag{51}$$

なる漸近表示が得られた．

$\lambda \to \infty$ のとき，(47) の正規化された解 $u = u_\lambda$ は一様有界:

$$\sup_{x\in\bar{I},\,\lambda}|u_\lambda(x)| \leqslant \text{const}, \quad \int_0^l |u_\lambda(x)|^2\, dx = 1 \tag{52}$$

であることを示そう（この事実は，境界条件: $u(0) = u(l) = 0$ に無関係に成り立つことに注意する）．$\int_0^l u(\lambda u - Lu)\, dx = 0$ から，

$$uu_x\Big|_0^l - \int_0^l u_x^2\, dx - \int_0^l ru^2\, dx + \lambda = 0$$

を得る．したがって（以下では，$c > 0$ は x, λ に無関係な様々な定数を表す），

$$\int_0^l u_x^2\, dx \leqslant c + \lambda + |u(0)u_x(0)| + |u(l)u_x(l)| \tag{53}$$

となる．一方，$\int_0^x u_x(\lambda u - Lu)\, dx = 0$ から，

$$u_x(x)^2 + \lambda u(x)^2 - 2\int_0^x ruu_x\, dx = u_x(0)^2 + \lambda u(0)^2. \tag{54}$$

上式に $\int_0^l \cdots dx$ を作用させて，

$$l(u_x(0)^2 + \lambda u(0)^2) = \int_0^l u_x^2\, dx + \lambda - 2\int_0^l dt \int_0^t ruu_x\, dx.$$

これを (54) に代入し，Schwarz の不等式を用いれば，

$$\left.\begin{array}{r}\lambda u(x)^2 \\ 2\sqrt{\lambda}\,|u(x)u_x(x)|\end{array}\right\} \leqslant u_x(x)^2 + \lambda u(x)^2 \\ \leqslant \frac{\lambda}{l} + \frac{1}{l}\int_0^l u_x^2\, dx + c\sqrt{\int_0^l u_x^2\, dx}. \tag{55}$$

とくに,
$$\left.\begin{array}{r}c\sqrt{\lambda}|u(0)u_x(0)|\\c\sqrt{\lambda}|u(l)u_x(l)|\end{array}\right\} \leqslant \lambda + \int_0^l u_x^2\,dx + \sqrt{\int_0^l u_x^2\,dx}\,.$$

$p = \int_0^l u_x^2\,dx$ とおき,これらを (53) に代入すれば,
$$p \leqslant c + \lambda + \frac{2}{c\sqrt{\lambda}}\left(\lambda + p + \sqrt{p}\right)$$

となる.これから容易に,
$$\sqrt{p} = \sqrt{\int_0^l u_x^2\,dx} \leqslant \text{const}\,\sqrt{\lambda}$$

を得る.これを (55) に代入して,結局 (52) が示された.

常微分方程式 (47) の解は,$r(x)u$ を非斉次項と考えて,
$$u(x) = a_\lambda \sin\sqrt{\lambda}\,x + \frac{1}{\sqrt{\lambda}}\int_0^x \sin\sqrt{\lambda}(x-y)\,r(y)u(y)\,dy$$

と表される.この両辺を 2 乗して 0 から l まで積分すれば,u が正規化されていることと評価 (52) を利用して容易に
$$a_\lambda = \sqrt{\frac{2}{l}} + O\left(\frac{1}{\sqrt{\lambda}}\right)$$

がしたがう.したがって,固有値 λ_n に対応する (47) の正規化された固有関数 φ_n は,漸近表示:
$$\varphi_n(x) = \sqrt{\frac{2}{l}}\sin\sqrt{\lambda_n}\,x + O\left(\frac{1}{\sqrt{\lambda_n}}\right)$$

をもつ.λ_n の漸近表示 (51) を用いて,最終的に
$$\varphi_n(x) = \sqrt{\frac{2}{l}}\sin\frac{n\pi}{l}x + O\left(\frac{1}{n}\right) \tag{56}$$

が得られた.

本節を終わるにあたり,正規化された固有関数列 $\{\varphi_n\}_{i=1}^\infty$ の性質を補足しておこう.十分大きい $c > 0$ を選べば,$\inf_{x \in \bar{I}} r(x) + c > 0$ であり,$\lambda_i + c$,φ_i はそれぞれ,
$$L_c u = -u_{xx} + (r(x) + c)u = \lambda u, \qquad u(0) = u(l) = 0$$

の固有値，固有関数である．部分積分により，$v \in C_0^1(I)$ に対して，

$$\langle L_c u, v \rangle = \int_0^l (u_x \overline{v_x} + (r+c) u \overline{v})\, dx.$$

この右辺を $[u,v]$ とおけば，$[\cdot, \cdot]$ は $C_0^1(I)$ 上の内積を定義することに注意する．したがって $C_0^1(I)$ は，内積 $[\cdot, \cdot]$ を備えた前 Hilbert 空間 [*] となる．

$$[\varphi_i, \varphi_j] = \langle L_c \varphi_i, \varphi_j \rangle = (\lambda_i + c) \delta_{ij} = \begin{cases} \lambda_i + c, & i = j, \\ 0, & i \neq j \end{cases}$$

であるから，

$$\left[\frac{\varphi_i}{\sqrt{\lambda_i + c}}, \frac{\varphi_j}{\sqrt{\lambda_j + c}} \right] = \delta_{ij},$$

すなわち，$\{\varphi_i / \sqrt{\lambda_i + c}\}_{i=1}^\infty$ は，$C_0^1(I)$ における正規直交系である [**]．$u \in C_0^1(I)$ のとき，Bessel の不等式により，

$$\left[u, \frac{\varphi_i}{\sqrt{\lambda_i + c}} \right] = \frac{1}{\sqrt{\lambda_i + c}} [u, \varphi_i] = \sqrt{\lambda_i + c}\, \langle u, \varphi_i \rangle = \sqrt{\lambda_i + c}\, u_i,$$

$$\sum_{i=1}^\infty (\lambda_i + c) |u_i|^2 < \infty$$

となることに注意する．結局は

$$\int_0^l (|u_x|^2 + (r+c)|u|^2)\, dx = \sum_{i=1}^\infty (\lambda_i + c) |u_i|^2, \quad \forall u \in C_0^1(I) \qquad (57)$$

が成り立つのであるが，完備化空間 $H_0^1(I)$ の知識が必要であり，結果を紹介するにとどめる．ただし，u が $u \in C^2(I) \cap C(\bar{I})$, $Lu \in L^2(I)$, $u(0) = u(l) = 0$ を満たすときには，(57) は (48) においてすでに示してある．

7.5 高次元空間における固有値問題

7.5.1 Green 関数

7.4.3 項においては，1 次元楕円形境界値問題と対応する固有値，固有関数の

---

[*] 完備化 (completion) されていない内積空間．
[**] この内積により導かれるノルムに関する $C_0^1(I)$ の完備化が Sobolev 空間 $H_0^1(I)$ であり，$\{\varphi_i / \sqrt{\lambda_i + c}\}_{i=1}^\infty$ は $H_0^1(I)$ における完全正規直交系となるが，我々はこの事実を用いない．

漸近分布や固有関数展開についてやや詳しく述べた．同様な議論は，高次元空間になっても可能である．ただし，各固有値に対応する固有空間は有限次元ではあっても必ずしも 1 次元とは限らない．Ω を $\mathbb{R}^3$ の有界領域とし，Dirichlet 問題を考えよう：

$$-\Delta u = f(x,y,z) \quad \text{in } \Omega, \quad u|_{\partial\Omega} = 0 \tag{58}$$

この問題に対する Green 関数 $G(x,y,z;\xi,\eta,\zeta)$ が存在すると仮定する：

$$G(x,y,z;\xi,\eta,\zeta) = \frac{1}{4\pi r} + \gamma(x,y,z;\xi,\eta,\zeta),$$
$$\Delta_{x,y,z}\gamma = 0, \quad G|_\Gamma = 0, \quad r = \sqrt{(x-\xi)^2 + (y-\eta)^2 + (z-\zeta)^2}. \tag{59}$$

$\mathbb{R}^2$ の場合には特異性が $\log r$ のため，議論が少し簡単になる．記号の簡便さのため，点 (x,y,z), (ξ,η,ζ) をそれぞれ x, ξ と書こう．

$$(Gu)(x) = \int_\Omega G(x,\xi)u(\xi)\,d\xi, \quad u \in C(\overline{\Omega})$$

とおいて，7.4.2 項，定理 1 に対応する結果を導こう．

定理 1′. $\|u_n\| = \left(\int_\Omega |u_n|^2 \,dx\right)^{1/2} \leqslant 1$, $n = 1, 2, \ldots$ となる関数列 $u_n \in C(\overline{\Omega})$ に対して，Gu_n は $\overline{\Omega}$ において一様有界かつ同等連続である：

$$\sup_{x \in \overline{\Omega},\, n \geqslant 1} |(Gu_n)(x)| < \infty,$$

$\forall \varepsilon > 0,\ \exists \delta > 0;\ |x - x'| < \delta \Rightarrow |(Gu_n)(x) - (Gu_n)(x')| < \varepsilon, \quad \forall n \geqslant 1.$

したがって，Ascoli-Arzèla の定理が適用できる：適当な部分列 u_{n_i}, $i = 1, 2, \ldots$ が存在して，Gu_{n_i} は $\overline{\Omega}$ 上一様収束するようにできる．

証明． Gu_n を，

$$(Gu_n)(x) = \frac{1}{4\pi} \int_\Omega \frac{1}{|x-\xi|} u_n(\xi)\,d\xi + \int_\Omega \gamma(x,\xi) u_n(\xi)\,d\xi$$

と分解する．γ の滑らかさにより，右辺第 2 項の一様有界性と同等連続性は問題ないであろう．右辺第 1 項については，Schwarz の不等式により，

$$\left|\int_\Omega \frac{1}{|x-\xi|} u_n(\xi)\,d\xi\right|^2 \leqslant \int_\Omega \frac{1}{|x-\xi|^2}\,d\xi \int_\Omega |u_n(\xi)|^2\,d\xi \leqslant \int_\Omega \frac{1}{|x-\xi|^2}\,d\xi$$

に注意する．Ω は有界だから，Ω の直径を $R = \sup_{x,y \in \Omega} |x-y| < \infty$ とす

れば，x を中心とする極座標を導入して，
$$\int_\Omega \frac{1}{|x-\xi|^2}\,d\xi \leqslant \int_{|\xi-x|\leqslant R} \frac{1}{|x-\xi|^2}\,d\xi = \int_0^R dr \int_{S_1} \frac{1}{r^2}\,r^2\,dS = \text{const}.$$
ここで，S_1 は単位球面，dS は面積要素 (surface element) を表す．これにより，Gu_n の一様有界性が示された．

同等連続性については，
$$\int_\Omega \frac{1}{|x-\xi|}\,u_n(\xi)\,d\xi - \int_\Omega \frac{1}{|y-\xi|}\,u_n(\xi)\,d\xi = \int_\Omega h(x,y,\xi)u_n(\xi)\,d\xi,$$
$$h(x,y,\xi) = \frac{1}{|x-\xi|} - \frac{1}{|y-\xi|}$$
とおく．x, y を結ぶ線分を垂直二等分する平面によって，$\mathbb{R}^3$ を $\mathbb{R}^3 = \mathbb{R}_x^3 + \mathbb{R}_y^3$ と分割する．$\mathbb{R}_x^3$ は，x を含む $\mathbb{R}^3$ の半空間である．$|x-y|=\delta$ とおいて，
$$\left|\int_\Omega h(x,y,\xi)u_n(\xi)\,d\xi\right|^2 \leqslant \int_\Omega |h(x,y,\xi)|^2\,d\xi \int_\Omega |u_n(\xi)|^2\,d\xi$$
$$\leqslant \int_\Omega |h(x,y,\xi)|^2\,d\xi$$
$$= \left(\int_{\Omega_1} + \int_{\Omega_2} + \int_{\Omega_3}\right)|h(x,y,\xi)|^2\,d\xi$$
と評価する．ただし，$\Omega_1 = \{\xi \in \Omega \cap \mathbb{R}_x^3;\ |\xi - z| < \delta\}$，$\Omega_2 = \{\xi \in \Omega \cap \mathbb{R}_y^3;\ |\xi - z| < \delta\}$，$\Omega_3 = \Omega \setminus (\Omega_1 \cup \Omega_2)$，$z = \frac{x+y}{2}$ である（下図参照）．

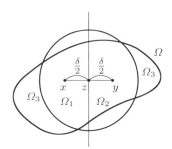

Ω_1 においては $|\xi - x| < |\xi - y|$ であるから，まず
$$\int_{\Omega_1} |h(x,y,\xi)|^2\,d\xi \leqslant \int_{\Omega_1} \frac{4}{|x-\xi|^2}\,d\xi \leqslant \int_{|\xi-x|\leqslant \sqrt{5}\delta/2} \frac{4}{|x-\xi|^2}\,d\xi$$
$$\leqslant \int_{S_1} dS \int_0^{\sqrt{5}\delta/2} \frac{r^2\,dr}{r^2} = \text{const}\,|x-y|$$

を得る．Ω_2 においても同様にして，

$$\int_{\Omega_2} |h(x,y,\xi)|^2 \, d\xi \leqslant \mathrm{const}\, |x-y|$$

となる．Ω_3 においては，たとえば

$$|\xi - x| \geqslant |\xi - z| - |z - x| = |\xi - z| - \frac{\delta}{2} \geqslant \frac{|\xi - z|}{2}$$

に注意すれば，

$$|h(x,y,\xi)| \leqslant \frac{|x-y|}{|\xi - x|\,|\xi - y|} \leqslant \frac{4\delta}{|\xi - z|^2}$$

が成り立つ．したがって，δ に関係しない十分大きい $M > 0$ を選んで，

$$\int_{\Omega_3} |h(x,y,\xi)|^2 \, d\xi \leqslant \int_{\delta \leqslant |\xi - z| \leqslant M} \frac{16\,\delta^2}{|\xi - z|^4} \, d\xi$$
$$\leqslant \int_{S_1} dS \int_{\delta}^{M} \frac{16\,\delta^2}{r^4} \, r^2 \, dr \leqslant \mathrm{const}\, \delta$$

を得る．以上をまとめれば，

$$\left| \int_{\Omega} h(x,y,\xi) u_n(\xi) \, d\xi \right|^2 \leqslant \int_{\Omega} |h(x,y,\xi)|^2 \, d\xi \leqslant \mathrm{const}\, |x-y|$$

となり，$\{Gu_n\}$ の同等連続性が示された．

$\mathbb{R}^2$ の有界領域 Ω の場合には，上の h のかわりに

$$h(x,y,\xi) = \log |x - \xi| - \log |y - \xi|$$

を導入し，同様な評価を行えばよい．

$\mathbb{R}^n$, $n = 2, 3$ の場合，7.4.2 項，定理 1 – 5 は変更なしにそのまま成り立つ．とくに定理 5 の場合，$G(x,\xi)$ の $x = \xi$ における特異性が現れるが，

$$\sup_{x \in \Omega} \int_{\Omega} G^2(x,\xi) \, d\xi < \infty$$

であるから問題ない．

注意．以上の結果を $\mathbb{R}^n$, $n \geqslant 4$ に適用しようとすれば，技術的な問題が起きる：$\{Gu_n\}$ の一様有界性や同等連続性の検証が困難になる．この克服のため，Ascoli-Arzèla の定理の L^2-空間への一般化（Rellich の定理）が必要になる．

7.5.2 高次元空間における固有値問題の例

$\mathbb{R}^2$ の矩形における固有値問題: $\Omega = (0,a) \times (0,b)$ とするとき,固有値問題

$$(\lambda - L)u = (\lambda + \Delta)u = 0 \quad \text{in } \Omega, \quad u|_\Gamma = 0 \tag{60}$$

を考えよう.様々な領域における方程式: $(\lambda + \Delta)u = 0$ を,一般に Helmholtz 方程式という.容易にわかるように,固有値は $\lambda > 0$ である. $\left\{\sqrt{2/a} \sin(m\pi x/a)\right\}_{m=1}^\infty$ は $L^2(0,a)$ における完全正規直交系であるから,各 y に対して固有関数 u を Fourier 級数展開すれば,

$$u(x,y) = \sum_{m=1}^\infty a_m(y) \sin \frac{m\pi x}{a}, \qquad a_m(y) = \frac{2}{a} \int_0^a u(x,y) \sin \frac{m\pi x}{a} \, dx$$

となる.u が (60) を満たすから,$a_m(y)$ は

$$\varphi'' - \left(\frac{m\pi}{a}\right)^2 \varphi + \lambda \varphi = 0, \qquad \varphi(0) = \varphi(b) = 0$$

の解になる.したがって,λ は

$$\lambda = \lambda_{m,n} = \left(\frac{m\pi}{a}\right)^2 + \left(\frac{n\pi}{b}\right)^2, \qquad m, n = 1, 2, \ldots \tag{61}$$

に限られることになる.同じ λ に対応する固有空間は有限次元であり,固有関数は $\sin \frac{m\pi x}{a} \sin \frac{n\pi y}{b}$ の線形結合で表現される.

$\mathbb{R}^2$ の単位円における固有値問題: Ω を原点を中心とする単位円の内部とするとき,固有値問題

$$(\lambda - L)u = (\lambda + \Delta)u = 0, \quad \text{in } \Omega, \quad u|_\Gamma = 0 \tag{62}$$

を考えよう.7.1 節,例題 1 で示したように,Green 関数 G が存在するから,定理 4 が成り立つことを思い起こそう.

容易にわかるように,$\lambda > 0$ である.極座標: $x = r\cos\theta$, $y = r\sin\theta$ を用いて (62) を書きかえると,固有関数 u は

$$u_{rr} + \frac{1}{r} u_r + \frac{1}{r^2} u_{\theta\theta} + \lambda u = 0, \qquad u(1,\theta) = 0 \tag{63}$$

を満たす.固定された $r > 0$ に対して,u は周期 2π の滑らかな関数だから,Fourier 級数展開が可能である:

$$u(r,\theta) = \frac{a_0(r)}{2} + \sum_{n=1}^{\infty} \{a_n(r)\cos n\theta + b_n(r)\sin n\theta\}, \tag{64}$$
$$a_n(r) = \frac{1}{\pi}\int_0^{2\pi} u(r,\theta)\cos n\theta\, d\theta, \qquad b_n(r) = \frac{1}{\pi}\int_0^{2\pi} u(r,\theta)\sin n\theta\, d\theta.$$

u が (63) を満たすことから,a_n, b_n は

$$y''(r) + \frac{1}{r}y'(r) + \left(\lambda - \frac{n^2}{r^2}\right)y(r) = 0 \tag{65}$$

の解になる.ここで,変数変換:$\rho = \sqrt{\lambda}\, r$ を行うと,$z(\rho) = y(\rho/\sqrt{\lambda})$ に関する Bessel の微分方程式(第 4 章, 4.3.2 項)

$$z''(\rho) + \frac{1}{\rho}z'(\rho) + \left(1 - \frac{n^2}{\rho^2}\right)z(\rho) = 0$$

に帰着される.この微分方程式の任意の解は,第 1 種 Bessel 関数 $J_n(\rho)$ と第 2 種 Bessel 関数 $Y_n(\rho)$ の線形結合で表される.しかしながら,$\rho = 0$ における z の有界性により,$Y_n(\rho)$ は現れない.したがって,(65) の解は,c_n を定数として $c_n J_n(\sqrt{\lambda}\, r)$ と表される.境界条件:$u(1,\theta) = 0$ より,$a_n(1) = b_n(1) = 0$ となることに注意する.$c_n \neq 0$ となる n が無数にあれば,そのような n に対して λ は,

$$J_n(\sqrt{\lambda}) = 0$$

を満たさなければならない.J_n は,∞ に発散する無限個の零点 $\lambda_{n,k}$, $k = 1, 2, \ldots$ をもつから(第 4 章, 4.3.2 項),無数の組 (n,k) に対して $\lambda = \lambda_{n,k}^2$ となる.このとき,λ に対応する一次独立な固有関数が無数に存在することになり,定理 4, (ii) に矛盾する.したがって,$c_n \neq 0$ となる n は有限個であり,固有値 $\lambda = \lambda_{n,k}^2$ に対応する固有関数は,

$$J_n(\lambda_{n,k}\, r)\cos n\theta, \qquad J_n(\lambda_{n,k}\, r)\sin n\theta$$

の線形結合になる($n \geqslant 1$ の場合,固有空間の次元は 2 以上となる).

注意.境界値問題:$-\Delta u = f(x,y)$ in Ω, $u|_{\partial\Omega} = 0$ に対する Green 関数 $G(x,y;\xi,\eta)$ が存在し,(10) で与えられるから,定理 5 が適用できる.解 $u = Gf$ は,上の固有関数により,絶対かつ一様収束する Fourier 級数に展開されることがわかる.

7.5 高次元空間における固有値問題

$\mathbb{R}^3$ の単位球における固有値問題: Ω を原点を中心とする単位球の内部とするとき, 固有値問題

$$(\lambda - L)u = (\lambda + \Delta)u = 0 \quad \text{in } \Omega, \quad u|_\Gamma = 0 \tag{66}$$

も, $\mathbb{R}^2$ における場合と同様に扱える. 極座標:

$$x = r\sin\theta\cos\varphi, \quad y = r\sin\theta\sin\varphi, \quad z = r\cos\theta$$

を利用して (66) を書きかえると, 固有関数 u は

$$u_{rr} + \frac{2}{r} u_r + \frac{1}{r^2} \Lambda u + \lambda u = 0,$$

$$\text{ここで,} \quad \Lambda u = \frac{1}{\sin\theta} (u_\theta \sin\theta)_\theta + \frac{1}{\sin^2\theta} u_{\varphi\varphi}$$

を満たす. $u = u(r, \theta, \varphi)$ は φ の関数として周期 2π をもつから, (64) と同様な Fourier 級数展開が可能である:

$$\begin{aligned}
u(r, \theta, \varphi) &= \frac{a_0(r, \theta)}{2} + \sum_{m=1}^\infty (a_m(r, \theta)\cos m\varphi + b_m(r, \theta)\sin m\varphi), \\
a_m(r, \theta) &= \frac{1}{\pi} \int_0^{2\pi} u(r, \theta, \varphi)\cos m\varphi \, d\varphi, \\
b_m(r, \theta) &= \frac{1}{\pi} \int_0^{2\pi} u(r, \theta, \varphi)\sin m\varphi \, d\varphi.
\end{aligned} \tag{67}$$

a_m, b_m は, $y(r, \theta)$ に関する微分方程式

$$y_{rr} + \frac{2}{r} y_r + \frac{1}{r^2} \left(\frac{1}{\sin\theta} (y_\theta \sin\theta)_\theta - \frac{m^2}{\sin^2\theta} y \right) + \lambda y = 0 \tag{68}$$

を満たす. 変数変換: $\xi = \cos\theta$ を行えば, (68) は

$$y_{rr} + \frac{2}{r} y_r + \frac{1}{r^2} \left(((1-\xi^2)y_\xi)_\xi - \frac{m^2}{1-\xi^2} y \right) + \lambda y = 0 \tag{68}'$$

と書ける. Legendre の陪関数 $\{P_{\nu,m}(\xi)\}_{\nu=m}^\infty$ は $L^2(-1, 1)$ の (正規化されていない) 直交基底であるから (第 4 章, 4.2 節), y あるいは a_m, b_m を $\{P_{\nu,m}(\xi)\}$ に関して Fourier 級数展開できる. その Fourier 係数は, $z_{\nu,m}(r) = \int_{-1}^1 y P_{\nu,m} \, d\xi$ の定数倍である. $P_{\nu,m}$ が満たす微分方程式から, $z_{\nu,m}$ は

$$z_{rr} + \frac{2}{r} z_r + \left(\lambda - \frac{\nu(\nu+1)}{r^2} \right) z = 0$$

の解になる．さらに，$Z(r) = \sqrt{r}\,z(r)$ とおくと，(65) と同様な

$$Z_{rr} + \frac{1}{r} Z_r + \left(\lambda - \frac{1}{r^2}\left(\nu + \frac{1}{2}\right)^2\right) Z = 0 \tag{69}$$

を得る．この一般解は，$J_{\nu+1/2}(\sqrt{\lambda}\,r)$ と $J_{-\nu-1/2}(\sqrt{\lambda}\,r)$ の線形結合で与えられる．しかしながら，$r = 0$ において 0 となる必要性から，解は $J_{\nu+1/2}$ の定数倍になる．一方，$r = 1$ における境界条件から，$Z(1) = 0$ $(y(1, \theta) = 0)$ であるから，固有値 λ は $J_{\nu+1/2}$ の零点：$\lambda_{\nu,k}$, $k = 1, 2, \ldots$ の 2 乗以外にはあり得ない．対応する固有空間は有限次元であるから，$\mathbb{R}^2$ の単位円における場合と同様にして，固有関数は

$$\frac{J_{\nu+1/2}(\lambda_{\nu,k}\,r)}{\sqrt{r}}\, P_{\nu,m}(\cos\theta) \cos m\varphi,$$

$$\frac{J_{\nu+1/2}(\lambda_{\nu,k}\,r)}{\sqrt{r}}\, P_{\nu,m}(\cos\theta) \sin m\varphi,$$

$$m = 0, 1, \ldots, \quad \nu = m, m+1, \ldots, \quad k = 1, 2, \ldots$$

により与えられることがわかる．

注意． $\mathbb{R}^2$ の場合と同様に，境界値問題：$-\Delta u = f(x, y, z)$ in Ω, $u|_{\partial\Omega} = 0$ に対する Green 関数 $G(x, y, z; \xi, \eta, \zeta)$ が存在するから，定理 5 が適用できる．解 $u = Gf$ は，上の固有関数により，絶対かつ一様収束する Fourier 級数に展開されることがわかる．

第 7 章の演習問題

7.1-1: $\mathbb{R}^2$ において，極座標系：$x = r\cos\theta$, $y = r\sin\theta$ を導入すれば，

$$\Delta = \frac{\partial^2}{\partial x^2} + \frac{\partial^2}{\partial y^2} = \frac{\partial^2}{\partial r^2} + \frac{1}{r}\frac{\partial}{\partial r} + \frac{1}{r^2}\frac{\partial^2}{\partial \theta^2}$$

と書けることを示せ．

7.1-2: Green 関数 $G(x, y; \xi, \eta)$ について，対称律：$G(x, y; \xi, \eta) = G(\xi, \eta; x, y)$ が成り立つことを示せ．

7.1-3: 境界値問題：$\Delta u = 0$ in Ω, $u|_\Gamma = g$ の解 u が存在すれば，

$$u(P) = u(x, y) = -\int_\Gamma g(\xi, \eta) \frac{\partial}{\partial \nu_{\xi,\eta}} G(x, y; \xi, \eta)\, d\Gamma_{\xi,\eta}$$

が成り立つことを示せ．とくに $\Omega = \{(x,y);\ x^2+y^2 < 1\}$ のとき，上式右辺を計算して，Poisson の公式 (14) が成り立つことを示せ．

7.1-4: $\mathbb{R}^3$ においては，$\Delta \dfrac{1}{r} = 0,\ r > 0$ が成り立つことを示せ．

7.1-5: 極座標系: $x = r\sin\theta\cos\varphi,\ y = r\sin\theta\sin\varphi,\ z = r\cos\theta$ を導入すれば，
$$\Delta = \frac{\partial^2}{\partial x^2} + \frac{\partial^2}{\partial y^2} + \frac{\partial^2}{\partial z^2} = \frac{\partial^2}{\partial r^2} + \frac{2}{r}\frac{\partial}{\partial r} + \frac{1}{r^2}\Lambda,$$
$$\Lambda = \frac{1}{\sin\theta}\frac{\partial}{\partial \theta}\left(\sin\theta\frac{\partial}{\partial\theta}\right) + \frac{1}{\sin^2\theta}\frac{\partial^2}{\partial\varphi^2}$$
と表されることを示せ．

7.1-6: 滑らかな境界 Γ をもつ有界領域 $\Omega \subset \mathbb{R}^2$ において，$u \in C^2(\Omega) \cap C^1(\overline{\Omega})$ が調和関数，すなわち $\Delta u = 0$ in Ω であるとき，つぎの各問に答えよ:

(i) $\displaystyle\int_\Gamma \frac{\partial u}{\partial \nu}\,d\Gamma = 0$ となることを示せ．

(ii) $\{Q;\ |Q-P| \leqslant r\} \subset \Omega$ であれば，
$$u(P) = \frac{1}{2\pi r}\int_{|Q-P|=r} u(Q)\,d\Gamma = \frac{1}{\pi r^2}\int_{|Q-P|\leqslant r} u(Q)\,dxdy$$
が成り立つことを示せ（調和関数の算術平均）．

(iii) $\max_{\overline{\Omega}} u(x,y),\ \min_{\overline{\Omega}} u(x,y)$ はともに，$\partial\Omega$ 上で達成されることを示せ．

7.1-7: 滑らかな境界 Γ をもつ有界領域 $\Omega \subset \mathbb{R}^2$ において，境界値問題: $-\Delta u = f$ in Ω，$u|_\Gamma = 0$ に対する Green 関数 $G(x,y;\xi,\eta)$ が存在するとき，$G(x,y;\xi,\eta) > 0$，$(x,y),\ (\xi,\eta) \in \Omega$ であることを示せ．

7.4.1: 有界区間 $I = (a,b)$ における境界値問題: $-(p(x)u')' + q(x)u = 0,\ u(a) = u(b) = 0$ が自明でない解 u_1 をもつとする．広義の Green 関数 $G_1(x,\xi)$ を，$\int_a^b G_1(x,\xi)u_1(x)\,dx = 0$ を満たすように構成するとき，G_1 は対称律: $G_1(x,\xi) = G_1(\xi,x)$ を満たすことを示せ．

7.4.2-1: 空間 $C(\overline{I}),\ \overline{I} = [a,b]$ における内積 $\langle\cdot,\cdot\rangle$ とノルム $\|\cdot\|$ を (39) により定義するとき，つぎの Schwarz の不等式と Minkowski の不等式を証明せよ:
$$|\langle u,v\rangle| \leqslant \|u\|\,\|v\|, \qquad \|u+v\| \leqslant \|u\| + \|v\|, \qquad u,v \in C(\overline{I}).$$

7.4.2-2: (38) で定義される作用素 G の固有値に関して，定理 4, (iii) を証明せよ．

7.4.3: Liouville 変換 (46) により，固有値問題 (45) は
$$-v_{tt} + r(t)v = \lambda v, \qquad v(0) = v(l) = 0,$$
$$l = \int_a^b \frac{1}{\sqrt{p(s)}}\,ds, \quad r = \frac{f_{tt}}{f} + q, \quad f = p^{1/4}$$
に転化されることを示せ．

双曲形偏微分方程式

8.1 弦の振動

一様な弦の振動は,変位を $u(x,t)$ として,
$$u_{tt} = c^2 u_{xx} \tag{1}$$
で表され,**1次元波動方程式**といわれる.ここで,t は時間,x は空間変数で,$c>0$ は弦を構成する物質に関わる定数を表す.弦が十分長いときには,数学モデルとして $-\infty < x < \infty$ とし,そうでないときには,$0 \leqslant x \leqslant l$ とする.後者の場合には,いろいろな境界条件を付加するため,前者の場合より複雑な考察が必要になる.

8.1.1 d'Alembert の解

簡単のため,弦は無限長とし,境界条件を考えに入れずに弦の自由振動を考えよう.(1) の特性直線(第 6 章)は $x \pm ct = \text{const}$ であるから,変数変換;$\xi = x - ct$, $\eta = x + ct$ によって,(1) は
$$u_{\xi\eta} = 0$$
と同値になる.u_ξ は η に無関係であるから,$u_\xi = v(\xi)$ とおけば,
$$u = \int v(\xi)\,d\xi + v_2(\eta)$$
と書ける.したがって,$u = v_1(\xi) + v_2(\eta)$,あるいは
$$u(x,t) = v_1(x-ct) + v_2(x+ct) \tag{2}$$

とおける．これを **d'Alembert** の解といい，u が速度 c の進行波: $v_1(x-ct)$ と後退波: $v_2(x+ct)$ との和で表されることを意味する．f, g を与えられた関数とするとき，u が $t=0$ における初期条件:

$$u(x,0)=f(x), \qquad u_t(x,0)=g(x) \tag{3}$$

を満たすように v_1, v_2 を定めよう．

$$f(x)=v_1(x)+v_2(x), \qquad g(x)=c(-v_1'(x)+v_2'(x))$$

より，それらの一つは

$$v_1(x)=\frac{1}{2}f(x)-\frac{1}{2c}\int_0^x g(\tau)\,d\tau, \quad v_2(x)=\frac{1}{2}f(x)+\frac{1}{2c}\int_0^x g(\tau)\,d\tau$$

であるが，(2) に代入して

$$u(x,t)=\frac{f(x+ct)+f(x-ct)}{2}+\frac{1}{2c}\int_{x-ct}^{x+ct} g(\tau)\,d\tau \tag{4}$$

を得る．(4) の右辺を見れば，点 (x,t) における u の値は，したがって，区間 $[x-ct, x+ct]$ における初期関数 f, g により完全に決定される．この意味で，区間 $[x-ct, x+ct]$ を，(x,t) の**依存領域** (domain of dependence) という．また，x 軸上の点 $(\xi,0)$ を通る 2 本の特性直線によって囲まれる領域: $\{(x,t); \xi-ct<x<\xi+ct\}$ を，$(\xi,0)$ の**影響領域** (domain of influence) という．

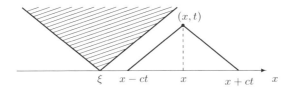

(4) は，必要条件としての解の表現であり，(1) の解の一意性をも示している．初期関数に滑らかさを仮定しよう: f, g が $f\in C^2(\mathbb{R}^1), g\in C^1(\mathbb{R}^1)$ を満たすならば，(4) で与えられる u は (1) の解であり，また初期条件 (3) も満たすことがわかる．

xt-平面において，4 本の任意の特性直線によってできる平行四辺形 $ABCD$ (次図) を考えよう．d'Alembert の解の表現 (2) より，u は代数的な関係式:

$$u(A)+u(C)=u(B)+u(D) \tag{5}$$

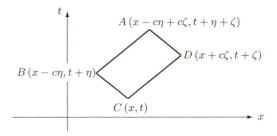

を満たすことがわかる. (5) の関係は, u の滑らかさを要請しないことに注意する. 逆に, u が C^2 級であり, かつ上記の任意の平行四辺形 $ABCD$ に対して関係式 (5) を満たせば, u は (1) の解であることが示される (章末演習問題). (5) が u の偏導関数を含まないという意味で, (5) を 1 次元波動方程式の弱い定式化とみることができる. なお, 8.3 節の「弱い解」の概念も参照されたい.

今度は, (1) を有界閉区間 $[0,l]$ 上で考えよう. この場合, $x=0$, l における様々な境界条件を考慮する必要がある. たとえば, Dirichlet 型境界条件をもつ初期-境界値問題:

$$\begin{cases} u_{tt} = c^2 u_{xx}, & t \geqslant 0, \quad 0 \leqslant x \leqslant l, \\ u(0,t) = \alpha(t), \quad u(l,t) = \beta(t), & t \geqslant 0, \\ u(x,0) = f(x), \quad u_t(x,0) = g(x), & 0 \leqslant x \leqslant l \end{cases} \quad (6)$$

を, (5) の関係を利用して解いてみる. $\alpha(t)$, $\beta(t)$ は境界上で作用する外力 (強制項) を意味し, 適当な滑らかさをもつ与えられた関数である. xt-平面の集合: $\{(x,t);\ 0 \leqslant x \leqslant l,\ t \geqslant 0\}$ を, つぎの図のように特性直線により I, II, III, ... に分割する.

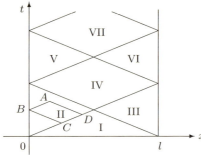

集合 I では，(4) により u を与える．したがって，境界条件はここでは関係しない．II では，I の境界での u の値をもとに，関係 (5) により，$A = (x,t) \in \text{II}$ に対して $(C, D \in \text{I})$

$$u(A) = u(B) + u(D) - u(C)$$
$$= \alpha\left(t - \frac{x}{c}\right) + u\left(\frac{ct+x}{2}, \frac{ct+x}{2c}\right) - u\left(\frac{ct-x}{2}, \frac{ct-x}{2c}\right), \quad (7)$$

と定義する．以下同様にして，III, IV, ... における u の値が順次求まる．このようにして得られた u が C^2 級であれば，u は (6) の解になる．そのためには，容易にわかるように，初期関数，境界関数が $f, \alpha, \beta \in C^2$, $g \in C^1$ であり，$(x,t) = (0,0), (l,0)$ における整合性の条件 (compatibility condition):

$$\alpha(0) = f(0), \quad \alpha'(0) = g(0), \quad \alpha''(0) = c^2 f''(0),$$
$$\beta(0) = f(l), \quad \beta'(0) = g(l), \quad \beta''(0) = c^2 f''(l)$$

が満たされればよい．たとえば，D を固定して $A \in \text{II} \to D \in \partial\text{I}$ とすれば，(7) により $u(A) \to \alpha(0) + u(D) - f(0) = u(D)$．また，

$$u_t(A) \to \alpha'(0) + \frac{c}{2}u_x(D) + \frac{1}{2}u_t(D) - \frac{c}{2}u_x(O) - \frac{1}{2}u_t(O)$$

であるが，(4), (7) により上式右辺は $u_t(D)$ に等しい．他の導関数: $u_x, u_{tt}, \ldots$ についても同様である．

8.1.2 Fourier 級数による解法

初期-境界値問題 (6) において，$\varphi(0,t) = \alpha(t), \varphi(l,t) = \beta(t), t \geqslant 0$ となる $\varphi \in C^2$ が選べる（たとえば，$\varphi(x,t) = (\beta(t) - \alpha(t))l^{-1}x + \alpha(t)$ とすればよい）．$v = u - \varphi$ とおけば，斉次境界条件をもつ問題

$$\begin{cases} v_{tt} = c^2 v_{xx} + (c^2 \varphi_{xx} - \varphi_{tt}), \quad t \geqslant 0, \quad 0 \leqslant x \leqslant l, \\ v(0,t) = v(l,t) = 0, \quad t \geqslant 0, \\ v(x,0) = f(x) - \varphi(x,0), \quad v_t(x,0) = g(x) - \varphi_t(x,0), \quad 0 \leqslant x \leqslant l \end{cases}$$

に帰着される．強制項 $c^2 \varphi_{xx} - \varphi_{tt}$ を伴う場合についてはのちほど考察することにして，(6) を $\alpha(t) = \beta(t) = 0, t \geqslant 0$ の場合に，付随する Fourier 級数を利用して解く．初期条件を当面は無視して，$u(x,t) = X(x)T(t)$ なる形の変数

分離された自明でない解を見つけよう. これを (1) に代入すれば,

$$\frac{T''(t)}{c^2 T(t)} = \frac{X''(x)}{X(x)}$$

となり, 両辺は定数 $-\lambda$ に等しくなければならない. 斉次境界条件を考慮して,

$$X''(x) + \lambda X(x) = 0, \quad X(0) = X(l) = 0, \\ T''(t) + c^2 \lambda T(t) = 0 \tag{8}$$

を得る. 容易にわかるように λ は実数であり, また $\lambda \leqslant 0$ では $x = 0, l$ での境界条件は満たされない. したがって $\lambda > 0$ であるが, とくに

$$\lambda = \left(\frac{n\pi}{l}\right)^2, \quad n = 1, 2, \ldots, \quad X(x) = \sin\frac{n\pi}{l}x$$

が得られる*). このとき, a, b を任意定数として,

$$T(t) = a\cos\frac{cn\pi}{l}t + b\sin\frac{cn\pi}{l}t$$

を得る. このようにして求まった $u = X(x)T(t)$ の有限個の一次結合はまた, 斉次境界条件を満たす解であるが, もっと一般に

$$u(x,t) = \sum_{n=1}^{\infty} \left(a_n \cos\frac{cn\pi}{l}t + b_n \sin\frac{cn\pi}{l}t\right) \sin\frac{n\pi}{l}x \tag{9}$$

とおいてみよう. もちろん (9) においては, x についても t についても項別 2 回微分できるような a_n, b_n でなければならない. ここで, (6) の初期条件が成り立つためには,

$$u(x,0) = f(x) = \sum_{n=1}^{\infty} a_n \sin\frac{n\pi}{l}x, \quad u_t(x,0) = g(x) = \sum_{n=1}^{\infty} \frac{cn\pi}{l} b_n \sin\frac{n\pi}{l}x$$

が必要である. f, g を区間 $[-l, l]$ に奇拡張して周期 $2l$ の関数をつくれば, 上式はそれらの Fourier 級数表現を表しており,

$$a_n = \frac{2}{l}\int_0^l f(x)\sin\frac{n\pi}{l}x\,dx, \quad b_n = \frac{2}{cn\pi}\int_0^l g(x)\sin\frac{n\pi}{l}x\,dx \tag{10}$$

---

*) 上記の $X(x) \not\equiv 0$ を求める問題は固有値問題であり, $\lambda_n = (n\pi/l)^2$ は固有値. λ_n に対応する $\varphi_n(x) = \sqrt{2/l}\sin(n\pi x/l)$ は正規化された固有関数である. 固有値問題は, 第 7 章においてもう少し一般の枠組みの中で論じられていることを思い起こそう. なお, $\{\varphi_n(x)\}_{n=1}^{\infty}$ は $L^2(0, l)$ における完全正規直交系となることに注意する.

となる．このようにして求めた解は一意である．実際，二つの解があるとして，その差を u とすれば，u は $f = g = 0$ のときの (6) の解である．$E(t)$ を

$$E(t) = \frac{1}{2} \int_0^l \left(u_t(x,t)^2 + c^2 u_x(x,t)^2 \right) dx \tag{11}$$

とおくと，$u_t(0,t) = u_t(l,t) = 0$ であるから，

$$\frac{dE}{dt} = \int_0^l \left(u_t u_{tt} + c^2 u_x u_{xt} \right) dx = \int_0^l \left(u_t c^2 u_{xx} + c^2 u_x u_{xt} \right) dx$$
$$= c^2 \int_0^l (u_t u_x)_x \, dx = c^2 \Big[u_t u_x \Big]_{x=0}^{x=l} = 0$$

が成り立つ．したがって，

$$E(t) = E(0) = \frac{1}{2} \int_0^l \left(u_t(x,0)^2 + c^2 u_x(x,0)^2 \right) dx = 0, \quad t \geqslant 0$$

を得る．すなわち，$u(x,t)$ は x 方向にも t 方向にも変化しない定数であり，初期条件を考慮して $u(x,t) \equiv 0$ を得る．解の一意性を示すこの方法の高次元空間への一般化については，章末演習問題を参照のこと．

8.1.3　強制振動

(6) に強制項 $f(x,t)$ が入った場合，斉次境界条件を満たす方程式は，

$$\begin{cases} u_{tt} = c^2 u_{xx} + f(x,t), & t \geqslant 0, \quad 0 \leqslant x \leqslant l, \\ u(0,t) = 0, \quad u(l,t) = 0, & t \geqslant 0, \\ u(x,0) = u_0(x), \quad u_t(x,0) = u_1(x), & 0 \leqslant x \leqslant l \end{cases} \tag{12}$$

になる．ここで，$\{\varphi_n(x)\}_{n=1}^\infty$, $\varphi_n(x) = \sqrt{\frac{2}{l}} \sin \frac{n\pi}{l} x$ は $L^2(0,l)$ における完全正規直交系であるから，u を

$$u(x,t) = \sum_{n=1}^\infty u_n(t) \varphi_n(x), \quad u_n(t) = \int_0^l u(x,t) \varphi_n(x) \, dx = \langle u(\cdot, t), \varphi_n \rangle \tag{13}$$

と展開すれば ($f(x,t)$ も同様に展開して)，

$$u_{tt} - c^2 u_{xx} - f = \sum_{n=1}^\infty \left(u_n''(t) + \left(\frac{cn\pi}{l} \right)^2 u_n(t) - f_n(t) \right) \varphi_n(x) = 0.$$

$\{\varphi_n(x)\}_{n=1}^{\infty}$ の完全性より，

$$u_n''(t) + \left(\frac{cn\pi}{l}\right)^2 u_n(t) - f_n(t) = 0, \quad n \geqslant 1$$

がしたがう．これと $u_0(x) = \sum_{n=1}^{\infty} a_n \varphi_n(x)$, $u_1(x) = \sum_{n=1}^{\infty} b_n \varphi_n(x)$ より，

$$\begin{aligned} u_n(t) &= a_n \cos \omega_n t + \frac{b_n}{\omega_n} \sin \omega_n t + \frac{1}{\omega_n} \int_0^t \sin \omega_n (t-\tau) f_n(\tau) \, d\tau, \\ \omega_n &= \frac{cn\pi}{l}, \quad a_n = \langle u_0, \varphi_n \rangle, \quad b_n = \langle u_1, \varphi_n \rangle, \quad n \geqslant 1 \end{aligned} \quad (14)$$

を得る．初期条件，強制項：$u_0(x)$, $u_1(x)$, $f(x,t)$ の x の区間 $[-l, l]$ への奇拡張として得られる周期 $2l$ の関数に対する適当な滑らかさの仮定をおけば，(13)，(14) により与えられる u は，実際に (12) の解になる．章末演習問題でも言及するように，このような仮定は強すぎる．より弱い仮定のもとで弱い意味で (12) を満たす，いわゆる「弱い解」の概念があるが，本章末で簡単に触れてみる．

8.2 高次元空間における波動方程式

8.2.1 球面平均

$\mathbb{R}^3$ における波動方程式の初期値問題を考えよう．後の計算のため，$\mathbb{R}^3$ の点の座標 (x, y, z) を $x = (x_1, x_2, x_3)$ に置きかえる．$u = u(x, t)$ を変位とすれば，微分方程式は

$$\begin{aligned} u_{tt} &= c^2 \Delta u = c^2 \sum_{i=1}^{3} u_{x_i x_i}, \\ u(x, 0) &= f(x), \quad u_t(x, 0) = g(x) \end{aligned} \quad (15)$$

により記述される．ここで，$c > 0$ は物理定数，f, g は初期関数を表す．$\mathbb{R}^2$ における波動方程式については，(15) の特別な場合として解が得られることが示される (8.2.3 項)．あるいはもっと一般に，奇数次元空間 $\mathbb{R}^{2n+1}$ における波動方程式から，偶数次元空間 $\mathbb{R}^{2n}$ の場合の結果が得られるのである (8.2.4 項)．

波動方程式 (15) の解が存在すると仮定して，解の公式を導こう．準備として，$\mathbb{R}^3$ 全体で定義された連続関数 $h \in C(\mathbb{R}^3)$ に対して，中心 x, 半径 r の球面 $\{y; |y - x| = r\}$ における h の平均 $M_h(x, r)$ をつぎのように定義する：

$$M_h(x,r) = \frac{1}{4\pi r^2}\int_{|y-x|=r} h(y)\,dS = \frac{1}{4\pi}\int_{S_1} h(x+r\xi)\,dS. \tag{16}$$

ここで，S_1 は中心 0，半径 1 の単位球面: $\{\xi;\ |\xi|=1\}$ であり，dS は面積要素 (surface element) を表す．球面平均 $M_h(x,r)$ は，本来 $r>0$ に対して定義されているが，(16) の最右辺の表現により，すべての実数 $r\in\mathbb{R}^1$ で定義されるとしてよい．この際，$M_h(x,r)$ は r の偶関数であることに注意しよう．$h\in C^2$ と恒等関数 1 に対して Green の公式（第 7 章，7.1 節）を適用すれば，

$$\begin{aligned}
&\frac{\partial}{\partial r}M_h(x,r)\\
&= \frac{1}{4\pi}\int_{S_1}\sum_{i=1}^3 h_{x_i}(x+r\xi)\xi_i\,dS = \frac{1}{4\pi r}\int_{S_1}\frac{\partial}{\partial\nu_\xi}h(x+r\xi)\cdot 1\,dS\\
&= \frac{1}{4\pi r}\int_{B_1}\Delta_\xi h(x+r\xi)\cdot 1\,d\xi = \frac{r}{4\pi}\int_{B_1}\Delta_x h(x+r\xi)\,d\xi\\
&= \Delta_x \frac{r}{4\pi}\int_{B_1} h(x+r\xi)\,d\xi = \Delta_x\frac{1}{4\pi r^2}\int_{B_r} h(x+\xi)\,d\xi\\
&= \Delta_x\frac{1}{4\pi r^2}\int_0^r d\rho\int_{|\xi|=\rho} h(x+\xi)\,dS\\
&= \frac{1}{r^2}\Delta_x\int_0^r \rho^2 M_h(x,\rho)\,d\rho
\end{aligned} \tag{17}$$

と計算できる．ここで，B_r は中心 0，半径 r の球体，$\Delta_\xi = \frac{\partial^2}{\partial\xi_1^2}+\frac{\partial^2}{\partial\xi_2^2}+\frac{\partial^2}{\partial\xi_3^2}$，$\Delta_x = \frac{\partial^2}{\partial x_1^2}+\frac{\partial^2}{\partial x_2^2}+\frac{\partial^2}{\partial x_3^2}$ である．したがって，$M_h(x,r)$ は

$$\begin{aligned}
&\frac{\partial}{\partial r}\left(r^2\frac{\partial}{\partial r}M_h(x,r)\right) = r^2\Delta M_h(x,r), \quad \text{すなわち}\\
&\frac{\partial^2}{\partial r^2}M_h(x,r) + \frac{2}{r}\frac{\partial}{\partial r}M_h(x,r) - \Delta M_h(x,r) = 0
\end{aligned} \tag{18}$$

を満たす．このとき，(17) から容易にわかるように，M_h は r の関数として，つぎの初期条件を満たす:

$$M_h(x,0) = h(x), \quad \frac{\partial}{\partial r}M_h(x,0) = 0 \tag{19}$$

(15) の解 u が存在するとして，

$$M_u(x,r,t) = \frac{1}{4\pi}\int_{S_1} u(x+r\xi,t)\,dS \tag{20}$$

を考えよう．明らかに，$M_u(x,0,t) = u(x,t)$ が成り立つ．また，(18) により，
$$(M_u)_{rr} + \frac{2}{r}(M_u)_r = \Delta M_u = \frac{1}{4\pi}\int_{S_1} \Delta_x u(x+r\xi,t)\,dS$$
$$= \frac{1}{4\pi}\int_{S_1} \frac{1}{c^2} u_{tt}(x+r\xi,t)\,dS = \frac{1}{c^2}(M_u)_{tt}$$
が成り立つ．固定された $x \in \mathbb{R}^3$ に対して，M_u を r, t の関数と考えると，rM_u は 1 次元波動方程式
$$\begin{aligned}(rM_u)_{tt} &= c^2(r(M_u)_{rr} + 2(M_u)_r) = c^2(rM_u)_{rr}, \\ rM_u(x,r,0) &= rM_f(x,r), \qquad (rM_u(x,r,0))_t = rM_g(x,r)\end{aligned} \quad (21)$$
を満たす．したがって，d'Alembert の解の公式 (2) より
$$\begin{aligned}rM_u(x,r,t) =& \frac{(r+ct)M_f(x,r+ct) + (r-ct)M_f(x,r-ct)}{2} \\ &+ \frac{1}{2c}\int_{r-ct}^{r+ct} \tau M_g(x,\tau)\,d\tau,\end{aligned}$$
あるいは，
$$\begin{aligned}M_u(x,r,t) =& \frac{(r+ct)M_f(x,r+ct) - (ct-r)M_f(x,ct-r)}{2r} \\ &+ \frac{1}{2cr}\int_{r-ct}^{r+ct} \tau M_g(x,\tau)\,d\tau\end{aligned}$$
を得る．ここで，M_f が r の偶関数であることを使った．上式右辺第 2 項の $\tau M_g(x,\tau)$ は τ の奇関数であり，その不定積分は偶関数になることに注意する．この表現において $r \to 0$ とすれば，解の公式:
$$\begin{aligned}u(x,t) &= tM_g(x,ct) + \frac{\partial}{\partial t}(tM_f(x,ct)) \\ &= \frac{1}{4\pi c^2 t}\int_{|\xi-x|=ct} g(\xi)\,dS + \frac{\partial}{\partial t}\left(\frac{1}{4\pi c^2 t}\int_{|\xi-x|=ct} f(\xi)\,dS\right)\end{aligned} \quad (22)$$
を得る．この公式は **Poisson** の公式といわれ，解の一意性も示している．公式 (22) で与えられる u が (15) の解になるためには，$f \in C^3$, $g \in C^2$ であれば十分である．実際，このとき $tM_g(x,ct)$ は，(18), (19) より
$$\begin{aligned}(tM_g(x,ct))_{tt} &= c(rM_g(x,r))_{rr}\big|_{r=ct} = c(r\Delta M_g(x,r))\big|_{r=ct} \\ &= c^2\Delta(tM_g(x,ct)),\end{aligned}$$
$$tM_g(x,ct)\big|_{t=0} = 0, \qquad (tM_g(x,ct))_t\big|_{t=0} = g(x)$$

を満たす．$(tM_f(x,ct))_t$ についても同様であるが，$t=0$ のとき，初期条件については，

$$(tM_f(x,ct))_t\big|_{t=0} = f(x), \quad (tM_f(x,ct))_{tt}\big|_{t=0} = c^2 t \Delta M_f(x,ct)\big|_{t=0} = 0$$

を満たすことに注意すればよい．

8.2.2 強制項がある場合

強制項 $h(x,t)$, $x \in \mathbb{R}^3$ が存在するとき，(19) は

$$u_{tt} = c^2 \Delta u + h(x,t), \qquad u(x,0) = f(x), \quad u_t(x,0) = g(x) \qquad (23)$$

となる．この解 u は，$u = u_1 + u_2$ と分解される．u_1 は (15) の解，u_2 は，(23) において $f(x) = g(x) = 0$ としたときの解である．u_1 は Poisson の公式 (22) で表されるから，今後は

$$u_{tt} = c^2 \Delta u + h(x,t), \qquad u(x,0) = u_t(x,0) = 0 \qquad (23)'$$

の解を求めればよい．$\tau \geqslant 0$ を与えたとき，初期時刻を τ に選び，

$$v_{tt} = c^2 \Delta v, \qquad v(x,\tau) = 0, \quad v_t(x,\tau) = h(x,\tau) \qquad (24)$$

を考えると，この解は Poisson の公式 (22) により，

$$\begin{aligned}v(x,t;\tau) &= (t-\tau) M_{h(\cdot,\tau)}(x, c(t-\tau)) \\ &= \frac{1}{4\pi c^2 (t-\tau)} \int_{|\xi - x| = c(t-\tau)} h(\xi, \tau)\, dS\end{aligned}$$

と表される．ここで，

$$u(x,t) = \int_0^t v(x,t;\tau)\, d\tau \qquad (25)$$

とおけば，(19) を考慮して，

$$u_t = \int_0^t v_t(x,t;\tau)\, d\tau + v(x,t;\tau)\Big|_{\tau=t} = \int_0^t v_t(x,t;\tau)\, d\tau$$

となる．さらに t で微分すれば，

$$\begin{aligned}u_{tt} &= \int_0^t v_{tt}(x,t;\tau)\, d\tau + v_t(x,t;\tau)\Big|_{\tau=t} \\ &= \int_0^t c^2 \Delta v(x,t;\tau)\, d\tau + h(x,t) = c^2 \Delta u + h(x,t)\end{aligned}$$

を得る.したがって,(25) が求める解になる.この計算が正しいためには,$h(x,t)$ が各 $t \geqslant 0$ に対して C^2 級であり,かつ $h(x,t)$, $\Delta_x h(x,t)$ が x, t の連続関数であれば十分である.解 (25) を $h(x,t)$ を用いて書きかえてみれば,

$$u(x,t) = \int_0^t \frac{t-\tau}{4\pi} d\tau \int_{S_1} h(x+c(t-\tau)\xi,\tau)\,dS$$

$$= \frac{1}{4\pi c^2} \int_0^{ct} \frac{dr}{r} \int_{S_r} h\left(x+\xi, t-\frac{r}{c}\right) dS_r \qquad (26)$$

$$= \frac{1}{4\pi c^2} \int_{|\xi-x|\leqslant ct} \frac{1}{|\xi-x|} h\left(\xi, t-\frac{|\xi-x|}{c}\right) d\xi.$$

になる.この積分は通常,遅延ポテンシャルといわれている.

8.2.3 $\mathbb{R}^2$ における波動方程式

$\mathbb{R}^2$ における波動方程式の初期値問題

$$u_{tt} = c^2 \Delta u, \quad u(x,0) = f(x), \quad u_t(x,0) = g(x), \quad x = (x_1, x_2) \qquad (27)$$

は,(15) において f, g が x_3 に無関係の場合と考えられる.実際,(22) において $M_g(x,ct)$, $M_f(x,ct)$ は,明らかに x_3 に無関係であるから,得られる u もそうであり,(27) が成り立つ.後述の解の一意性 (8.2.5 項) により,(22) が求める解である.(22) を書きかえてみよう.中心 x,半径 ct の球面を $\xi_1\xi_2$-平面に射影すれば,中心 $(x_1,x_2,0)$,半径 ct の円 C_{ct} ができる.C_{ct} の面積要素を dC で表せば,

$$dC = \cos(\nu,\xi_3)dS, \quad \cos(\nu,\xi_3) = \frac{\sqrt{(ct)^2-(\xi_1-x_1)^2-(\xi_2-x_2)^2}}{ct}$$

であるから,

$$M_g(x,ct) = \frac{2}{4\pi ct} \int_{C_{ct}} \frac{g(\xi_1,\xi_2)}{\sqrt{(ct)^2-(\xi_1-x_1)^2-(\xi_2-x_2)^2}} dC$$

と書ける.$M_f(x,ct)$ についても同様であるから結局,解は,

$$u(x,t) = \frac{1}{2\pi c} \int_{C_{ct}} \frac{g(\xi_1,\xi_2)}{\sqrt{(ct)^2-(\xi_1-x_1)^2-(\xi_2-x_2)^2}} dC$$
$$+ \frac{\partial}{\partial t}\left(\frac{1}{2\pi c} \int_{C_{ct}} \frac{f(\xi_1,\xi_2)}{\sqrt{(ct)^2-(\xi_1-x_1)^2-(\xi_2-x_2)^2}} dC\right) \qquad (28)$$

8.2 高次元空間における波動方程式

と書ける.

解の公式 (22) と (28) を比べよう. 初期関数 $f(x)$, $g(x)$ の台 (support) が有界であるとする. すなわち, $\overline{\{x;\ f(x) \neq 0\}}$, $\overline{\{x;\ g(x) \neq 0\}}$ がともに有界閉集合であるとする. $\mathbb{R}^3$ の場合を考えよう. 任意の x に対して十分大きい $t_0 > 0$ を選べば, 中心 x, 半径 ct ($t \geqslant t_0$) の球面上で $f = g = 0$ であるから, $M_f(x, ct) = M_g(x, ct) = 0$, $t \geqslant t_0$ である. したがって, (22) により, $u(x,t) = 0$, $t \geqslant t_0$ となる. これは, (15) がたとえば音の伝播を表す場合, 有界集合上で初期の擾乱があっても, 十分時間が経てば ($t \geqslant t_0$), 静寂になることを示している. 一方 $\mathbb{R}^2$ の場合, (28) の積分では, どのような $t > 0$ に対しても C_{ct} 上の積分は残る. すなわち, いつまで経っても静寂にはならない. これは, ごく当然のことである. 実際, $f(x_1, x_2)$, $g(x_1, x_2)$ を $\mathbb{R}^3$ の関数と考えるならば, f, g の台は x_3-軸方向に有界にはなり得ないからである. このように, $\mathbb{R}^3$ と $\mathbb{R}^2$ との場合では, 波動の伝播の事情がまったく異なる. これを **Huygens** の小原理という. ただ, つぎの事実は成り立つ: (28) において f, g の台の和集合 (有界閉集合) を G とするとき, 固定された $x \in \mathbb{R}^2$ に対して十分大きい t_1 を選べば, $G \subset C_{ct}$, $t \geqslant t_1$ であるから, (28) は

$$u(x,t) = \frac{1}{2\pi c} \int_G \frac{g(\xi_1, \xi_2)}{\sqrt{(ct)^2 - (\xi_1 - x_1)^2 - (\xi_2 - x_2)^2}}\, dC$$
$$+ \frac{\partial}{\partial t}\left(\frac{1}{2\pi c} \int_G \frac{f(\xi_1, \xi_2)}{\sqrt{(ct)^2 - (\xi_1 - x_1)^2 - (\xi_2 - x_2)^2}}\, dC\right), \quad t \geqslant t_1$$

と書きかえられる. この表現において, $\lim$ と $\int$ の交換ができるから,

$$\lim_{t \to \infty} u(x,t) = 0$$

が成り立つ.

強制項がある場合には, $(23)'$ と同様に,

$$u_{tt} = c^2 \Delta u + h(x,t), \qquad u(x,0) = u_t(x,0) = 0 \tag{29}$$

を考えればよい. (29) の解は, $C_{c(t-\tau)}$ を中心 x, 半径 $c(t-\tau)$ の円の内部として, つぎのように与えられる (章末演習問題):

$$u(x,t) = \frac{1}{2\pi c} \int_0^t d\tau \int_{C_{c(t-\tau)}} \frac{h(\xi_1, \xi_2, \tau)}{\sqrt{c^2(t-\tau)^2 - (\xi_1 - x_1)^2 - (\xi_2 - x_2)^2}}\, dC. \tag{30}$$

8.2.4　n 次元空間の場合 $(n > 3)$

$\mathbb{R}^n$ における波動方程式

$$u_{tt} = c^2 \Delta u, \quad u(x,0) = f(x), \quad u_t(x,0) = g(x) \tag{31}$$

を考えよう．$n > 3$ の場合，(22), (28) を拡張して解の公式を得ることは可能であり，n が奇数，偶数の場合に応じて系統的な公式が知られている．ここでは $n = 4, 5$ の場合に限って，解の公式を導こう．8.2.3 項におけると同様に，$n = 5$ の場合の公式が得られれば，$n = 4$ の場合は直ちに得られる．

(16) と同様に，$h(\cdot)$ の中心 $x = (x_1, \ldots, x_5)$，半径 r の球面上の平均を，

$$M(x,r) = M_h(x,r) = \frac{1}{\omega_5} \int_{S_1} h(x + r\xi)\, dS \tag{32}$$

とおく．$\omega_5 = 8\pi^2/3$ は，$\mathbb{R}^5$ における半径 1 の単位球面の表面積である．

$$u(x,t) = \frac{2}{3} \frac{\partial}{\partial (t^2)} (t^3 M(x,ct)) = t M(x,ct) + \frac{c}{3} t^2 M_r(x,ct) \tag{33}$$

とおけば，容易にわかるように，

$$u_t = M(x,ct) + \frac{ct}{3} M_r(x,ct) + \frac{c^2 t^2}{3} \Delta_x M(x,ct),$$

$$u_{tt} = c^2 t\, \Delta_x M(x,ct) + \frac{c^3 t^2}{3} \Delta_x M_r(x,ct) = c^2 \Delta u$$

が成り立つ．ここで，(18) と同様な関係：

$$M_{rr} + \frac{4}{ct} M_r - \Delta M = 0$$

が成り立つことを用い，また，$h \in C^3$ を仮定した．したがって，この u は，

$$u_{tt} = c^2 \Delta u, \quad u(x,0) = 0, \quad u_t(x,0) = h(x)$$

を満たす．また，$v(x,t) = u_t(x,t)$ とおき，$h \in C^4$ であれば，

$$v_{tt} = c^2 \Delta v,$$

$$v(x,0) = h(x), \quad v_t(x,0) = u_{tt}(x,0) = \Delta u(x,0) = 0$$

となる．結局，$f \in C^4$, $g \in C^3$ であれば，

$$u(x,t) = \frac{2}{3} \frac{\partial}{\partial (t^2)} (t^3 M_g(x,ct)) + \frac{\partial}{\partial t} \frac{2}{3} \frac{\partial}{\partial (t^2)} (t^3 M_f(x,ct)) \tag{34}$$

は (31) ($n = 5$) の解を与える．後述の 8.2.5 項で示すように，この u が一意な解となる．

$n = 4$ の場合も解は (34) で与えられるが，f, g は $\mathbb{R}^5$ の関数と見なしている．したがって，(34) の $M_f(x, ct)$, $M_g(x, ct)$ を書きかえる必要がある．h を $\mathbb{R}^4$ の関数とするとき，$\mathbb{R}^5$ の関数と見なせば，$h(x, y) = h(x)$, $x = (x_1, \ldots, x_4) \in \mathbb{R}^4$, $y \in \mathbb{R}^1$ である．m_h, M_h を，それぞれ

$$
\begin{aligned}
m_h(x, r) &= \frac{1}{\omega_5} \int_{|\xi|^2 + \eta^2 = 1} h(x + r\xi, y + r\eta) \, dS_{\xi, \eta} \\
&= \frac{1}{\omega_5} \int_{|\xi|^2 + \eta^2 = 1} h(x + r\xi) \, dS_{\xi, \eta}, \\
M_h(x, r) &= \frac{1}{\omega_4} \int_{|\xi| = 1} h(x + r\xi) \, dS_\xi
\end{aligned}
\tag{35}
$$

により定義する．$m_h(x, r)$ は $\mathbb{R}^5$ の単位球面上での積分を，$M_h(x, r)$ は $\mathbb{R}^4$ の単位球面上での積分を表し，$\omega_4 = 2\pi^2$ である．(28) を導いたときと同様に，$m_h(x, ct)$ は $\mathbb{R}^4$ の単位球 $\{\xi \in \mathbb{R}^4; |\xi| \leqslant 1\}$ での積分に書きかえられる．つぎのように計算する：

$$
\begin{aligned}
m_h(x, ct) &= \frac{2}{\omega_5} \int_{|\xi| \leqslant 1} \frac{h(x + ct\xi)}{\sqrt{1 - |\xi|^2}} \, d\xi = \frac{2}{\omega_5} \int_0^1 dr \int_{|\xi| = r} \frac{h(x + ct\xi)}{\sqrt{1 - r^2}} \, dS_\xi \\
&= \frac{2}{\omega_5} \int_0^1 \frac{dr}{\sqrt{1 - r^2}} r^3 \int_{|\eta| = 1} h(x + ctr\eta) \, dS_\eta \\
&= \frac{2\omega_4}{\omega_5} \int_0^1 \frac{r^3}{\sqrt{1 - r^2}} M_h(x, ctr) \, dr.
\end{aligned}
$$

したがって，$n = 4$ の場合の解 $u(x, t)$ は，つぎのように与えられる：

$$
\begin{aligned}
u(x, t) &= \frac{2}{3} \frac{\partial}{\partial(t^2)} (t^3 m_g(x, ct)) + \frac{\partial}{\partial t} \frac{2}{3} \frac{\partial}{\partial(t^2)} (t^3 m_f(x, ct)), \\
m_{(\cdot)}(x, ct) &= \frac{3}{2(ct)^3} \int_0^{ct} \frac{\rho^3}{\sqrt{(ct)^2 - \rho^2}} M_{(\cdot)}(x, \rho) \, d\rho.
\end{aligned}
\tag{36}
$$

8.2.5 解の一意性

$\mathbb{R}^n$ における波動方程式 (31) の解の一意性を調べるためには，

$$
u_{tt} = c^2 \Delta u, \qquad u(x, 0) = u_t(x, 0) = 0 \tag{37}
$$

の解が $u(x,t) = 0$ に限ることを示せばよい．他にも方法があるが，ここでは Gauss の発散定理を用いて初等的に示す．任意の (x_0, t_0), $x_0 \in \mathbb{R}^n$, $t_0 > 0$ を頂点とする錐面 $\Gamma: |x-x_0|^2 - c^2(t-t_0)^2 = 0$ と二つの超平面: $t = 0$, $t = t_1$ $(0 < \forall t_1 < t_0)$ とで囲まれた $\mathbb{R}^{n+1}$ の領域 D を考える（図は $n = 2$ の場合を表している）．

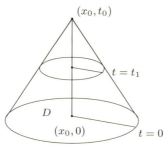

恒等式:

$$0 = 2u_t(u_{tt} - c^2 \Delta u) = \left(c^2 \sum_{i=1}^n (u_{x_i})^2 + (u_t)^2\right)_t - 2c^2 \sum_{i=1}^n (u_t u_{x_i})_{x_i}$$

を D 上で積分すれば，Gauss の発散定理により，積分は ∂D 上の積分になる:

$$\int_{\partial D} \left\{\left(c^2 \sum_{i=1}^n (u_{x_i})^2 + (u_t)^2\right) \cos(\nu, t) - 2c^2 \sum_{i=1}^n u_t u_{x_i} \cos(\nu, x_i)\right\} dS = 0. \tag{38}$$

ここで，$\nu = (\cos(\nu, x_1), \ldots, \cos(\nu, x_n), \cos(\nu, t))$ は ∂D における外向き単位法線を表す．$\partial D \cap \{t = 0\}$ では $u(x, 0) = u_t(x, 0) = 0$ であるから，$\int_{\partial D \cap \{t=0\}} \{\cdots\} dS = 0$．また $\partial D \cap \{t = t_1\}$ においては，$\cos(\nu, x_i) = 0$, $1 \leqslant i \leqslant n$, $\cos(\nu, t) = 1$ である．錐面 Γ においては，ν は $(x-x_0, -c^2(t-t_0))$ に平行であり，とくに $\cos(\nu, t) > 0$, $c^2 \sum_{i=1}^n \cos^2(\nu, x_i) = \cos^2(\nu, t)$ であるから，結局，

$$\int_{\partial D \cap \{t=t_1\}} \left(c^2 \sum_{i=1}^n (u_{x_i})^2 + (u_t)^2\right) dS$$
$$+ \int_{\Gamma \cap \partial D} \frac{c^2}{\cos(\nu, t)} \sum_{i=1}^n (u_{x_i} \cos(\nu, t) - u_t \cos(\nu, x_i))^2 dS = 0.$$

したがって，$\partial D\cap\{t=t_1\}$ 上で，すなわち $\{(x,t_1);\ |x-x_0|^2\leqslant c^2(t_1-t_0)^2\}$ 上で $u_{x_i}=u_t=0$ である．t_1 は任意であるから，u は定数になる．(37) の初期条件より，$u(x,t)=0$ を得る．この一意性の証明の原理は，初期-境界値問題にも適用できる（章末演習問題）．

8.3　第 8 章補足：双曲形方程式の弱い解

(12) の解 u が存在すると仮定する．$\Omega=(0,l)$ とおいて，つぎのような性質を満たす $\psi(x,t)$ を考える：

(i) $\psi\in C^2(\Omega\times(0,\infty))\cap C^1(\overline{\Omega}\times(0,\infty))$ であり，各 t に対して，$\psi_{xx}(\cdot,t)\in L^2(\Omega)$;

(ii) $\psi(0,t)=\psi(l,t)=0,\quad 0<t<\infty$;

(iii) $\psi(x,t)$ の台 (support): $\overline{\{(x,t);\ \psi(x,t)\neq 0\}}$ は，$\overline{\Omega}\times(0,\infty)$ に含まれる有界閉集合になる．ここで，$\overline{\{\cdot\}}$ は，集合の閉包を表す．

(12) の解 u が存在すれば，部分積分を利用して

$$\int_\Omega dx\int_0^\infty \left(u(x,t)\left(-\frac{\partial^2}{\partial t^2}+c^2\frac{\partial^2}{\partial x^2}\right)\psi(x,t)+f(x,t)\psi(x,t)\right)dt=0 \quad (39)$$

が成り立つ．上記 (i), (ii), (iii) を満たす任意の $\psi(x,t)$ に対して，(39) が成り立つような $u\in L^1_{\text{loc}}(\Omega\times(0,\infty))$ が存在すれば [*]，u を斉次境界条件を備えた双曲形方程式 (12) の弱い解という．ここで，初期条件は反映されていない．

$u_0,\ u_1\in L^2(\Omega),\ f\in C([0,\infty); L^2(\Omega))$ とするとき [**]，(13), (14) で与えられる u は，

(i) $u\in C([0,\infty); L^2(\Omega))\subset L^1_{\text{loc}}(\Omega\times(0,\infty))$ となる斉次境界条件を備えた (12) の弱い解であり．$\psi\in C^2(\Omega)\cap C^1(\overline{\Omega}),\ \psi(0)=\psi(l)=0,\ \psi_{xx}\in L^2(\Omega)$ となる任意の $\psi(x)$ に対して $\langle u(\cdot,t),\psi\rangle\in C^1[0,\infty)$，かつ "初期条件"

$$\lim_{t\to 0}\langle u(\cdot,t),\psi\rangle=\langle u_0,\psi\rangle,\quad \lim_{t\to 0}\frac{d}{dt}\langle u(\cdot,t),\psi\rangle=\langle u_1,\psi\rangle$$

を満たす；そして，

(ii) (i) の性質を満たす解 u は，一意に定まる

ことを示そう．まず，各 $N\geqslant 1$ に対して $u_N(x,t)=\sum_{n=1}^N u_n(t)\varphi_n(x),\ f_N(x,t)=$

---

[*]　u が $\Omega\times(0,\infty)$ において局所可積分，すなわち，$\Omega\times(0,\infty)$ の任意の有界部分集合上で積分可能であることを指す．

[**]　各 $t\geqslant 0$ を与えるごとに，$f(\cdot,t)\in L^2(\Omega)$ であり，$f(\cdot,t)$ は $L^2(\Omega)$ の距離で $t\geqslant 0$ の連続関数，すなわち，$\lim_{t\to t_0}\|f(\cdot,t)-f(\cdot,t_0)\|^2=\lim_{t\to t_0}\int_\Omega |f(x,t)-f(x,t_0)|^2\,dx=0$.

$\sum_{n=1}^{N} f_n(t)\varphi_n(x)$ とおくと，明らかに，

$$(u_N)_{tt} - c^2(u_N)_{xx} - f_N(x,t) = 0, \quad u_N(0,t) = u_N(l.t) = 0$$

が成り立つ．したがって，上記の $\psi(x,t)$ に対して，

$$\int_\Omega dx \int_0^\infty \left(u_N(x,t)\left(-\frac{\partial^2}{\partial t^2} + c^2 \frac{\partial^2}{\partial x^2}\right)\psi(x,t) + f_N(x,t)\psi(x,t) \right) dt = 0$$

となる．ところで，

$$\sum_{n=N+1}^\infty |a_n \cos \omega_n t|^2 \leqslant \sum_{n=N+1}^\infty |a_n|^2 \to 0,$$

$$\sum_{n=N+1}^\infty \left|\frac{b_n}{\omega_n}\sin \omega_n t\right|^2 \leqslant t^2 \sum_{n=N+1}^\infty |b_n|^2 \to 0,$$

$$\sum_{n=N+1}^\infty \left|\frac{1}{\omega_n}\int_0^t \sin\omega_n(t-\tau)f_n(\tau)\,d\tau\right|^2 \leqslant \sum_{n=N+1}^\infty \int_0^t (t-\tau)^2\,d\tau \int_0^t |f_n(\tau)|^2\,d\tau$$

$$= \frac{t^3}{3}\int_0^t \|f(\cdot,\tau) - f_N(\cdot,\tau)\|^2\,d\tau \to 0, \quad N \to \infty$$

に注意する．ここで，最後の式の 0 への収束は，

$$\|f(\cdot,\tau) - f_N(\cdot,\tau)\|^2 = \sum_{n=N+1}^\infty |f_n(\tau)|^2 \begin{cases} \to 0, \quad \text{as } N \to \infty, \quad \forall \tau \geqslant 0, \\ \leqslant \|f(\cdot,\tau)\|^2 \in L^1(0,t) \end{cases}$$

により保証されることを利用した [*]．同様に，

$$\int_0^T \|u(\cdot,t) - u_N(\cdot,t)\|^2\,dt \to 0, \quad \forall T > 0$$

がしたがう．$\psi(x,t)$ の台が有界であるから，十分大きい $T > 0$ を選べば，Schwarz の不等式を利用して，

$$\left|\int_\Omega dx \int_0^\infty \left((u - u_N)\left(-\frac{\partial^2}{\partial t^2} + c^2\frac{\partial^2}{\partial x^2}\right)\psi(x,t) + (f - f_N)\psi(x,t)\right)dt\right|^2$$
$$\leqslant 2\int_0^T \|u(\cdot,t) - u_N(\cdot,t)\|\,dt^2 \int_0^T \left\|\left(-\frac{\partial^2}{\partial t^2} + c^2\frac{\partial^2}{\partial x^2}\right)\psi(\cdot,t)\right\|^2\,dt$$
$$+ 2\int_0^T \|f(\cdot,t) - f_N(\cdot,t)\|^2\,dt \int_0^T \|\psi(\cdot,t)\|^2\,dt \to 0$$

が成り立つ．したがって，(39) が示された．

(i) で述べた $\psi(x)$ を Fourier 級数展開して，$\psi(x) = \sum_{n=1}^\infty c_n \varphi_n(x)$ とすれば，ψ

---

[*] Lebesgue の収束定理という．たとえば，伊藤清三，「ルベーグ積分入門」（裳華房），あるいはもっと初等的に，小平邦彦，「解析入門」（岩波書店）p.224 を見よ．

に対する仮定により，$\sum_{n=1}^{\infty} |\omega_n^2 c_n|^2 < \infty$ となる．Schwarz の不等式により，

$$|\langle u_N, \psi \rangle - \langle u, \psi \rangle|^2 \leqslant \left(\sum_{n=N+1}^{\infty} |c_n|^2 \right) \|u(\cdot, t)\|^2 \to 0, \quad N \to \infty$$

であるから，上式左辺は任意の有界閉区間 $[0, T]$ において一様収束である．連続関数 $\langle u_N(\cdot, t), \psi \rangle$ の一様収束極限として，$\langle u(\cdot, t), \psi \rangle$ は $t \geqslant 0$ で連続である．今度は，$M > N$ として，

$$\frac{d}{dt}\langle u_M, \psi \rangle - \frac{d}{dt}\langle u_N, \psi \rangle = \sum_{n=N+1}^{M} u_n'(t) c_n,$$

$$u_n'(t) = -\omega_n a_n \sin \omega_n t + b_n \cos \omega_n t + \int_0^t \cos \omega_n(t-\tau) f_n(\tau) \, d\tau$$

であるから，Fourier 係数にかかる ω_n の増大効果を ψ に負わせて，

$$\left| \frac{d}{dt}\langle u_M, \psi \rangle - \frac{d}{dt}\langle u_N, \psi \rangle \right|^2 \leqslant \text{const} \sum_{n=N+1}^{M} \omega_n^2 |c_n|^2 \to 0, \quad M > N \to \infty.$$

すなわち，$\frac{d}{dt}\langle u_N(\cdot, t), \psi \rangle$ は，$[0, T]$ において一様収束である．したがって，$\langle u(\cdot, t), \psi \rangle \in C^1[0, \infty)$ となる．

弱い解の一意性：$u_0 = u_1 = f = 0$ として，$u = 0$ を示せばよい．任意の $\varphi(t) \in C_0^2(0, \infty)$ に対して，$\psi(x, t) = \varphi_n(x)\varphi(t)$ とおいて (39) に代入すれば，

$$\int_0^\infty u_n(t)(\varphi''(t) + \omega_n^2 \varphi(t)) \, dt = 0 \tag{40}$$

を得る．仮定により u_n は C^1 級であるが，もし u_n が C^2 級ならば，

$$u_n''(t) + \omega_n^2 u_n(t) = 0, \quad t > 0 \tag{41}$$

を満たすことになる．$u_n \in C^2$ を示そう．関数 $\alpha(t) \in C_0^\infty(0, \infty)$ を固定する．任意の $\varphi \in C^2(\mathbb{R}^1)$ に対して，(40) の φ を $\alpha\varphi \in C_0^2(0, \infty)$ に置きかえれば，

$$\begin{aligned}
\int_{-\infty}^\infty (-(\alpha u_n)\varphi'' + (\alpha u_n)\varphi) \, dt &= \int_{-\infty}^\infty f\varphi \, dt, \\
f = -\alpha'' u_n - 2\alpha' u_n' + (1 + \omega_n^2)\alpha u_n &\in C_0(0, \infty)
\end{aligned} \tag{42}$$

を得る．ここで $v = \alpha u_n$ とおくと，$v \in C^1$ はその台：$\overline{\{t;\ v(t) \neq 0\}}$ が $(0, \infty)$ に含まれる有界閉集合である．さらに，$\varphi,\ \varphi',\ \varphi'' \in L^2(\mathbb{R}^1)$ と仮定し，$v,\ f,\ \varphi$ の Fourier 変換をそれぞれ $\hat{v}(\xi),\ \hat{f}(\xi),\ \hat{\varphi}(\xi)$ とすれば，(42) より

$$\int_{-\infty}^\infty (1 + 4\pi^2\xi^2)\hat{v}\,\overline{\hat{\varphi}} \, d\xi = \int_{-\infty}^\infty \hat{f}\,\overline{\hat{\varphi}} \, d\xi$$

を得る．ここで Fourier 変換 $\mathscr{F}$ は，$L^2(\mathbb{R}_t^1)$ から $L^2(\mathbb{R}_\xi^1)$ の上へのユニタリ変換で

ある（Plancherel の定理）*)．任意の $\zeta(\xi) \in C_0^\infty(\mathbb{R}_\xi^1)$ に対して，その Fourier 逆変換 $(\overline{\mathscr{F}}\zeta)(t)$ を $\varphi(t) \in C^\infty(\mathbb{R}^1)$ とおくと，$\hat{\varphi}(\xi) = (\mathscr{F}\varphi)(\xi) = \zeta(\xi)$ である．φ はいわゆる急減少関数であり，表現 $\varphi(t) = \int_{-\infty}^\infty e^{2\pi i t \xi} \zeta(\xi)\, d\xi$ から，

$$(1 + |t|^m)\varphi^{(n)}(t) \to 0 \quad (|t| \to \infty), \quad \forall m, \forall n \geq 0$$

なる性質をもつことは容易に確かめられる．したがって，φ は上記の性質をすべて満たし，このとき，

$$\int_{-\infty}^\infty (1 + 4\pi^2 \xi^2) \hat{v}\, \overline{\zeta}\, d\xi = \int_{-\infty}^\infty \hat{f}\, \overline{\zeta}\, d\xi, \quad \forall \zeta \in C_0^\infty(\mathbb{R}_\xi^1)$$

であるから，

$$\hat{v}(\xi) = \frac{1}{1 + 4\pi^2 \xi^2} \hat{f}(\xi), \quad v(t) = (\overline{\mathscr{F}}\hat{v})(t) = \overline{\mathscr{F}}\left(\frac{\hat{f}(\xi)}{1 + 4\pi^2 \xi^2}\right)(t)$$

を得る．v の超関数の意味での微分を $[v]'$ で表せば（本節の最後を見よ），

$$\left.\begin{array}{l} [v]' = \overline{\mathscr{F}}\left(\dfrac{2\pi i \xi \hat{f}(\xi)}{(1 + 4\pi^2 \xi^2)}\right) \\[2mm] [v]'' = \overline{\mathscr{F}}\left(\dfrac{-4\pi^2 \xi^2 \hat{f}(\xi)}{1 + 4\pi^2 \xi^2}\right) \end{array}\right\} \in L^2(\mathbb{R}_t^1) \subset L^1_{\mathrm{loc}}(\mathbb{R}_t^1)$$

となる．$v \in C^1$ より $[v]'$ は本来の微分に等しく，すなわち，$[v]' = v'$ であり，$[v]'' = [v']' \in L^1_{\mathrm{loc}}(\mathbb{R}^1)$ であるから，v' は絶対連続になる．したがって，ほとんどいたるところの t（"a.e. t" と書く）において $(\alpha u_n)'' = v''$ が存在する．$\alpha(x)$ は任意であったから結局，$u_n'' \in L^1_{\mathrm{loc}}(\mathbb{R}^1)$, a.e. $t > 0$ が存在して，(41) が (a.e. $t > 0$ で) 成り立つ．したがって，

$$\frac{d}{dt}\begin{pmatrix} u_n \\ u_n' \end{pmatrix} = \begin{pmatrix} 0 & 1 \\ -\omega_n^2 & 0 \end{pmatrix}\begin{pmatrix} u_n \\ u_n' \end{pmatrix} = A\begin{pmatrix} u_n \\ u_n' \end{pmatrix}, \quad \text{a.e. } t > 0$$

---

*) Fourier 変換は $L^2(\mathbb{R}^1)$ 上で定義され，とくに $u \in L^2(\mathbb{R}^1) \cap L^1(\mathbb{R}^1)$ ならば，

$$\hat{u}(\xi) = (\mathscr{F}u)(\xi) = \int_{-\infty}^\infty e^{-2\pi i \xi t} u(t)\, dt$$

が成り立つ．今の場合，

$$(\mathscr{F}\varphi')(\xi) = 2\pi i \xi \hat{\varphi}(\xi), \qquad (\mathscr{F}\varphi'')(\xi) = (2\pi i \xi)^2 \hat{\varphi}(\xi) = -4\pi^2 \xi^2 \hat{\varphi}(\xi)$$

が成り立つ．また，$\mathscr{F}$ の等距離性 (isometry) は，$u, w \in L^2(\mathbb{R}^1)$ に対して，

$$\int_{-\infty}^\infty u(t)\, \overline{w(t)}\, dt = \int_{-\infty}^\infty \hat{u}(\xi)\, \overline{\hat{w}(\xi)}\, d\xi$$

が成り立つことを意味する．

を得る．絶対連続関数 $e^{-tA}\begin{pmatrix} u_n \\ u_n' \end{pmatrix}$ （第 2 章，2.2.1 項を参照）は，

$$\frac{d}{dt} e^{-tA} \begin{pmatrix} u_n \\ u_n' \end{pmatrix} = 0, \quad \text{a.e. } t > 0$$

より，定ベクトルとなる．したがって，

$$\begin{pmatrix} u_n \\ u_n' \end{pmatrix} = e^{tA} \begin{pmatrix} a \\ b \end{pmatrix}, \quad t > 0$$

であり，$u_n \in C^2$ となる．$\lim_{t \to 0} u_n(t) = \lim_{t \to 0} u_n'(t) = 0$ より $a = b = 0$，すなわち，$u_n(t) = 0$, $t \geqslant 0$ を得て，弱い解の一意性が示された．

超関数についての簡単な注意

関数空間 $C_0^\infty(\mathbb{R}^1)$ に適当な位相 (topology) を導入するとき，$C_0^\infty(\mathbb{R}^1)$ における線形汎関数（複素数値をとる $C_0^\infty(\mathbb{R}^1)$ 上の連続関数）T を**超関数**という．T の連続性は，$\varphi_n \in C_0^\infty(\mathbb{R}^1) \to 0$, $n \to \infty$ から $T(\varphi_n) \to 0$ がしたがうことを意味する．$\varphi_n \in C_0^\infty(\mathbb{R}^1) \to 0$ とは，具体的には φ_n の台 (support) がすべてある有界閉区間 $[a, b]$ に含まれ，かつ各導関数 $\varphi_n^{(k)}$, $k = 0, 1, \ldots$ が $[a, b]$ 上で一様に 0 に収束することをいう．$C_0^\infty(\mathbb{R}^1)$ の正確な位相については本書の程度を超えるので，紹介しない [*]．今の問題の場合，関数 v は，

$$T_v(\varphi) = (v, \varphi) = \int_{-\infty}^{\infty} v(t) \varphi(t) \, dt, \quad \varphi \in C_0^\infty(\mathbb{R}^1)$$

により超関数 T_v を定義する．v は超関数の意味で無限回微分可能であり，その微分，$[v]'$, $[v]''$, ... は，

$$([v]', \varphi) = -(v, \varphi') = -\int_{-\infty}^{\infty} v(t) \varphi'(t) \, dt,$$
$$([v]'', \varphi) = (-1)^2 (v, \varphi'') = \int_{-\infty}^{\infty} v(t) \varphi''(t) \, dt, \ldots$$

により定義される（本質的に部分積分の概念を用いていることがわかるであろう）．$[v]^{(n)}$, $n = 1, 2, \ldots$ も超関数になる．もし $([v]', \varphi) = \int_{-\infty}^{\infty} w(t) \varphi(t) \, dx$ となる $w \in L_{\text{loc}}^1(\mathbb{R}^1)$ が存在すれば，$[v]' = w$ となる．このとき，v は絶対連続関数となり，したがって通常の微分がほとんどいたるところの t (a.e. t) において存在して，

$$[v]' = v' = w(t)$$

となる．実際，$\int_0^t w(\tau) \, d\tau$ は絶対連続であり，

---

[*] 超関数の基本的事項については良書がいくつか挙げられるが，たとえば，ゲリファンド，シーロフ，グラエフ，「超関数論入門 I, II」（共立出版，功力金二郎 他訳）が読みやすい．

$$\left[v - \int_0^x w(t)\,dt\right]' = [v]' - w = 0$$

であるから，$v - \int_0^t w(\tau)\,d\tau = \text{const}$ を得る．このことは，つぎの事実から容易に確かめられる: $h \in L^1_{\text{loc}}(\mathbb{R}^1)$ が

$$\int_{-\infty}^{\infty} h(t)\varphi(t)\,dt = 0, \quad \forall \varphi \in \left\{\varphi \in C_0^\infty(\mathbb{R}^1);\ \int_{-\infty}^{\infty} \varphi(t)\,dt = 0\right\}$$

を満たせば，$h(t)$ は定数になる（章末演習問題）．

第 8 章の演習問題

8.1.1: 1 次元の弦の振動方程式: $u_{tt} = c^2 u_{xx}$ の任意の 4 本の特性直線によってできる平行四辺形 $ABCD$ (8.1.1 項参照) に対して，C^2 級のある関数 u が関係式

$$u(A) + u(C) = u(B) + u(D)$$

を満足するとき，u は解になることを示せ．

8.1.2-1: $[0, l]$ 上の関数を $[-l, l]$ に奇関数として拡張した f, g は，周期 $2l$ の関数としてそれぞれ C^2 級，C^1 級であるとする．さらに，f'', g' が区分的に滑らかであれば，(9), (10) で与えられる $u(x,t)$ は，

$$\begin{cases} u_{tt} = c^2 u_{xx}, & t \geqslant 0,\ 0 \leqslant x \leqslant l, \\ u(0,t) = u(l,t) = 0, & t \geqslant 0, \\ u(x,0) = f(x),\quad u_t(x,0) = g(x), & 0 \leqslant x \leqslant l \end{cases}$$

の解であることを示せ．この仮定は，d'Alembert の解として求めたときよりも明らかに強すぎることに注意する．

8.1.2-2: Neumann 境界条件をもつ初期-境界値問題:

$$\begin{cases} u_{tt} = c^2 u_{xx}, & t \geqslant 0,\ 0 \leqslant x \leqslant l, \\ u_x(0,t) = u_x(l,t) = 0, & t \geqslant 0, \\ u(x,0) = f(x),\quad u_t(x,0) = g(x), & 0 \leqslant x \leqslant l \end{cases}$$

の解 u を，Fourier 級数を利用して求めよ．f, g には，どのような十分条件をおけばよいか．

8.2.3-1: $\mathbb{R}^2$ における波動方程式: $u_{tt} = c^2 \Delta u + h(x,t)$, $u(x,0) = u_t(x,0) = 0$ の解は，

$$u(x,t) = \frac{1}{2\pi c} \int_0^t d\tau \int_{C_{c(t-\tau)}} \frac{h(\xi_1, \xi_2, \tau)}{\sqrt{c^2(t-\tau)^2 - (\xi_1 - x_1)^2 - (\xi_2 - x_2)^2}}\,dC$$

で与えられることを示せ．ここで，$C_{c(t-\tau)}$ は，中心 x，半径 $c(t-\tau)$ の円の内部を表す．

8.2.3-2: $\mathbb{R}^1$ における波動方程式: $u_{tt} = c^2 u_{xx} + h(x,t), \quad u(x,0) = u_t(x,0) = 0$ の解は，
$$u(x,t) = \frac{1}{2c} \int_0^t d\tau \int_{x-c(t-\tau)}^{x+c(t-\tau)} h(\xi,\tau)\,d\xi$$
で与えられることを示せ．

8.2.5-1: $\Omega \subset \mathbb{R}^n$ を有界領域とするとき，
$$\begin{cases} u_{tt} = c^2 \Delta u, \quad x \in \Omega, \quad t > 0, \\ u|_\Gamma = 0, \quad t > 0, \\ u(x,0) = f(x), \quad u_t(x,0) = g(x), \quad x \in \Omega \end{cases}$$
の解 $u(x,t)$ が存在すると仮定する．$f(x) = g(x) = 0$ であれば，u は 0 に限ることを示せ（この結果をつぎの問のように表現することもできる）．

8.2.5-2: 前問の方程式の解 $u(x,t)$ が存在すると仮定して，そのエネルギーを
$$E(t) = \frac{1}{2} \int_\Omega \left(c^2 \sum_{i=1}^n u_{x_i}^2 + u_t^2 \right) dx, \quad t \geqslant 0$$
とおく．このとき，$\frac{d}{dt}E(t) = 0$，すなわち，
$$E(t) = E(0) = \frac{1}{2} \int_\Omega \left(c^2 \sum_{i=1}^n f_{x_i}^2 + g^2 \right) dx, \quad t \geqslant 0$$
が成り立つことを示せ．

8.2.5-3: $\Omega \subset \mathbb{R}^n$ を有界領域とするとき，Neumann 境界条件をもつ初期-境界値問題
$$\begin{cases} u_{tt} = c^2 \Delta u, \quad x \in \Omega, \ t > 0, \\ \left.\dfrac{\partial u}{\partial \nu}\right|_\Gamma = 0, \quad t > 0, \\ u(x,0) = f(x), \quad u_t(x,0) = g(x), \quad x \in \Omega \end{cases}$$
の解 $u(x,t)$ が存在すると仮定する．$f(x) = g(x) = 0$ であれば，u は 0 に限ることを示せ．

8.3: $h \in L^1_{\mathrm{loc}}(\mathbb{R}^1)$ が，
$$\int_{-\infty}^\infty h(t)\varphi(t)\,dt = 0, \quad \forall \varphi \in \left\{ \varphi \in C_0^\infty(\mathbb{R}^1);\ \int_{-\infty}^\infty \varphi(t)\,dt = 0 \right\}$$
を満たせば，$h(t)$ は定数になることを示せ．

放物形偏微分方程式

9.1 1次元熱方程式

9.1.1 無限に長い棒の熱方程式

十分長い棒の熱伝導方程式から始めよう．物理的には有限でも，数学的には無限の長さの棒と仮定する方が，考察が容易である．方程式は，以下のように記述される：

$$u_t = c^2 u_{xx}, \quad u(x,0) = u_0(x). \tag{1}$$

ここで，$c > 0$ は物理定数を表す．波動方程式の場合と同様に，$u(x,t) = X(x)T(t)$ の形の変数分離された解を見つけよう．初期条件を当面は無視して (1) に代入すれば，

$$\frac{T'(t)}{c^2 T(t)} = \frac{X''(x)}{X(x)}$$

となる．したがって，両辺は定数 $-\lambda$ に等しくなければならず，このとき，

$$X''(x) + \lambda X(x) = 0, \quad T'(t) + c^2 \lambda T(t) = 0 \tag{2}$$

を得る．$X(x)$ に対する境界条件は現れないが，$|x| \to \infty$ のときに $X(x)$ が有界に留まると仮定すれば，$\lambda = \mu^2 \geqslant 0$ となる．したがって，$X(x) = \exp(\pm i\mu x)$, $T(t) = \exp(-c^2\mu^2 t)$ を得る．ここで，$i = \sqrt{-1}$ である．μ を任意の実数として，

$$e^{i\mu x - (c\mu)^2 t}$$

が解となるが，μ についての線形結合も解になる．したがって，$F(\mu)$ を重み

9.1　1次元熱方程式

として，

$$u(x,t) = \int_{-\infty}^{\infty} F(\mu)\, e^{i\mu x - (c\mu)^2 t}\, d\mu \tag{3}$$

が解になると予想するのは自然であろう．もちろん，$F(\mu)$ は上記の積分が意味をもつような関数である．初期条件が成り立つためには，

$$u(x,0) = \int_{-\infty}^{\infty} F(\mu)\, e^{i\mu x}\, d\mu = u_0(x) \tag{4}$$

であるが，(4) は Fourier 逆変換による u_0 の表現を意味している．すなわち，$u_0(2\pi x) = (\overline{\mathscr{F}}F)(x)$ である．したがって，u_0 が C^1 級で，かつ $\int_{-\infty}^{\infty} |u_0(x)|\, dx < \infty$ であれば（後に示すように，この仮定は強すぎる），

$$F(\mu) = \int_{-\infty}^{\infty} e^{-2\pi i\mu x} u_0(2\pi x)\, dx = \frac{1}{2\pi} \int_{-\infty}^{\infty} e^{-i\mu x} u_0(x)\, dx$$

であり，これを (3) に代入して，

$$\begin{aligned}
u(x,t) &= \int_{-\infty}^{\infty} e^{i\mu x - (c\mu)^2 t}\, d\mu\, \frac{1}{2\pi} \int_{-\infty}^{\infty} e^{-i\mu \xi} u_0(\xi)\, d\xi \\
&= \frac{1}{2\pi} \int_{-\infty}^{\infty} u_0(\xi)\, d\xi \int_{-\infty}^{\infty} e^{i\mu(x-\xi) - (c\mu)^2 t}\, d\mu
\end{aligned} \tag{5}$$

を得る．右辺最後の積分については，μ に関する積分路を変更できて，

$$\begin{aligned}
&\int_{-\infty}^{\infty} e^{i\mu(x-\xi) - (c\mu)^2 t}\, d\mu \\
&= \exp\left(-\frac{(x-\xi)^2}{4c^2 t}\right) \int_{-\infty}^{\infty} \exp\left(-c^2 t \left(\mu - \frac{i(x-\xi)}{2c^2 t}\right)^2\right) d\mu \\
&= \exp\left(-\frac{(x-\xi)^2}{4c^2 t}\right) \int_{-\infty}^{\infty} e^{-(c^2 t)\mu^2}\, d\mu \\
&= \frac{\sqrt{\pi}}{c\sqrt{t}} \exp\left(-\frac{(x-\xi)^2}{4c^2 t}\right), \quad t > 0
\end{aligned}$$

となる．積分路の変更は，$e^{-(c^2 t)z^2}$ が z の整関数 (entire function) であることと，Cauchy の積分定理からしたがう．これを (5) に代入すれば，

$$\begin{aligned}
u(x,t) &= \frac{1}{2c\sqrt{\pi t}} \int_{-\infty}^{\infty} u_0(\xi) \exp\left(-\frac{(x-\xi)^2}{4c^2 t}\right) d\xi \\
&= \int_{-\infty}^{\infty} K(x,\xi,t)\, u_0(\xi)\, d\xi
\end{aligned} \tag{6}$$

を得る.ただし,

$$K(x,\xi,t) = \frac{1}{2c\sqrt{\pi t}} \exp\left(-\frac{(x-\xi)^2}{4c^2 t}\right), \quad x \in \mathbb{R}^1, \quad t > 0 \tag{7}$$

とおいた.直接計算することにより,K は (1) の解,すなわち,

$$K_t(x,\xi,t) = c^2 K_{xx}(x,\xi,t), \quad x,\,\xi \in \mathbb{R}^1, \quad t > 0$$

を満たすことを確かめることができる.以下では,様々な区間 I や境界条件の拘束のもとで,

$$U_t(x,\xi,t) = c^2 U_{xx}(x,\xi,t), \quad x,\,\xi \in \bar{I}, \quad t > 0$$

と境界条件を満たす $U(x,\xi,t)$ を用いて,解を $\int_I U(x,\xi,t)\,u_0(\xi)\,d\xi$ と表せることが示されるであろう.そのような $U(x,\xi,t)$ を,対応する問題の**基本解**という.初期値問題 (1) においては $I = \mathbb{R}^1$ であり,基本解 $U(x,\xi,t)$ は $K(x,\xi,t)$ である.

(6) で与えられる u が (1) の解になることを示すためには,u_0 は $\mathbb{R}^1$ で連続,かつ有界であると仮定することで十分である.実際,u_0 の有界性により,積分記号と微分の順序交換が許されて,u は (1) の解である.初期条件については,$\eta = \dfrac{\xi - x}{2c\sqrt{t}}$ とおけば,

$$u(x,t) = \frac{1}{\sqrt{\pi}} \int_{-\infty}^{\infty} u_0(x + 2c\sqrt{t}\,\eta)\,e^{-\eta^2}\,d\eta$$

であるから,

$$u(x,t) - u_0(x) = \frac{1}{\sqrt{\pi}} \int_{-\infty}^{\infty} \left(u_0(x + 2c\sqrt{t}\,\eta) - u_0(x)\right) e^{-\eta^2}\,d\eta. \tag{8}$$

u_0 の有界性より,$|u_0(x)| \leqslant M$,$x \in \mathbb{R}^1$ としよう.任意の $\varepsilon > 0$ に対して $T > 0$ を大きく選べば,

$$\frac{2M}{\sqrt{\pi}} \left(\int_{-\infty}^{-T} + \int_{T}^{\infty}\right) e^{-\eta^2}\,d\eta \leqslant \frac{\varepsilon}{2}$$

となる.$|\eta| \leqslant T$ のとき,u_0 の任意の有界閉区間における一様連続性により,

$$\exists t_0 > 0;\quad 0 < t < t_0,\ |\eta| \leqslant T \Rightarrow |u_0(x + 2c\sqrt{t}\,\eta) - u_0(x)| < \frac{\varepsilon}{2}$$

が,x の任意の有界区間上で成り立つ.したがって,

9.1 1次元熱方程式

$$|u(x,t) - u_0(x)| \leqslant \frac{1}{\sqrt{\pi}} \left(\int_{-\infty}^{-T} + \int_{-T}^{T} + \int_{T}^{\infty} \right) \cdots d\eta$$

$$\leqslant \frac{\varepsilon}{2} + \frac{\varepsilon}{2\sqrt{\pi}} \int_{-T}^{T} e^{-\eta^2} d\eta$$

$$\leqslant \frac{\varepsilon}{2} + \frac{\varepsilon}{2\sqrt{\pi}} \int_{-\infty}^{\infty} e^{-\eta^2} d\eta = \varepsilon.$$

以上をまとめると，$u(x,t)$ は初期条件：

$$\lim_{t \to 0} u(x,t) = u_0(x), \quad x \in \mathbb{R}^1 \tag{9}$$

を満たす．また，$u(x,t)$ の $u_0(x)$ への収束は，任意の有界区間上で一様である．

注意． u_0 は $\mathbb{R}^1$ で有界，かつ任意の有界区間で区分的に連続である場合には，初期条件 (9) における収束は，u_0 が連続である有界閉区間において一様に成り立つ．

これまで u_0 の連続性，有界性を仮定したが，別の仮定もできる．たとえば，$u_0 \in L^2(\mathbb{R}^1)$，すなわち，$\int_{-\infty}^{\infty} |u_0(x)|^2 dx < \infty$ であると仮定する．(6) で与えられる u は同様に，(1) の方程式を満たす．初期条件については，Schwarz の不等式により，

$$\pi |u(x,t) - u_0(x)|^2 \leqslant \left(\int_{-\infty}^{\infty} |u_0(x + 2c\sqrt{t}\eta) - u_0(x)| e^{-\eta^2/2} \cdot e^{-\eta^2/2} d\eta \right)^2$$

$$\leqslant \int_{-\infty}^{\infty} |u_0(x + 2c\sqrt{t}\eta) - u_0(x)|^2 e^{-\eta^2} d\eta \int_{-\infty}^{\infty} e^{-\eta^2} d\eta$$

$$= \sqrt{\pi} \int_{-\infty}^{\infty} |u_0(x + 2c\sqrt{t}\eta) - u_0(x)|^2 e^{-\eta^2} d\eta.$$

したがって，

$$\sqrt{\pi} \int_{-\infty}^{\infty} |u(x,t) - u_0(x)|^2 dx$$

$$\leqslant \int_{-\infty}^{\infty} e^{-\eta^2} d\eta \int_{-\infty}^{\infty} |u_0(x + 2c\sqrt{t}\eta) - u_0(x)|^2 dx$$

を得る．一方，仮定により

$$\int_{-\infty}^{\infty} |u_0(x + 2c\sqrt{t}\eta) - u_0(x)|^2 dx \leqslant 2 \int_{-\infty}^{\infty} |u_0(x + 2c\sqrt{t}\eta)|^2 dx$$

$$+ 2 \int_{-\infty}^{\infty} |u_0(x)|^2 dx$$

$$= 4 \int_{-\infty}^{\infty} |u_0(x)|^2 dx < \infty, \quad \forall \eta, \ \forall t > 0$$

であるから，任意の $\varepsilon > 0$ に対して十分大きい $R > 0$ を選べば，

$$\int_{|\eta| \geqslant R} e^{-\eta^2} d\eta \int_{-\infty}^{\infty} |u_0(x + 2c\sqrt{t}\,\eta) - u_0(x)|^2 \, dx < \frac{\varepsilon}{2}, \quad \forall t > 0$$

となる．Lebesgue の定理 *) によれば，$|\eta| < R$ に関して一様に

$$\lim_{t \to 0} \int_{-\infty}^{\infty} |u_0(x + 2c\sqrt{t}\,\eta) - u_0(x)|^2 \, dx = 0$$

であるから，残りの項についても $\delta = \delta(\varepsilon) > 0$ が存在して，

$$\int_{|\eta| < R} e^{-\eta^2} d\eta \int_{-\infty}^{\infty} |u_0(x + 2c\sqrt{t}\,\eta) - u_0(x)|^2 \, dx < \frac{\varepsilon}{2}, \quad 0 < \forall t < \delta$$

となる．結局，$L^2(\mathbb{R}^1)$ の位相での収束として，初期条件は満たされる．すなわち，

$$\lim_{t \to 0} \int_{-\infty}^{\infty} |u(x,t) - u_0(x)|^2 \, dx = 0. \tag{10}$$

9.1.2 解の一意性

(1) の解 u は，任意の $T > 0$ に対して $[0, T]$ 上で一様に

$$\lim_{|x| \to \infty} u(x, t) = 0$$

となる条件のもとで，一意に決まることを示そう．(1) の二つの解の差を u とし，任意の $a > 0$ に対して $v(x, t) = e^{-at} u(x, t)$ とおけば，

$$v_t = c^2 v_{xx} - av, \quad v(x, 0) = 0 \tag{11}$$

であり，$t \in [0, T]$ に関して一様に，$\lim_{|x| \to \infty} v(x, t) = 0$ が成り立つ．任意の $R > 0$ に対して，直線 $x = -R$, $x = R$, $t = 0$, $t = T$ により囲まれる閉矩形集合 $ABCD$ を $\overline{\Omega}_R$ とし，$\overline{\Omega}_R$ における $v(x, t)$ の最大値: $M_R = \max_{\overline{\Omega}_R} v(x, t)$, 最小値: $m_R = \min_{\overline{\Omega}_R} v(x, t)$ を考える．$v(x, 0) = 0$ であるから，$m_R \leqslant 0 \leqslant M_R$ である．$M_R > 0$ とすれば，M_R は線分 AB, ま

---

*) 一般に，有限または無限区間 (a, b) と $p \geqslant 1$ に対して $\int_a^b |f(x)|^p \, dx < \infty$ であれば，

$$\lim_{t \to 0} \int_a^b |f(x + t) - f(x)|^p \, dx = 0$$

が成り立つ．今の問題では，$a = -\infty$, $b = \infty$, $p = 2$ である．関数 f の区分的連続性を仮定すれば，やや煩雑ではあるが，初等的に Lebesgue の定理を示すことができる．

たは CD 上で達成されることを示そう．実際，もし M_R が Ω_R の内点で達成されたとすれば，その点で

$$v_t = v_x = 0, \quad v_{xx} \leqslant 0$$

であるから，(11) に反する．また，線分 AD の内部（両端 A, D 以外の AD 上）で達成されたとすれば，その点で

$$v_t \geqslant 0, \quad v_x = 0, \quad v_{xx} \leqslant 0$$

であるから，やはり (11) に反する．同様に，$m_R < 0$ とすれば，m_R は線分 AB，または CD 上で達成される．

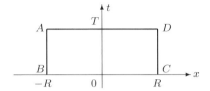

さて，仮定により，任意の $\varepsilon > 0$ に対して十分大きい $R > 0$ を選べば，AB，CD 上で $|v(x,t)| \leqslant \varepsilon$ である．上記の考察により，$-\varepsilon \leqslant m_R$, $M_R \leqslant \varepsilon$ である．すなわち，

$$-\varepsilon \leqslant v(x,t) \leqslant \varepsilon, \quad (x,t) \in \overline{\Omega}_R.$$

$\varepsilon > 0$ は任意であるから，結局，

$$v(x,t) = e^{-at}u(x,t) = 0, \quad x \in \mathbb{R}^1, \quad t \geqslant 0$$

となって，解の一意性が示された．

$u_0 \in C(\mathbb{R}^1)$ が $\lim_{|x| \to \infty} u_0(x) = 0$ を満たすと仮定すれば，(6) で与えられる $u(x,t)$ は，本節で述べた意味での (1) の一意な解であることがわかる（章末演習問題）．なお，他の仮定のもとでの解の一意性を示すこともできるが，それは 9.1.5 項で強制項を伴う場合に述べられる．

9.1.3 境界条件を伴う場合

棒の端点が $x = 0$ で，棒自身は $x \geqslant 0$ で表される場合を考えよう．$x = 0$ における境界条件が，たとえば $u(0,t) = 0$（等温条件）であれば，方程式は，

$$u_t = c^2 u_{xx}, \quad u(0,t) = 0, \quad u(x,0) = u_0(x) \tag{12}$$

となる．このとき，(7) で与えられる基本解 $K(x,\xi,t)$ を用いて，

$$U(x,\xi,t) = K(x,\xi,t) - K(x,-\xi,t), \quad x,\xi \geqslant 0, \quad t > 0 \tag{13}$$

とおき，初期値 u_0 が $x \geqslant 0$ で連続，有界，かつ $(0,0)$ における整合性 (compatibility condition): $u_0(0) = 0$ を仮定すれば，

$$u(x,t) = \int_0^\infty U(x,\xi,t)\, u_0(\xi)\, d\xi \tag{14}$$

は (12) の解を与える．実際，各 $\xi \geqslant 0$ に対して $U(x,\xi,t)$ は (1) を満たし，u_0 に対する仮定から積分記号と微分の順序交換が許されることから，$u_t = c^2 u_{xx}$ は問題ないであろう．$u(0,t) = 0$ も自明である．初期条件については，u を

$$u(x,t) = \int_0^\infty K(x,\xi,t)\, u_0(\xi)\, d\xi - \int_{-\infty}^0 K(x,\xi,t)\, u_0(-\xi)\, d\xi$$

と書きかえる．u_0 を $\mathbb{R}^1$ 全体に奇拡張すれば，すなわち，$x < 0$ では $u_0(x) = -u_0(-x)$ とおけば，u_0 は $\mathbb{R}^1$ で連続，有界になる．このとき，前 9.1.2 項で示したように，

$$\lim_{t \to 0} u(x,t) = \lim_{t \to 0} \int_{-\infty}^\infty K(x,\xi,t)\, u_0(\xi)\, d\xi = u_0(x)$$

が成り立つ．前項と同様に，$\lim_{x \to \infty} u_0(x) = 0$ ならば，解の一意性が成り立つ．

$x = 0$ において熱の出入りがない場合（断熱条件），境界条件は $u_x(0,t) = 0$ で表され，微分方程式は

$$u_t = c^2 u_{xx}, \quad u_x(0,t) = 0, \quad u(x,0) = u_0(x) \tag{15}$$

となる．初期値 u_0 が $x \geqslant 0$ で連続，有界と仮定すれば，

$$\begin{gathered} u(x,t) = \int_0^\infty U(x,\xi,t)\, u_0(\xi)\, d\xi, \\ U(x,\xi,t) = K(x,\xi,t) + K(x,-\xi,t), \quad x,\xi \geqslant 0, \quad t > 0 \end{gathered} \tag{16}$$

は (15) の解を与えることがわかる（章末演習問題）．ここで，$K(x,\xi,t)$ は (7) で定義された関数である．

境界条件 (15) を一般化することは可能である．$h \geqslant 0$ を定数として，

9.1 1次元熱方程式

$$u_t = c^2 u_{xx}, \quad (-u_x + hu)\Big|_{x=0} = 0, \quad u(x,0) = u_0(x) \tag{17}$$

を考えよう．$-u_x(0,t)$ は，$x=0$ における u の外向き法線方向微分 $u_\nu(0,t)$ を表す．初期値 u_0 は，$[0,\infty)$ で連続，有界と仮定する．共通の考え方は，u_0 を $x<0$ に適当に延長して，解を

$$u(x,t) = \int_{-\infty}^{\infty} K(x,\xi,t)\, u_0(\xi)\, d\xi$$

の形で求めてみることである．便宜上，$u_0 \in C^1[0,\infty)$ と仮定し，$\mathbb{R}^1$ に滑らかに，かつ有界に延長できたとして，

$$u(x,t) = \int_0^{\infty} K(x,\xi,t)\, u_0(\xi)\, d\xi + \int_0^{\infty} K(x,-\xi,t)\, u_0(-\xi)\, d\xi \tag{18}$$

と表そう．部分積分により容易にわかるように，

$$\begin{aligned}
(-u_x + hu)\Big|_{x=0} &= -\int_0^{\infty} K(0,\xi,t)(u_0(\xi) - u_0(-\xi)) \frac{\xi}{2c^2 t}\, d\xi \\
&\quad + h\int_0^{\infty} K(0,\xi,t)(u_0(\xi) + u_0(-\xi))\, d\xi \\
&= -\int_0^{\infty} K(0,\xi,t)\big(u_0'(\xi) + u_0'(-\xi) - h(u_0(\xi) + u_0(-\xi))\big)\, d\xi = 0
\end{aligned}$$

となればよい．この等式は，u_0 が

$$u_0'(\xi) + u_0'(-\xi) - h(u_0(\xi) + u_0(-\xi)) = 0, \quad \xi \geqslant 0 \tag{19}$$

を満たすときに成り立つ．これは $u_0(-\xi)$, $\xi \geqslant 0$ を規定する微分方程式であり，$F(\xi) = u_0(-\xi)$, $\xi \geqslant 0$ とおけば，(19) は

$$F'(\xi) + hF(\xi) = u_0'(\xi) - hu_0(\xi), \quad F(0) = u_0(0), \quad \xi \geqslant 0 \tag{20}$$

と書くことができる．これを解いて，

$$\begin{aligned}
u_0(-\xi) = F(\xi) &= e^{-h\xi}\left(u_0(0) + \int_0^{\xi} e^{h\tau}(u_0'(\tau) - hu_0(\tau))\, d\tau\right) \\
&= u_0(\xi) - 2he^{-h\xi}\int_0^{\xi} e^{h\tau} u_0(\tau)\, d\tau.
\end{aligned} \tag{21}$$

(21) を (18) に代入すれば，

$$u(x,t) = \int_0^\infty K(x,\xi,t)\, u_0(\xi)\, d\xi$$
$$+ \int_0^\infty K(x,-\xi,t)\, d\xi \left(u_0(\xi) - 2he^{-h\xi} \int_0^\xi e^{h\tau} u_0(\tau)\, d\tau \right)$$
$$= \int_0^\infty \bigl(K(x,\xi,t) + K(x,-\xi,t)\bigr) u_0(\xi)\, d\xi$$
$$- 2h \int_0^\infty u_0(\tau)\, d\tau \int_\tau^\infty K(x,-\xi,t)\, e^{-h(\xi-\tau)}\, d\xi$$
$$= \int_0^\infty \Bigl(K(x,\xi,t) + K(x,-\xi,t)$$
$$- 2h \int_0^\infty K(x,-\xi-\tau, t)\, e^{-h\tau}\, d\tau \Bigr) u_0(\xi)\, d\xi.$$

ここで,

$$\begin{aligned} U(x,\xi,t) &= K(x,\xi,t) + K(x,-\xi,t) \\ &\quad - 2h \int_0^\infty K(x,-\xi-\tau,t)\, e^{-h\tau}\, d\tau, \quad x,\ \xi \geqslant 0, \quad t > 0 \end{aligned} \tag{22}$$

とおけば,

$$u(x,t) = \int_0^\infty U(x,\xi,t)\, u_0(\xi)\, d\xi \tag{23}$$

を得る. 関数 $U(x,\xi,t)$ が等式

$$\left(\frac{\partial}{\partial t} - c^2 \frac{\partial^2}{\partial x^2} \right) U(x,\xi,t) = 0, \quad \left(-\frac{\partial}{\partial x} + h \right) U(0,\xi,t) = 0$$

を満たすことは, 直接計算することにより確かめられる. 容易にわかるように, 各 $x \geqslant 0$, $t > 0$ に対して, $U(x,\xi,t)$, $U_t(x,\xi,t)$, $U_{xx}(x,\xi,t)$ はそれぞれ, $\xi \to \infty$ のとき指数関数的に減少する. 以上のことから, $[0,\infty)$ で連続, 有界な u_0 に対して, (23) で与えられる u は, (17) の解になる.

次項でも考察する有界閉区間 $[0, l]$ 上における初期-境界値問題:

$$u_t = c^2 u_{xx}, \quad u(0,t) = u(l,t) = 0, \quad u(x,0) = u_0(x) \tag{24}$$

を考えよう. 初期値については,

$$u_0 \in C[0, l], \qquad u_0(0) = u_0(l) = 0$$

と仮定する. 関数 u_0 を区間 $[-l, l]$ に奇拡張したものを, さらに周期 $2l$ の関

数として $\mathbb{R}^1$ 全体に拡張する．このとき，u_0 は $\mathbb{R}^1$ で有界，かつ連続で，
$$u_0(x) = -u_0(-x), \qquad u_0(x) = u_0(x+2l), \quad x \in \mathbb{R}^1$$
を満たす．$u(x,t)$ を (6) により与えれば，この $u(x,t)$ は (1) と初期条件を満たす．容易にわかるように，
$$u(x,t) = -u(-x,t), \qquad u(x+2l,t) = u(x,t), \quad x \in \mathbb{R}^1, \quad t>0 \qquad (25)$$
が成り立つ．この関係から明らかに，$u(x,t)$ は境界条件: $u(0,t) = u(l,t) = 0$, $t>0$ を満たす．したがって，$u(x,t)$ は (24) の解になる．それが一意な解になることは，次項で示される．

解 $u(x,t)$ の表現に移ろう．$\psi \in C(\mathbb{R}^1)$ を，
$$\psi(x) = \begin{cases} u_0(x), & 0 \leqslant x \leqslant l, \\ 0, & x<0, \quad x>l \end{cases} \qquad (26)$$
により定義すれば，
$$u_0(x) = \sum_{n=-\infty}^{\infty} \bigl(\psi(x-2nl) - \psi(-x+2nl)\bigr), \quad x \in \mathbb{R}^1 \qquad (27)$$
で，右辺の収束は任意の有界区間で一様である．
$$u_0^N(x) = \sum_{n=-N}^{N} \bigl(\psi(x-2nl) - \psi(-xr+2nl)\bigr)$$
とおけば，u_0, u_0^N の一様有界性と (27) により，
$$\int_{-\infty}^{\infty} K(x,\xi,t) \left(u_0^N(\xi) - u_0(\xi)\right) d\xi$$
$$= \int_{-\infty}^{\infty} \frac{1}{2c\sqrt{\pi t}} e^{-\frac{(x-\xi)^2}{4c^2 t}} \left(u_0^N(\xi) - u_0(\xi)\right) d\xi$$
$$= \frac{1}{\sqrt{\pi}} \int_{-\infty}^{\infty} e^{-\eta^2} \left(u_0^N(x+2c\sqrt{t}\eta) - u_0(x+2c\sqrt{t}\eta)\right) d\eta \to 0, \quad N \to \infty$$
が，x の任意の有界区間において一様に成り立つ．したがって，
$$u(x,t) = \lim_{N\to\infty} \int_{-\infty}^{\infty} K(x,\xi,t)\, u_0^N(\xi)\, d\xi$$
$$= \lim_{N\to\infty} \int_{-\infty}^{\infty} \sum_{n=-N}^{N} K(x,\xi,t)\bigl(\psi(\xi-2nl) - \psi(-\xi+2nl)\bigr) d\xi$$
$$= \lim_{N\to\infty} \int_0^l \sum_{n=-N}^{N} \bigl(K(x,2nl+\eta,t) - K(x,2nl-\eta,t)\bigr)\psi(\eta)\, d\eta.$$

上式最右辺の $\sum_{n=-N}^{N} \cdots$ は, $x, \eta \in [0,l],\ t \in [\varepsilon, T]$ ($\forall \varepsilon, \forall T > 0$) に関して一様収束だから, 結局,

$$u(x,t) = \int_0^l \sum_{-\infty}^{\infty} \frac{1}{2c\sqrt{\pi t}} \left(e^{-\frac{(x-\xi-2nl)^2}{4c^2 t}} - e^{-\frac{(x+\xi-2nl)^2}{4c^2 t}} \right) \psi(\xi)\, d\xi \qquad (28)$$
$$= \int_0^l U(x,\xi,t)\, u_0(\xi)\, d\xi$$

を得る. この $U(x,\xi,t)$ は, 初期-境界値問題 (24) の基本解になる. Neumann 境界条件の場合にも, 同様な結果を得る (章末演習問題).

9.1.4 Fourier 級数による解法

有界閉区間 $[0,l]$ における初期-境界値問題 (24) を, 今度は Fourier 級数を利用して求めてみよう. その前に, (24) の解の一意性について述べておく. 手順は, $\mathbb{R}^1$ における場合と同様である. 問題 (24) の二つの解の差を u とし, 任意の $a > 0$ に対して $v = e^{-at} u$ とおけば,

$$v_t = c^2 v_{xx} - av, \quad v(0,t) = v(l,t) = 0, \quad v(x,0) = 0$$

である. 直線 $x=0,\ x=l,\ t=0,\ t=T$ により囲まれる閉矩形集合 $ABCD$ を $\overline{\Omega}$ とし, $\overline{\Omega}$ 上での $v(x,t)$ の最大値: $M = \max_{\overline{\Omega}} v$, 最小値: $m = \min_{\overline{\Omega}} v$ を考えると, 明らかに $m \leqslant 0 \leqslant M$ である. $M > 0$ とすれば, 矛盾が起こる. 実際, この場合の最大値は Ω の内点かまたは線分: AD の内点で達成される. いずれの場合でも, その点において

$$v_t \geqslant 0, \quad v_x = 0, \quad v_{xx} \leqslant 0$$

であるから, 矛盾する. 同様に, $m < 0$ としても矛盾が起こる. したがって, $M = m = 0$, すなわち, $v(x,t) = e^{-at} u(x,t) \equiv 0$ を得る. なお, Fourier 級数を利用して, 解の一意性を示すこともできる (章末演習問題).

問題 (24) に戻ろう. 解の一意性のもとで, すでに (28) で与えられている $u(x,t)$ を, Fourier 級数表現しようとするのである. 波動方程式の場合と同様に (8.1.2 項), $u(x,t) = X(x)T(t)$ の形の変数分離された解を見つけよう. これを (24) に代入すれば,

$$\frac{T'(t)}{c^2 T(t)} = \frac{X''(x)}{X(x)}$$

を得る．したがって，両辺は定数 $-\lambda$ に等しくなければならない．斉次境界条件を考慮して，

$$X''(x) + \lambda X(x) = 0, \quad X(0) = X(l) = 0, \\ T'(t) + c^2 \lambda T(t) = 0 \tag{29}$$

を得る．問題 (24) の境界条件が満たされるためには $\lambda > 0$ である必要があるが，さらに

$$\lambda = \left(\frac{n\pi}{l}\right)^2, \ n = 1, 2, \ldots, \quad X(x) = \sin\frac{n\pi}{l}x$$

が得られる．対応する $T(t)$ は，$T(t) = \exp\left(-\left(\frac{cn\pi}{l}\right)^2 t\right)$ となる．これらの線形結合を考え，形式的に

$$u(x,t) = \sum_{n=1}^{\infty} a_n \, e^{-\left(\frac{cn\pi}{l}\right)^2 t} \sin\frac{n\pi}{l}x \tag{30}$$

を得る．初期条件が満たされるために $t = 0$ とおけば，

$$u(x, 0) = u_0(x) = \sum_{n=1}^{\infty} a_n \sin\frac{n\pi}{l}x \tag{31}$$

を得るが，これは u_0 を $[-l, l]$ に奇拡張して得られる Fourier 級数であり，a_n は，その Fourier 係数:

$$a_n = \frac{2}{l}\int_0^l u_0(x) \sin\frac{n\pi}{l}x \, dx, \quad n = 1, 2, \ldots$$

である．(30) により与えられる $u(x,t)$ が解であることを確かめよう．$\sum_{n=1}^{\infty} |a_n|^2 < \infty$ であることに注意すれば，(30) を x, t で（任意回数）項別偏微分した級数が $[0, l] \times [\varepsilon, T]$, ($\forall \varepsilon, \forall T > 0$) 上で一様収束することがわかる．したがって，

$$\left(\frac{\partial}{\partial t} - c^2 \frac{\partial^2}{\partial x^2}\right) u(x,t) \\ = \sum_{n=1}^{\infty} a_n \left(\frac{\partial}{\partial t} - c^2 \frac{\partial^2}{\partial x^2}\right) e^{-\left(\frac{cn\pi}{l}\right)^2 t} \sin\frac{n\pi}{l}x = 0$$

が成り立つ．境界条件は，明らかに満たされる．初期条件については，u_0 が $[0, l]$ 上で C^1 級，かつ $u_0(0) = u_0(l) = 0$ であれば，

$$\lim_{t \to 0} u(x,t) = u_0(x)$$

が $[0, l]$ 上で一様収束することが示される（章末演習問題）．初期値 u_0 に対するこの仮定は，前 9.1.3 項における仮定よりも明らかに強すぎる．

初期値 u_0 が，単に $L^2(0, l)$ の関数，すなわち，$\int_0^l |u_0(x)|^2 \, dx < \infty$ という仮定のもとでは，$\left\{ \sqrt{2/l} \sin(n\pi x/l) \right\}_{n=1}^{\infty}$ が $L^2(0, l)$ における完全正規直交系であるから，

$$\int_0^l |u(x,t) - u_0(x)|^2 \, dx = \frac{l}{2} \sum_{n=1}^{\infty} \left| a_n \left(1 - e^{-\left(\frac{cn\pi}{l}\right)^2 t} \right) \right|^2 \to 0, \quad t \to 0$$

が成り立つ．(30), (31) により，

$$\begin{aligned} \Phi(x, \xi, t) &= \frac{2}{l} \sum_{n=1}^{\infty} e^{-\left(\frac{cn\pi}{l}\right)^2 t} \sin \frac{n\pi}{l} x \sin \frac{n\pi}{l} \xi \\ &= \sum_{n=1}^{\infty} e^{-\left(\frac{cn\pi}{l}\right)^2 t} \varphi_n(x) \varphi_n(\xi), \quad t > 0, \quad x, \xi \in [0, l] \end{aligned} \quad (32)$$

とおけば，(30) の u は

$$u(x,t) = \int_0^l \Phi(x, \xi, t) u_0(\xi) \, d\xi \quad (33)$$

と表される．

$$\Phi_t(x, \xi, t) = c^2 \Phi_{xx}(x, \xi, t), \quad \Phi(0, \xi, t) = \Phi(l, \xi, t) = 0$$

であり，$\Phi(x, \xi, t)$ は基本解である．解の一意性により，$u_0 \in C^1[0, l]$，$u_0(0) = u_0(l) = 0$ であれば，(28) と (33) の u は一致する:

$$u(x,t) = \int_0^l U(x, \xi, t) u_0(\xi) \, d\xi = \int_0^l \Phi(x, \xi, t) u_0(\xi) \, d\xi.$$

$u_0 \in C^1[0, l]$，$u_0(0) = u_0(l) = 0$ となる関数 u_0 の集合は，$L^2(0, l)$ において稠密だから，上の関係式より，

$$\begin{aligned} U(x, \xi, t) &= \frac{1}{2c\sqrt{\pi t}} \sum_{-\infty}^{\infty} \left(e^{-\frac{(x-\xi-2nl)^2}{4c^2 t}} - e^{-\frac{(x+\xi-2nl)^2}{4c^2 t}} \right) \\ &= \sum_{n=1}^{\infty} e^{-\left(\frac{cn\pi}{l}\right)^2 t} \varphi_n(x) \varphi_n(\xi), \quad x, \xi \in [0, l], \quad t > 0 \end{aligned} \quad (34)$$

が成り立つ．

解 $u(x,t)$ の評価については，たとえば $u_0 \in C^1[0,l]$, $u_0(0) = u_0(l) = 0$ であれば，(31) において

$$a_n = \frac{2}{l} \int_0^l u_0(x) \sin \frac{n\pi}{l} x \, dx = \frac{2}{n\pi} \int_0^l u_0'(x) \cos \frac{n\pi}{l} x \, dx$$

であるから，$\sum_{n=1}^\infty |a_n|$ は絶対収束する．したがって，(32) より

$$\left| \int_0^l U(x,\xi,t) \, u_0(\xi) \, d\xi \right| \leqslant \mathrm{const} \, e^{-\left(\frac{c\pi}{l}\right)^2 t}$$

を得る．$t=0$ の近傍では，Fourier 級数を利用したこの評価は最良ではない．実際，$u_0 \in C[0,l]$, $u_0(0) = u_0(l) = 0$ の仮定のもとでは，(28) により $u(x,t)$ は $[0,l] \times [0,\infty)$ で連続であるからである．

$u_0 \in L^2(0,l)$ の場合には，$\{\varphi_n(x)\}_{n=1}^\infty$ の $L^2(0,l)$ における完全性，あるいは $\|u_0\|^2 = \int_0^l |u_0(x)|^2 \, dx = \frac{l}{2} \sum_{n=1}^\infty |a_n|^2 < \infty$ を用いれば，

$$\left\| \int_0^l U(\cdot,\xi,t) u_0(\xi) \, d\xi \right\| \leqslant e^{-\left(\frac{c\pi}{l}\right)^2 t} \|u_0\|, \quad t \geqslant 0 \tag{35}$$

を得る．

9.1.5 強制項がある場合

$\mathbb{R}^1$ における方程式が強制項 $f(x,t)$ を伴う場合，

$$u_t = c^2 u_{xx} + f(x,t), \quad u(x,0) = u_0(x) \tag{36}$$

を考えよう．f, u_0 はそれぞれ，$\mathbb{R}^1 \times [0,T]$, $\mathbb{R}^1$ において連続，有界であると仮定する．(36) の解 u で，u, u_t, u_x, u_{xx} が $\mathbb{R}^1 \times [0,T]$ で連続，有界となるものが存在すると仮定する．$0 < \tau < t$ として，u に対する仮定と部分積分を利用すれば，

$$\begin{aligned}
&\frac{\partial}{\partial \tau} \int_{-\infty}^\infty K(x,\xi,t-\tau) \, u(\xi,\tau) \, d\xi \\
&= \int_{-\infty}^\infty \left(-K_t(x,\xi,t-\tau) \, u(\xi,\tau) + K(x,\xi,t-\tau) \, u_\tau(\xi,\tau) \right) d\xi \\
&= \int_{-\infty}^\infty \left(-c^2 K_{\xi\xi} u + K \left(c^2 u_{\xi\xi} + f(\xi,\tau) \right) \right) d\xi \\
&= \int_{-\infty}^\infty K(x,\xi,t-\tau) \, f(\xi,\tau) \, d\xi
\end{aligned} \tag{37}$$

を得る.一方,u の $\mathbb{R}^1 \times [0, T]$ における連続性,有界性により,(9) の収束を得る手順と同様にして,

$$\int_{-\infty}^{\infty} K(x,\xi,t-\tau)\, u(\xi,\tau)\, d\xi \to \begin{cases} u(x,t), & \tau \uparrow t, \\ \displaystyle\int_{-\infty}^{\infty} K(x,\xi,t)\, u_0(\xi)\, d\xi, & \tau \downarrow 0 \end{cases} \quad (38)$$

を得る.したがって,(37) の両辺を 0 から t まで積分すれば,

$$\begin{aligned} u(x,t) &= \int_{-\infty}^{\infty} K(x,\xi,t)\, u_0(\xi)\, d\xi \\ &\quad + \int_0^t d\tau \int_{-\infty}^{\infty} K(x,\xi,t-\tau)\, f(\xi,\tau)\, d\xi. \end{aligned} \quad (39)$$

これは,u, u_t, u_x, u_{xx} の $\mathbb{R}^1 \times [0, T]$ における連続性,有界性の条件のもとでの (36) の解の一意性を示している.

$u_0 = 0$ の場合に,(39) の右辺が実際に解になることを示そう.強制項 f は,さらに t に関して **Hölder** 連続,すなわち,

$$\exists K > 0, \quad 0 < \exists \alpha \leqslant 1; \quad \begin{array}{l} |f(x,t) - f(x,s)| \leqslant K|t-s|^{\alpha}, \\ x \in \mathbb{R}^1, \quad 0 \leqslant t,\, s \leqslant T \end{array} \quad (40)$$

を満たすと仮定する($\alpha = 1$ の場合は,Lipschitz 連続である).まず,

$$\begin{aligned} v(x,t,\tau) &= \int_{-\infty}^{\infty} K(x,\xi,t-\tau)\, f(\xi,\tau)\, d\xi, \\ K(x,\xi,t) &= \frac{1}{2c\sqrt{\pi t}} \exp\left(-\frac{(x-\xi)^2}{4c^2 t}\right) \end{aligned} \quad (41)$$

とおくとき,

$$\lim_{\tau \to t-0} v(x,t,\tau) = f(x,t) \quad (42)$$

が成り立つ(この段階では,f の Hölder 連続性を用いない).実際,

$$\begin{aligned} |v(x,t,\tau) - f(x,t)| &\leqslant \left| \int_{-\infty}^{\infty} K(x,\xi,t-\tau)\, (f(\xi,\tau) - f(\xi,t))\, d\xi \right| \\ &\quad + \left| \int_{-\infty}^{\infty} K(x,\xi,t-\tau)\, f(\xi,t)\, d\xi - f(x,t) \right| \\ &= I_1 + I_2 \end{aligned}$$

と分解する.すでに (9) で示したように,$\lim_{\tau \to t-0} I_2 = 0$ である.I_1 につい

9.1 1次元熱方程式

ては,$0 < t - \tau \leqslant 1$ としておく.任意の $\varepsilon > 0$ に対して十分大きい $R > 0$ を選べば,

$$\begin{aligned}
I_1 &\leqslant \int_{|\xi| \geqslant R} K(x, \xi, t-\tau) 2M \, d\xi \\
&\quad + \int_{|\xi| \leqslant R} K(x, \xi, t-\tau) |f(\xi, \tau) - f(\xi, t)| \, d\xi \\
&\leqslant \frac{2M}{\sqrt{\pi}} \int_{\eta \geqslant \frac{R-x}{2c},\, \eta \leqslant \frac{-R-x}{2c}} e^{-\eta^2} \, d\eta \\
&\quad + \int_{|\xi| \leqslant R} K(x, \xi, t-\tau) |f(\xi, \tau) - f(\xi, t)| \, d\xi \\
&\leqslant \varepsilon + \int_{|\xi| \leqslant R} K(x, \xi, t-\tau) |f(\xi, \tau) - f(\xi, t)| \, d\xi.
\end{aligned}$$

ここで,$M = \sup_{x,t} |f(x,t)|$ とおいた.関数 f の $[-R, R] \times [0, T]$ における一様連続性により,$0 < t - \tau < \delta(\varepsilon)$ であれば,上の評価により,

$$I_1 \leqslant \varepsilon + \varepsilon \int_{-\infty}^{\infty} K(x, \xi, t-\tau) \, d\xi = 2\varepsilon.$$

したがって,$\lim_{\tau \to t-0} I_1 = 0$ である.

つぎに,容易にわかるように,

$$v_x(x, t, \tau) = \int_{-\infty}^{\infty} K_x(x, \xi, t-\tau) f(\xi, \tau) \, d\xi,$$

$$|v_x(x, t, \tau)| \leqslant \frac{\text{const}}{\sqrt{t-\tau}}$$

と評価できるから,

$$u_x(x, t) = \int_0^t v_x(x, t, \tau) \, d\tau.$$

偏導関数 u_t についての考察に移ろう.十分大きい自然数 n に対して

$$u_n(x, t) = \int_0^{t-1/n} v(x, t, \tau) \, d\tau \tag{43}$$

とおけば,明らかに

$$\frac{\partial}{\partial t} u_n(x, t) = \int_0^{t-1/n} v_t(x, t, \tau) \, d\tau + v(x, t, t-1/n)$$

である.ここで,$n \to \infty$ としたいのであるが,v_t の $t = \tau$ での特異性を考慮する必要がある.

$$v(x,t,\tau) = \int_{-\infty}^{\infty} K(x,\xi,t-\tau)\left(f(\xi,\tau) - f(\xi,t)\right) d\xi$$
$$+ \int_{-\infty}^{\infty} K(x,\xi,t-\tau) f(\xi,t) d\xi$$

と分解すれば,

$$v_t(x,t,\tau) = \int_{-\infty}^{\infty} K_t(x,\xi,t-\tau)\left(f(\xi,\tau) - f(\xi,t)\right) d\xi$$
$$+ \int_{-\infty}^{\infty} K_t(x,\xi,t-\tau) f(\xi,t) d\xi$$
$$= \int_{-\infty}^{\infty} K_t(x,\xi,t-\tau)\left(f(\xi,\tau) - f(\xi,t)\right) d\xi$$
$$- \frac{\partial}{\partial \tau} \int_{-\infty}^{\infty} K(x,\xi,t-\tau) f(\xi,t) d\xi.$$

上式右辺第 1 項については, 仮定によりその絶対値は, 上から

$$\int_{-\infty}^{\infty} |K_t(x,\xi,t-\tau)| \, |f(\xi,\tau) - f(\xi,t)| \, d\xi$$
$$\leqslant \frac{\text{const}}{(t-\tau)^{1-\alpha}} \int_{-\infty}^{\infty} (1+|\eta|^2) e^{-\eta^2} d\eta$$

と評価される. したがって, v_t は τ に関して積分可能であり, 収束:

$$\int_0^{t-1/n} v_t(x,t,\tau) d\tau$$
$$= \int_0^{t-1/n} d\tau \int_{-\infty}^{\infty} K_t(x,\xi,t-\tau)\left(f(\xi,\tau) - f(\xi,t)\right) d\xi$$
$$+ \int_{-\infty}^{\infty} K(x,\xi,t) f(\xi,t) d\xi - \int_{-\infty}^{\infty} K(x,\xi,1/n) f(\xi,t) d\xi$$
$$\to \int_0^{t} d\tau \int_{-\infty}^{\infty} K_t(x,\xi,t-\tau)\left(f(\xi,\tau) - f(\xi,t)\right) d\xi$$
$$+ \int_{-\infty}^{\infty} K(x,\xi,t) f(\xi,t) d\xi - f(x,t), \quad n \to \infty$$

が, t に関して一様に成り立つ. 収束:

$$u_n(x,t) = \int_0^{t-1/n} v(x,t,\tau) d\tau$$
$$\to \int_0^{t} v(x,t,\tau) d\tau = u(x,t), \quad n \to \infty$$

の t に関する一様収束性も明らかである．したがって，$u_t(x,t)$ が存在し，(42) を考慮すれば，

$$u_t(x,t) = \int_0^t v_t(x,t,\tau)\,d\tau + f(x,t)$$
$$= \int_0^t d\tau \int_{-\infty}^{\infty} K_t(x,\xi,t-\tau)\,(f(\xi,\tau) - f(\xi,t))\,d\xi$$
$$+ \int_{-\infty}^{\infty} K(x,\xi,t)\,f(\xi,t)\,d\xi$$

を得る．$v_{xx}(x,t,\tau)$ についても同様にして，τ に関して積分可能であり，

$$c^2 u_{xx}(x,t) = \int_0^t c^2 v_{xx}(x,t,\tau)\,d\tau$$
$$= \int_0^t d\tau \int_{-\infty}^{\infty} c^2 K_{xx}(x,\xi,t-\tau)\,(f(\xi,\tau) - f(\xi,t)\}\,d\xi$$
$$+ \int_{-\infty}^{\infty} K(x,\xi,t)\,f(\xi,t)\,d\xi - f(x,t)$$

を得る．上式の表現より，u_t, u_{xx} が存在するのみならず，これらは $\mathbb{R}^1 \times [0,T]$ 上で有界であり，結局，(39) の $u(x,t)$ ($u_0 = 0$) は，

$$u_t(x,t) = \int_0^t v_t(x,t,\tau)\,d\tau + f(x,t) = \int_0^t c^2 v_{xx}(x,t,\tau)\,d\tau + f(x,t)$$
$$= c^2 u_{xx} + f(x,t), \qquad u(x,0) = 0$$

を満たすことがわかる．

有界閉区間 $[0, l]$ における強制項を含む方程式の場合

初期-境界値問題:

$$u_t = c^2 u_{xx} + f(x,t), \quad u(0,t) = u(l,t) = 0, \quad u(x,0) = 0 \qquad (44)$$

を考えよう．強制項 $f(x,t)$ に対する適当な滑らかさの仮定のもとで，(34) で与えられる $U(x,\xi,t)$ を用いて，

$$u(x,t) = \int_0^t d\tau \int_0^l U(x,\xi,t-\tau)\,f(\xi,\tau)\,d\xi \qquad (45)$$

は，同様に (44) の解になることを確かめることができる．実際，たとえば，$f \in C([0,l] \times [0,T])$, $f(0,t) = f(l,t) = 0$, かつ f は t に関して Hölder 連

続, すなわち,

$$\exists K > 0, \quad 0 < \exists \alpha \leqslant 1; \quad \begin{aligned} |f(x,t) - f(x,s)| &\leqslant K|t-s|^\alpha, \\ 0 \leqslant x &\leqslant l, \quad 0 \leqslant t, s \leqslant T \end{aligned} \quad (46)$$

と仮定すればよい（章末演習問題）．境界 $x = 0, l$ に強制項が入る問題:

$$u_t = c^2 u_{xx}, \quad u(0,t) = \alpha(t), \quad u(l,t) = \beta(t), \quad u(x,0) = 0 \quad (44)'$$

を考えることもできる．関数 α, β に対する適当な滑らかさの仮定のもとで，$(44)'$ の一意な解を得ることができる（章末演習問題）．

9.1.6　基本解についての再考察

$n \times n$ 行列 A を係数にもつ $\mathbb{C}^n$ における線形常微分方程式

$$\frac{du}{dt} + Au = 0, \quad u(0) = u_0 \quad (47)$$

の解は，基本解行列 e^{-tA} を用いて

$$u(t) = e^{-tA} u_0$$

と表されることは，第 2 章で述べた．$\operatorname{Re} \lambda$ が十分小さければ，Laplace 変換を利用して，

$$(\lambda I - A)^{-1} u_0 = -\int_0^\infty e^{\lambda t} e^{-tA} u_0 \, dt, \quad \operatorname{Re} \lambda \leqslant \exists c \quad (48)$$

となる．ここで, I は $n \times n$ 単位行列である．e^{-tA} は，したがって, $(\lambda I - A)^{-1}$ の Laplace 逆変換を利用して,

$$\begin{aligned} e^{-tA} u_0 &= \frac{-1}{2\pi i} \int_{c-i\infty}^{c+i\infty} e^{-t\lambda} (\lambda I - A)^{-1} u_0 \, d\lambda \\ &= \frac{-1}{2\pi i} \lim_{T \to \infty} \int_{c-iT}^{c+iT} e^{-t\lambda} (\lambda I - A)^{-1} u_0 \, d\lambda \end{aligned} \quad (49)$$

により与えられる．上記の積分は本来，主値の意味で考えていることに注意しよう．しかしながら，(47) は有限次元空間上の微分方程式であり，リゾルベント $(\lambda I - A)^{-1}$ は離散的かつ有限個の固有値から成る A のスペクトラム $\sigma(A)$ 以外で正則であることから，積分路を $\sigma(A)$ を含む Jordan 曲線にまで縮退で

9.1 1次元熱方程式

きる．表現 (49) と形式上同様な結果が積分路を変更することにより，放物形方程式に対しても成り立つことを示そう．例を，区間 $[0, l]$ 上の熱方程式:

$$u_t - u_{xx} = 0,$$
$$u(0,t) = u(l,t) = 0, \quad u(x,0) = u_0(x) \tag{50}$$

に選ぶ．初期-境界値問題 (50) を形式上 (47) の形で表現する際，行列 A に相当するものはこの場合，

$$Au = -\frac{d^2}{dx^2}u, \quad u(0) = u(l) = 0 \tag{51}$$

であり，A は $x = 0$, l における斉次境界条件を伴う微分作用素である．作用素 A に現れる微分は，正確には超関数の意味での微分であり (8.3 節)，それが $L^2(0, l)$ に属することを要請するため，ここでは形式的な計算を試みよう．$\lambda \neq \left(\frac{n\pi}{l}\right)^2$, $n = 1, 2, \ldots$ ならば，

$$(\lambda I - A)u = u_0, \quad \text{あるいは} \quad \lambda u + u'' = u_0, \quad u(0) = u(l) = 0 \tag{52}$$

の Green 関数 $G(x, \xi; \lambda)$ が存在して，

$$G(x, \xi; \lambda) = \begin{cases} \dfrac{\sinh \sqrt{-\lambda}\,(l - \xi) \sinh \sqrt{-\lambda}\,x}{\sqrt{-\lambda} \sinh \sqrt{-\lambda}\,l}, & 0 \leqslant x \leqslant \xi, \\ \dfrac{\sinh \sqrt{-\lambda}\,\xi \sinh \sqrt{-\lambda}\,(l - x)}{\sqrt{-\lambda} \sinh \sqrt{-\lambda}\,l}, & \xi \leqslant x \leqslant l \end{cases} \tag{53}$$

により与えられる（第 7 章，7.4 節，(32) と比べてみよ）．ここで，$\sinh z = (e^z - e^{-z})/2$ である．$\sinh z$ は，$z = in\pi$, $n = 0, \pm 1, \pm 2, \ldots$ で位数 1 の零点をもつ ($i = \sqrt{-1}$)．したがって，(52) の解は，

$$\begin{aligned} u = (\lambda I - A)^{-1} u_0 &= \int_0^l G(x, \xi; \lambda) u_0(\xi)\, d\xi \\ &= \frac{\sinh \sqrt{-\lambda}\,(l - x)}{\sqrt{-\lambda} \sinh \sqrt{-\lambda}\,l} \int_0^x \sinh \sqrt{-\lambda}\,\xi\, u_0(\xi)\, d\xi \\ &\quad + \frac{\sinh \sqrt{-\lambda}\,x}{\sqrt{-\lambda} \sinh \sqrt{-\lambda}\,l} \int_x^l \sinh \sqrt{-\lambda}\,(l - \xi)\, u_0(\xi)\, d\xi \end{aligned}$$

で与えられる．解の表現 (49) において，積分路を変更する．積分路 Γ を図のように選べば，

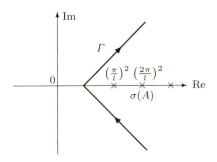

$$e^{-tA}u_0 = \frac{-1}{2\pi i}\int_\Gamma e^{-t\lambda}\,d\lambda \int_0^l G(x,\xi;\lambda)u_0(\xi)\,d\xi$$
$$= \int_0^l u_0(\xi)\,d\xi\,\frac{-1}{2\pi i}\int_\Gamma e^{-t\lambda}\,G(x,\xi;\lambda)\,d\lambda$$
$$= \int_0^l u_0(\xi)\,I(x,\xi,t)\,d\xi.$$

$I(x,\xi,t)$ を計算しよう.$\sqrt{-\lambda}$ は,0 および負の実軸に沿って切れ目を入れた平面で一価正則である.すなわち,$\lambda = re^{i\theta}$,$|\theta| < \pi$ とすれば,$\sqrt{-\lambda} = \sqrt{r}\,e^{i(\theta+\pi)/2} = \sqrt{r}\,i\,e^{i\theta/2}$ である.$\xi \leqslant x$ のとき,被積分関数

$$\frac{\sinh\sqrt{-\lambda}\,\xi\,\sinh\sqrt{-\lambda}\,(l-x)}{\sqrt{-\lambda}\,\sinh\sqrt{-\lambda}\,l}\,e^{-t\lambda}$$

は,$\lambda = (n\pi/l)^2$,$n \geqslant 1$ において位数 1 の極をもつ($\lambda = 0$ は除去可能な特異点).

$$\lim_{z \to in\pi} \frac{z - in\pi}{\sinh z} = (-1)^n$$

に注意すれば,$\lambda = (n\pi/l)^2$,$n \geqslant 1$ における留数は,容易に

$$\text{Residue of } I(x,\xi,t) = \frac{2}{l}\sin\frac{n\pi\xi}{l}\sin\frac{n\pi x}{l}\,e^{-\left(\frac{n\pi}{l}\right)^2 t}$$

とわかる.つぎの図のように,補助的な線路 C_n を選ぶ.C_n 上では,$\zeta = \sqrt{-\lambda}$ は,実軸に平行な線分 $\zeta = s + i\lambda_n$,$\lambda_n = \left(n + \frac{1}{2}\right)\pi/l$ となるように設定してある.容易にわかるように,C_n 上では $|\sinh\sqrt{-\lambda}\,l| \geqslant 1$ であり,やや細かい評価の後,

$$\int_{C_n} \frac{\sinh\sqrt{-\lambda}\,\xi\,\sinh\sqrt{-\lambda}\,(l-x)}{\sqrt{-\lambda}\,\sinh\sqrt{-\lambda}\,l}\,e^{-t\lambda}\,d\lambda \;\to\; 0 \quad \text{as } n \to \infty$$

を得る.

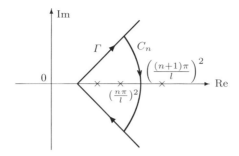

したがって，留数定理により，

$$I(x,\xi,t) = \frac{2}{l}\sum_{n=1}^{\infty}\sin\frac{n\pi\xi}{l}\sin\frac{n\pi x}{l}e^{-\left(\frac{n\pi}{l}\right)^2 t} = U(x,\xi,t) \tag{54}$$

を得る．$x \leqslant \xi$ の場合もまったく同様に計算して，(54) を得る．以上をまとめると，

$$u(x,t) = e^{-tA}u_0 = \int_0^l U(x,\xi,t)\,u_0(\xi)\,d\xi,$$

すなわち，Fourier 級数を利用して得られた解の表現 (33) が導かれた．

9.2　高次元空間における方程式

$\mathbb{R}^m$ における熱方程式は，$x=(x_1,\ldots,x_m)\in\mathbb{R}^m$ と表して，初期値問題:

$$u_t = c^2 \Delta u = c^2 \sum_{i=1}^m u_{x_i x_i}, \quad u(x,0) = u_0(x) \tag{55}$$

により記述される．$\mathbb{R}^1$ の場合と同様にして，基本解 $U(x,\xi,t)$ は，

$$U(x,\xi,t) = \frac{1}{(2c\sqrt{\pi t})^m}\,e^{-\frac{|x-\xi|^2}{4c^2 t}}, \quad |x-\xi|^2 = \sum_{i=1}^m (x_i-\xi_i)^2 \tag{56}$$

により与えられる．$u_0(x)$ が $\mathbb{R}^m$ で連続，有界であれば，

$$u(x,t) = \int_{\mathbb{R}^m} U(x,\xi,t)u_0(\xi)\,d\xi, \quad d\xi = d\xi_1\cdots d\xi_m \tag{57}$$

が (55) の解であることは，9.1.1 項と同様にして示される．

$\mathbb{R}^m$ の有界領域を Ω とするとき，初期-境界値問題:

$$u_t = c^2 \Delta u, \quad u(x,t)|_{\partial\Omega} = 0, \quad u(x,0) = u_0(x) \tag{58}$$

を考える．一般論は本書の程度を超えるので，Ω を $\mathbb{R}^2$ の単位円の内部: $\Omega = \{(x_1, x_2); x_1^2 + x_2^2 < 1\}$ にとろう（Ω を $\mathbb{R}^3$ の単位球の内部にとっても，事情は同じである）．固有値問題:

$$(c^2 \Delta + \lambda)u = 0 \quad \text{in } \Omega, \qquad u|_{\partial\Omega} = 0$$

は，固有値 $c^2 \lambda_{n,k}^2$, $n, k = 1, 2, \ldots$ をもち，$\lambda_{n,k}$ は，Bessel 関数 J_n の第 k 番目の零点である（第 7 章，7.5.2 項）．対応する（正規化されていない）固有関数は，$J_n(\lambda_{n,k} r)\cos n\theta$, $J_n(\lambda_{n,k} r)\sin n\theta$ であり，これらは $L^2(\Omega)$ における直交基底になる．(58) の解 u は，極座標を用いて，

$$u(r,\theta,t) = \sum_{n,k} J_n(\lambda_{n,k}\, r)\,(a_{n,k}\cos n\theta + b_{n,k}\sin n\theta)\, e^{-c^2 \lambda_{n,k}^2 t} \tag{59}$$

と，Ω 上で絶対一様収束する級数で表される．ここで，$a_{n,k}$, $b_{n,k}$ は，

$$u_0(r,\theta) = \sum_{n,k} J_n(\lambda_{n,k}\, r)(a_{n,k}\cos n\theta + b_{n,k}\sin n\theta) \tag{60}$$

により一意に決まる Fourier 係数である．

第 9 章の演習問題

9.1.2: $u_0 \in C(\mathbb{R}^1)$ が，$\lim_{|x|\to\infty} u_0(x) = 0$ を満たすと仮定する．(6) で与えられる $u(x,t) = \int_{-\infty}^{\infty} K(x,\xi,t)u_0(\xi)\,d\xi$ は，任意の $T > 0$ に対して，$[0,T]$ 上で一様に $\lim_{|x|\to\infty} u(x,t) = 0$ となることを示せ．したがって，この条件のもとでは，u は (1) の一意な解であることがわかる．

9.1.3-1: Neumann 境界条件をもつ初期-境界値問題:

$$u_t = c^2 u_{xx}, \quad u_x(0,t) = 0, \quad u(x,0) = u_0(x)$$

において，u_0 が $x \geqslant 0$ で連続，有界と仮定すれば，(16) で与えられる $u(x,t)$:

$$u(x,t) = \int_0^\infty U(x,\xi,t)\, u_0(\xi)\,d\xi,$$

$$U(x,\xi,t) = K(x,\xi,t) + K(x,-\xi,t), \quad x, \xi \geqslant 0, \quad t > 0$$

は，解になることを示せ．

9.1.3-2: Neumann 境界条件をもつ初期-境界値問題:
$$u_t = c^2 u_{xx}, \quad u_x(0,t) = u_x(l,t) = 0, \quad u(x,0) = u_0(x)$$
を考える．$u_0 \in C[0,l]$ のとき，(28) の表現に対応する解 u を求めよ．

9.1.4-1: $u_0 \in C^1[0,l]$, $u_0(0) = u_0(l) = 0$ であれば，
$$\lim_{t \to 0} u(x,t) = \lim_{t \to 0} \sum_{n=1}^{\infty} a_n e^{-\left(\frac{cn\pi}{l}\right)^2 t} \sin \frac{n\pi}{l} x = u_0(x),$$
$$a_n = \frac{2}{l} \int_0^l u_0(x) \sin \frac{n\pi}{l} x \, dx$$
が，$[0,l]$ 上での一様収束として成り立つことを示せ．

9.1.4-2（解の一意性）：初期-境界値問題:
$$u_t = c^2 u_{xx}, \quad u(0,t) = u(l,t) = 0, \quad u(x,0) = 0$$
の解 u に対して，
$$u(x,t) = \sum_{n=1}^{\infty} u_n(t) \varphi_n(x),$$
$$u_n(t) = \langle u(\cdot,t), \varphi_n \rangle, \quad \varphi_n(x) = \sqrt{\frac{2}{l}} \sin \frac{n\pi}{l} x$$
と Fourier 級数展開をすれば，$u_n(t) = 0$, $t \geqslant 0$, $n = 1, 2, \ldots$, したがって，$u(x,t) = 0$ となることを示せ．

9.1.5-1: 初期-境界値問題:
$$u_t = c^2 u_{xx} + f(x,t), \quad u(0,t) = u(l,t) = 0, \quad u(x,0) = 0$$
において，
 (i) $f \in C\left([0,l] \times [0,T]\right)$, $f(0,t) = f(l,t) = 0$;
 (ii) f は，(46) の意味で t に関して Hölder 連続
であると仮定する．$U(x,\xi,t)$ を (34) で与えられる基本解とするとき，
$$u(x,t) = \int_0^t d\tau \int_0^l U(x,\xi,t-\tau) f(\xi,\tau) \, d\tau$$
は，解になることを示せ．

9.1.5-2: 初期-境界値問題:
$$u_t = c^2 u_{xx}, \quad u(0,t) = \alpha(t), \quad u(l,t) = \beta(t), \quad u(x,0) = 0$$
において，$\alpha, \beta \in C^1[0,T]$ で，かつ $\dfrac{d\alpha}{dt}$, $\dfrac{d\beta}{dt}$ が Hölder 連続であると仮定するとき，解 $u(x,t)$ を求めよ．

演習問題の解答

第 1 章

1.1.1:

(i) $y = \dfrac{y_0}{y_0 \mathrm{Tan}^{-1} x + 1}$, (ii) $(y+1)^8 = (y_0+1)^8 (2x+1) e^{2x(x-1)}$,
(iii) $\mathrm{Tan}^{-1} \dfrac{y}{2} = \log(x^2+1) + \mathrm{Tan}^{-1} \dfrac{y_0}{2}$, (iv) $2\sqrt{x+y} - 2\log(1+\sqrt{x+y}) = x$, $x \geqslant 0$, (v) $y = \dfrac{y_0}{y_0(x^2+x)+1}$.

1.1.2:

(i) $\dfrac{y}{x^2+y^2} = \dfrac{y_0}{1+y_0^2}$, (ii) $y\sqrt{x^2+y^2} - y^2 + x^2 \log \dfrac{y+\sqrt{x^2+y^2}}{x} = x^2 \log x^2$, (iii) $-\log \dfrac{y^2 - xy + x^2}{x^2} + 2\sqrt{3} \,\mathrm{Tan}^{-1} \dfrac{2y-x}{\sqrt{3}\,x} = \log x^2 + c$, $c = -\log(1 - y_0 + y_0^2) + 2\sqrt{3}\, \mathrm{Tan}^{-1} \dfrac{2y_0 - 1}{\sqrt{3}}$, (iv) $x^2 - 4xy + 4y^2 + 2x - 6y = 4y_0^2 - 6y_0$, (v) $\dfrac{y}{x} + \log \dfrac{(y-x)^2}{x} = \log(y_0 - 1)^2 + y_0$, ($y_0 \neq 1$), $y = x$, ($y_0 = 1$).

1.1.3:

(i) $2y = 1 + c\,e^{-x^2}$, (ii) $(1+x^2)y = (x^2-1)\sin x + 2x\cos x + c$, (iii) $y = \dfrac{1}{\cos x + \sin x + c\,e^x}$, (iv) $y = \dfrac{1}{1 + c\,e^{x^3/3}}$, (v) $y = 2x + \dfrac{2}{-1 + c\,e^{x^2}}$, (vi) $y = 1 + \dfrac{2}{-1 + c\,e^{2\cos x}}$.

1.1.4:

(i) $\varphi(x,y) = x^2 - 2xy^2 = 1 - 2y_0^2$, (ii) $\varphi(x,y) = y\sin x - x\cos y = -1$, (iii) $m = -2$, $n = -4$, $\varphi(x,y) = -3x^{-1}y^{-2} + 2y^{-3} = -3y_0^{-2} + 2y_0^{-3}$.

1.1.5-1:

(i) 一般解: $y = cx + c^{-1}$, 特異解: $y^2 = 4x$, (ii) 一般解: $y = cx + \sqrt{1+c^2}$, 特異解: $x^2 + y^2 = 1$, (iii) 一般解: $y = c\sqrt{x} + \dfrac{c^2}{4}$, 特異解: $y = -x$.

1.1.5-2: 省略

1.2:

(i) $y = y_0 + \left(y_1 + \dfrac{1}{32}\right)\dfrac{e^{4x}-1}{4} - \dfrac{x^3}{12} - \dfrac{x^2}{16} - \dfrac{x}{32}$,   (ii) $y = y_0 - \log|1-y_1\sin x|$,

(iii) $y_1^2 - 2e^{y_0} = c > 0$ の場合,$\dfrac{\sqrt{2e^y+c}-\sqrt{c}}{\sqrt{2e^y+c}+\sqrt{c}} = C\,e^{\sqrt{c}\,x}$, $C = \dfrac{\sqrt{2e^{y_0}+c}-\sqrt{c}}{\sqrt{2e^{y_0}+c}+\sqrt{c}}$,

(iv) $y = \dfrac{c}{4}(x+C)^2 + \dfrac{2}{c}$, $c = \dfrac{y_1^2+2}{y_0}$, $C = \dfrac{2y_0}{c}$,   (v) $y_1 - y_0^2 = c^2 > 0$ の場合,$y = c\tan c(x+C)$, $C = \dfrac{1}{c}\mathrm{Tan}^{-1}\dfrac{y_0}{c}$, $y_1 - y_0^2 = 0$ の場合,$y = \dfrac{y_0}{1 - y_0 x}$, $y_1 - y_0^2 = -c^2 < 0$ の場合,$y = \dfrac{c(1+Ce^{2cx})}{1 - Ce^{2cx}}$, $C = \dfrac{y_0 - c}{y_0 + c}$.

第 2 章

2.1.1: 省略

2.1.2: $\boldsymbol{y}_2(x_0) = 0$ は明らか.
$$\begin{aligned}\dfrac{d\boldsymbol{y}_2}{dx} &= \dfrac{d}{dx}\int_{x_0}^{x} Y(x)Y^{-1}(\xi)\boldsymbol{b}(\xi)\,d\xi \\ &= \int_{x_0}^{x} \dfrac{\partial}{\partial x}Y(x)Y^{-1}(\xi)\boldsymbol{b}(\xi)\,d\xi + Y(x)Y^{-1}(\xi)\boldsymbol{b}(\xi)\Big|_{x=\xi} \\ &= \int_{x_0}^{x} A(x)Y(x)Y^{-1}(\xi)\boldsymbol{b}(\xi)\,d\xi + \boldsymbol{b}(x) = A(x)\boldsymbol{y}_2 + \boldsymbol{b}(x).\end{aligned}$$

2.2.1-1: (i), (iii) は,明らか. (ii), (iv), (v) は,Schwarz の不等式を用いればよい.

2.2.1-2: 前問と同様. (v) は,$|A\boldsymbol{y}|\boldsymbol{y}|^{-1}| \leqslant \|A\|$ より明らか. (iv) は,(v) よりしたがう.

2.2.1-3: (i) A の固有値は,$i\omega$, $-i\omega$ $(i = \sqrt{-1}\,)$ であるから,対応する固有ベクトルを,それぞれ $\boldsymbol{p}_1 = (1\ i)^\mathrm{T}$, $\boldsymbol{p}_2 = (1\ -i)^\mathrm{T}$ とする. $P = (\boldsymbol{p}_1\ \boldsymbol{p}_2)$, $\Lambda = \mathrm{diag}\,(i\omega\ -i\omega)$ とおけば,
$$\begin{aligned}e^{xA} &= P\,e^{x\Lambda}P^{-1} = \begin{pmatrix}1 & 1 \\ i & -i\end{pmatrix}\begin{pmatrix}e^{i\omega x} & 0 \\ 0 & e^{-i\omega x}\end{pmatrix}\dfrac{-1}{2i}\begin{pmatrix}-i & -1 \\ -i & 1\end{pmatrix} \\ &= \begin{pmatrix}\cos\omega x & \sin\omega x \\ -\sin\omega x & \cos\omega x\end{pmatrix}.\end{aligned}$$

(ii) (i) と同様に,A の固有値は -2, 1 であり,
$$e^{xA} = -\dfrac{1}{3}\begin{pmatrix}e^{-2x} - 4e^x & -e^{-2x} + e^x \\ 4e^{-2x} - 4e^x & -4e^{-2x} + e^x\end{pmatrix}.$$

(iii) A の固有値は $a \pm ib$ であり,

$$e^{xA} = e^{ax}\begin{pmatrix} \cos bx & -\sin bx \\ \sin bx & \cos bx \end{pmatrix}.$$

2.2.1-4: (i) たとえば $P = \begin{pmatrix} 2 & 1 & 1 \\ -4 & 0 & -2 \\ 10 & 0 & 0 \end{pmatrix}$ とおけば, $J = P^{-1}AP = \begin{pmatrix} 2 & 1 & 0 \\ 0 & 2 & 0 \\ 0 & 0 & 2 \end{pmatrix}$. (ii) $P = \begin{pmatrix} 0 & 3 & 1 \\ 30 & -5 & 0 \\ 45 & -12 & 0 \end{pmatrix}$ とおけば, $J = \begin{pmatrix} -5 & 1 & 0 \\ 0 & -5 & 1 \\ 0 & 0 & -5 \end{pmatrix}$. 変換行列 P の構造は,それぞれ以下のようになる:

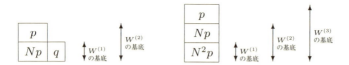

2.2.1-5:

(i) $e^{2x}\begin{pmatrix} 2x+1 & x & 0 \\ -4x & -2x+1 & 0 \\ 10x & 5x & 1 \end{pmatrix}$,

(ii) $e^{-5x}\begin{pmatrix} 1+3x & -3x & 2x \\ -5x(1-3x) & 1+15x-15x^2 & -10x(1-x) \\ -3x(4-\frac{15}{2}x) & 9x(3-\frac{5}{2}x) & 1-18x+15x^2 \end{pmatrix}$.

2.2.1-6: $\boldsymbol{y}(x) = e^{xA}\boldsymbol{y}_0$ に対して, $\frac{d}{dx}|\boldsymbol{y}(x)|^2$ を計算すればよい. 最後の主張は, A の固有値はすべて左半平面に存在することによる.

2.2.1-7: A は消散的であるから, $|e^{xA}\boldsymbol{y}_0|$ は単調非増加. また, 0 を固有値としてもつから, $e^{xA}\boldsymbol{y}_0 = 0$, $x \geqslant 0$ となる初期値 $\boldsymbol{y}_0 \neq \boldsymbol{0}$ が存在する.

2.2.1-8: e^{xA} の定義より, 明らか.

2.2.2-1: $\det(\lambda I_n - A)$ を第 1 列に関して展開すればよい.

2.2.2-2: (i) $y = c_1 e^{-2x} + c_2 e^{-x} + 2x^2 - 6x + 7$, (ii) $y = c_1 e^{-2x} + c_2 e^{-x} - \cos 2x + 3\sin 2x$, (iii) $y = c_1 \cos 2x + c_2 \sin 2x + x\sin 2x$, (iv) $y = c_1 e^{-2x}\cos x + c_2 e^{-2x}\sin x + x^2 - x$, (v) $y = (-3x^2 - 2x + c_1)e^{-2x} + c_2 e^x$, (vi) $c_1 e^{-2x} + c_2 e^x + ((5x+18)\cos x + (15x-1)\sin x)e^{-2x}$, (vii) $y = c_1 e^{-4x} + (x+c_2)e^{-2x} - 6\cos x + 7\sin x$, (viii) $y = c_1 x^{-2} + c_2 x^{-1}$.

2.2.3-1: $\cos xA$ については, Cauchy の積分定理を用いて,

$$\frac{d}{dx}\cos xA = \frac{1}{2\pi i}\int_\Gamma \frac{\partial}{\partial x}\cos x\lambda\,(\lambda I - A)^{-1}\,d\lambda$$
$$= \frac{1}{2\pi i}\int_\Gamma -\lambda\sin x\lambda\,(\lambda I - A)^{-1}\,d\lambda$$
$$= \frac{1}{2\pi i}\int_\Gamma \sin x\lambda\,(-\lambda I + A - A)(\lambda I - A)^{-1}\,d\lambda$$
$$= \frac{1}{2\pi i}\int_\Gamma \sin x\lambda\,(-A)(\lambda I - A)^{-1}\,d\lambda = -A\sin xA.$$

$\sin xA$ についても同様. 最後の関係は, (34) を利用すればよい.

2.2.3-2: (i)
$$(\lambda I - A)^{-1} = \frac{1}{(\lambda - 2)^2}\begin{pmatrix} \lambda & 1 & 0 \\ -4 & \lambda - 4 & 0 \\ 10 & 5 & \lambda - 2 \end{pmatrix}$$

であるから, Γ を 2 を内点とする単純閉曲線として, $e^{xA} = \frac{1}{2\pi i}\int_\Gamma e^{x\lambda}(\lambda I - A)^{-1}\,d\lambda$ を計算する. たとえば, $(1,1)$-成分は 2 を位数 2 の極としてもつから,

$$e^{xA}\big|_{(1,1)} = \frac{1}{2\pi i}\int_\Gamma \frac{\lambda e^{x\lambda}}{(\lambda - 2)^2}\,d\lambda = \mathrm{Res.}\left(\frac{\lambda e^{x\lambda}}{(\lambda - 2)^2};\,2\right)$$
$$= \lim_{\lambda\to 2}\frac{\partial}{\partial\lambda}(\lambda - 2)^2\,\frac{\lambda e^{x\lambda}}{(\lambda - 2)^2} = \lim_{\lambda\to 2}(1 + x\lambda)e^{x\lambda} = (1 + 2x)e^{2x}$$

と計算する. 他の成分についても同様 ($(3,3)$-成分は 2 を位数 1 の極としてもつ).
(ii) についても, 同様に計算できる.

2.2.3-3: (i) $c_1(x) = \frac{1}{3}(-e^{-4x} + e^{-x})$, $c_2(x) = \frac{1}{3}(-e^{-4x} + 4e^{-x})$,
(ii) $c_1(x) = \frac{1}{3}(\cos x - \cos 4x)$, $c_2(x) = \frac{1}{3}(4\cos x - \cos 4x)$.

2.3: (i) $\lambda_1 \neq \lambda_2$ の場合: これらがともに実数であれば, 非有界な解が現れる. これらが複素共役であれば, $|\lambda_1| = |\lambda_2| = 1$ となる. $\lambda_1 = e^{i\theta}$ とおけば, B の固有値は $\pm i\theta/\omega$ であり,
$$e^{xB} \sim \mathrm{diag}\left(e^{i\theta x/\omega}\ \ e^{-i\theta x/\omega}\right).$$
したがって, すべての解は有界である.
(ii) $\lambda_1 = \lambda_2$ の場合: $\lambda_1 = \lambda_2 = \pm 1$ であるから,

$$\text{(a)}\ \ C = \pm I, \quad \text{または} \quad \text{(b)}\ \ C \sim \begin{pmatrix} \pm 1 & 1 \\ 0 & \pm 1 \end{pmatrix}.$$

(a) であれば, $B = I$ または $B = i\pi\omega^{-1}I$ であるから, 解は有界. (b) であれば, $B \sim \omega^{-1}N$ または $B \sim \omega^{-1}(i\pi I - N)$, $N = \begin{pmatrix} 0 & 1 \\ 0 & 0 \end{pmatrix}$ であるから, 非有界な解が存在する.

第 3 章

3.1-1: $y(x_0) > 0$ となる $x_0 > 0$ が存在するとして, $c = \sup\{x_*; y(x) = 0, 0 \leqslant x \leqslant x_*\}$ とおけば, $0 \leqslant c < x_0$ であり, $y(x) = 0$, $0 \leqslant x \leqslant c$ となる. $x \, (> c)$ が十分 c に近いとき $y(x) \leqslant 1$ であるから,

$$y(x) \leqslant \int_c^x a(t)y(t)\,dt$$

となる. このような x に対しては, Gronwall の不等式より $y(x) = 0$ となり, c の定義に矛盾する.

3.1-2: $\mathbb{R}^n$ における微分方程式

$$\frac{d\boldsymbol{y}}{dx} = (A+B)\boldsymbol{y}, \qquad \boldsymbol{y}(0) = \boldsymbol{y}_0$$

において, 解 $\boldsymbol{y}(x) = e^{x(A+B)}\boldsymbol{y}_0$ は, 評価:

$$|\boldsymbol{y}(x)| = \left| e^{xA}\boldsymbol{y}_0 + \int_0^x e^{(x-t)A} B\boldsymbol{y}(t)\,dt \right|$$

$$\leqslant Me^{\omega x}|\boldsymbol{y}_0| + \int_0^x Me^{\omega(x-t)}\|B\|\,|\boldsymbol{y}(t)|\,dt, \quad x \geqslant 0$$

を満たす. $\varphi(x) = e^{-\omega x}|\boldsymbol{y}(x)|$ とおけば,

$$\varphi(x) \leqslant M|\boldsymbol{y}_0| + \int_0^x M\|B\|\,\varphi(t)\,dt, \quad x \geqslant 0$$

より, Gronwall の不等式: $\varphi(x) \leqslant M|\boldsymbol{y}_0|e^{M\|B\|x}$, $x \geqslant 0$ を得る.

3.2.1:

$$y_0(x) \equiv 1, \qquad y_n(x) = \sum_{k=0}^n \frac{x^{2k}}{k!} \to e^{x^2}, \quad n \to \infty.$$

3.2.2: 折れ線は,

$$y_n(x) = y_0\left(1 + \frac{x_0}{n}\right)^{k-1}\left(x - \frac{(k-1)x_0}{n}\right) + y_0\left(1 + \frac{x_0}{n}\right)^{k-1},$$

$$x \in \left[\frac{(k-1)x_0}{n}, \frac{kx_0}{n}\right], \quad 1 \leqslant k \leqslant n$$

で表されるから, $y_n(x_0) = y_0(1 + x_0/n)^n \to y_0 e^{x_0}$, $n \to \infty$ を得る.

3.3-1: (i) $y_0 > 1$ ならば,

$$y(x) = \frac{e^x}{e^x + \frac{1}{y_0} - 1}$$

で, $\log(1 - y_0^{-1}) < x < \infty$. $y_0 < 0$ ならば, 上と同じ解で, $-\infty < x < \log(1 - y_0^{-1})$. $0 < y_0 < 1$ ならば, 上と同じ解で, $-\infty < x < \infty$. $y_0 = 0$ ならば, $y(x) = 0$,

$-\infty < x < \infty$. $y_0 = 1$ ならば, $y(x) = 1$, $-\infty < x < \infty$.

(ii) $y_0 > 0$ ならば,
$$y(x) = \frac{y_0}{x(1 - y_0 \log x)}$$
で, $0 < x < e^{1/y_0}$. $y_0 < 0$ ならば, 上と同じ解で, $e^{1/y_0} < x < \infty$. $y_0 = 0$ ならば, $y(x) = 0$, $0 < x < \infty$.

3.7-1: 同じ初期値 y_0 をもつ解 y_1, y_2 に対して $y_1(x^*) < y_2(x^*)$ となる $x^* > x_0$ が存在するとしよう. $x_* = \inf\{x \geqslant x_0;\ y_1(x) < y_2(x)\}$ とおけば, $y_1(x_*) = y_2(x_*)$ となる. このとき,
$$y_1(x^*) - y_2(x^*) = \int_{x_*}^{x^*} (f(y_1(t)) - f(y_2(t)))\,dt \geqslant 0$$
となり, 矛盾する.

3.7-2: $\overline{\varphi}(x_0) < y(x_0)$ となる解 y と $x_0 > 0$ が存在すると仮定すれば, $\overline{\varphi}(x) < y(x)$, $c < x \leqslant x_0$, $\overline{\varphi}(c) = y(c)$ なる $c \geqslant 0$ が見出せる.
$$x_0 - c - \varepsilon = \int_{c+\varepsilon}^{x_0} dx = \int_{c+\varepsilon}^{x_0} y(x)^{-1/3} \frac{dy}{dx}\,dx = \frac{3}{2}\left(y(x_0)^{2/3} - y(c+\varepsilon)^{2/3}\right)$$
において $\varepsilon \downarrow 0$ とすれば, $y(x_0) = \overline{\varphi}(x_0)$ となり, 矛盾する.

3.7-3: y_m が解になることを示そう. y_m は連続関数になることに注意する. $y_1(x_0) \neq y_2(x_0)$ である点 x_0 においては問題ない. $y_1(x_0) = y_2(x_0)$ となる場合, x_0 の近傍で
$$y(x) = y_m(x_0) + \int_{x_0}^{x} f(t, y_m(t))\,dt$$
とおけば, $y'(x) = f(x, y_m(x))$ となる. 一方, f の一様連続性から, $\forall \varepsilon > 0$ に対して十分小さい $\delta = \delta(\varepsilon) > 0$ を選べば, $|x - x_0| < \delta$ である限り,
$$|y(x) - y_i(x)| \leqslant \left|\int_{x_0}^{x} |f(t, y_m(t)) - f(t, y_i(t))|\,dt\right|$$
$$\leqslant \left|\int_{x_0}^{x} \varepsilon\,dt\right| = \varepsilon|x - x_0|, \quad i = 1, 2.$$
言いかえれば, $|y(x) - y_m(x)| \leqslant \varepsilon|x - x_0|$ となる. したがって,
$$\left|\frac{y(x) - y(x_0)}{x - x_0} - \frac{y_m(x) - y_m(x_0)}{x - x_0}\right| \leqslant \varepsilon, \quad |x - x_0| < \delta, \quad i = 1, 2$$
となり, $y'_m(x_0)$ が存在し, それは $y'(x_0)$ に等しい. 結局, $y'_m(x_0) = f(x_0, y_m(x_0))$.

第 4 章

4.1: $y = \sum_{n=0}^{\infty} c_n x^n$ とおく.
  (i) 漸化式: $\sum_{i=0}^{n} c_i c_{n-i} = (n+1)c_{n+1}$ より, $c_n = 1$ となる. このとき, $y = \sum_{n=0}^{\infty} x^n = (1-x)^{-1}$, $|x| < 1$.
  (ii) 漸化式: $(n+2)c_{n+2} = (n-3)c_n$ より,
$$y = c_0 \sum_{n=0}^{\infty} \left(\prod_{k=1}^{n} \frac{2k-5}{2k} \right) x^{2n} + c_1 \left(x - \frac{2}{3}x^3 \right), \qquad |x| < 1.$$

4.2.1-1:
  (i) $P'_\nu(x) = \dfrac{1}{2^\nu \nu!} \dfrac{d^\nu}{dx^\nu} \left(2\nu x (x^2-1)^{\nu-1} \right)$
  $= \dfrac{1}{2^{\nu-1}(\nu-1)!} \left(x \dfrac{d^\nu}{dx^\nu} (x^2-1)^{\nu-1} + \nu \dfrac{d^{\nu-1}}{dx^{\nu-1}} (x^2-1)^{\nu-1} \right)$
  $= x P'_{\nu-1}(x) + \nu P_{\nu-1}(x),$

  (ii) $P'_{\nu+1}(x) = \dfrac{1}{2^{\nu+1}(\nu+1)!} \dfrac{d^\nu}{dx^\nu} \dfrac{d^2}{dx^2} (x^2-1)^{\nu+1}$
  $= \dfrac{1}{2^\nu \nu!} \dfrac{d^\nu}{dx^\nu} \left((2\nu+1)(x^2-1)^\nu + 2\nu(x^2-1)^{\nu-1} \right)$
  $= (2\nu+1) P_\nu(x) + P'_{\nu-1}(x).$

4.2.1-2: $P_0, \ldots, P_\nu$ は, ν 次以下の多項式からなる空間の直交基底になるから, $f = \sum_{i=0}^{\nu-1} c_i P_i$ と一意に表される. この表現より, 直ちに題意が示される.

4.2.1-3: 部分積分により, 以下の関係に注意すればよい:
$$\nu(\nu+1) \int_{-1}^{1} P_\nu(x) P_\mu(x)\, dx = -\int_{-1}^{1} \left((1-x^2) P'_\nu(x) \right)' P_\mu(x)\, dx$$
$$= \int_{-1}^{1} (1-x^2) P'_\nu(x) P'_\mu(x)\, dx.$$

4.2.1-4: 部分積分により,
$$\int_{-1}^{1} P^2_{\nu,1}(x)\, dx = (1-x^2) P'_\nu P_\nu \Big|_{-1}^{1} - \int_{-1}^{1} \left((1-x^2) P'_\nu \right)' P_\nu\, dx$$
$$= \nu(\nu+1) \int_{-1}^{1} P^2_\nu(x)\, dx = \frac{2\nu(\nu+1)}{2\nu+1}.$$

4.2.1-5: (16) とほとんど同様.

4.2.1-6: x^n は, $P_h^{(h)}, P_{h+1}^{(h)}, \ldots, P_{n+h}^{(h)}$ の線形結合で表される. $f \in C[-1, 1]$ を -1 と 1 の近傍で 0 と修正した関数 $\tilde{f}$ は, 平均収束の意味で任意に f に近似できる. $\tilde{f}(x)/\sqrt{1-x^2}$ は $[-1, 1]$ で区分的に連続であるから, x^n, $n = 0, 1, \ldots$ の線形結

合により，平均収束の意味で任意に近似できる．
$$\int_{-1}^{1}\left|\tilde{f}(x)-\sqrt{1-x^2}^h\sum_{i=0}^{n}c_ix^i\right|^2 dx \leqslant \int_{-1}^{1}\left|\frac{\tilde{f}(x)}{\sqrt{1-x^2}^h}-\sum_{i=0}^{n}c_ix^i\right|^2 dx \to 0$$
とできることと，$\sqrt{1-x^2}^h\sum_{i=0}^{n}c_ix^i = \sum_{i=h}^{n+h}d_iP_{i,h}(x)$ と表されることから，題意がしたがう．

4.2.2: Legendre 陪関数の直交性 (16) とほとんど同様．

4.3.1:
 (i) $y_1(x) = \sqrt{x}\,e^{-3x/2}, \quad y_2(x) = \sum_{n=0}^{\infty}\frac{n!(-6)^n}{(2n+1)!}x^{n+1},$
 (ii) $y_1(x) = x, \quad y_2(x) = xe^x,$
 (iii) $y_1(x) = \frac{e^x}{x}, \quad y_2(x) = \frac{e^x}{x}\log x - \sum_{n=1}^{\infty}\frac{1}{n!}\left(1+\frac{1}{2}+\cdots+\frac{1}{n}\right)x^{n-1},$
 (iv) $y_1(x) = \sum_{n=0}^{\infty}\frac{(-1)^n(n+1)}{(n+4)!}x^{n+2}, \quad y_2(x) = (x^2-4x+6)x^{-2}.$

4.3.2-1: $J_{\frac{1}{2}}(x)$ の場合（例題 1）とほとんど同様．

4.3.2-2: (i), (ii) は，(32) の級数を項別微分して得られる．(iii), (iv) は，(i), (ii) の左辺を直接微分することにより容易に得られる．

4.3.2-3: 前問，(i), (ii) を利用すればよい．$J'_\nu(\lambda_n)J'_\nu(\lambda_{n+1}) < 0$ となることに注意する．

4.3.3: r を 0 に近いパラメター，$y(x,r) = \sum_{k=0}^{\infty}c_k(r)x^{k+r}$ として，
$$c_k(r) = \begin{cases} \prod_{j=k}^{n-1}\dfrac{(r+j+1)(r-n+j+1)}{(r+\alpha+j)(r+\beta+j)}, & k < n, \\ 1, & k = n, \\ \prod_{j=n}^{k-1}\dfrac{(r+\alpha+j)(r+\beta+j)}{(r+j+1)(r-n+j+1)}, & k > n. \end{cases}$$
$c'_k(0)$ を計算して，$y_r(x,0) = \sum_{k=0}^{\infty}c'_k(0)x^k + \log x\sum_{k=0}^{\infty}c_k(0)x^k$ に代入すれば，
$$y_r(x,0) = x^n F(\alpha+n,\beta+n,1+n;x)\log x + x^n F_1(\alpha+n,\beta+n,1+n;x).$$

第 5 章

5.1-1: (i) $\dfrac{d}{dx}|y|^2 = 2yf(y) \leqslant 0$ より，$|y|$ は単調非増加．$y_0 > 0$ とすると，$y(t)$ は単調非増加で，$y(t) \geqslant 0$ となる．$\lim_{t\to\infty}y(t) = y_\infty \geqslant 0$ とおく．$y_\infty > 0$ と仮定すれば，十分大きい $R > 0$ に対して $y'(t) \leqslant \frac{1}{2}f(y_\infty) < 0, \quad t > R$ となるから，

$y(t) < 0$ となる t が存在することになり，矛盾する．$y_0 \leqslant 0$ の場合も同様．

(ii) (i) と同様に，$y_0 > 0$ とすると，$y(t)$ は単調非減少．$y(t)$ が上に有界であるとして，$\lim_{t \to \infty} y(t) = y_\infty < \infty$ とおく．十分大きい R に対して，$y'(t) \geqslant \frac{1}{2} f(y_\infty) > 0$，$t > R$ となるから，$y(t) \to \infty$ となり，矛盾する．$y_0 < 0$ の場合も同様．

5.1-2: $\frac{d}{dt} V(y_1(t), y_2(t)) = -4V(y_1(t), y_2(t))$.

5.2:

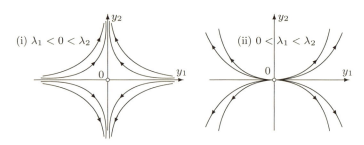

5.3-1: $\{y_n\} \subset L_\omega(\eta)$, $y_n \to y_\infty$ とする．各 n に対して，$|y_n - \varphi(t_n; \eta)| < 1/n$ となる t_n が存在するが，つぎの $n+1$ に対して $t_n + 1 < t_{n+1}$ となるように t_{n+1} を選べる．このとき，$|y_\infty - \varphi(t_n; \eta)| \leqslant |y_\infty - y_n| + 1/n \to 0$ だから，$t_n \to \infty$，$\varphi(t_n; \eta) \to y_\infty \in L_\omega(\eta)$ となる．

5.3-2: y^+ 上の点を通過する軌道は，A に入り，続けて g^+ と交わる：実際，$z(0) \in y^+$ の場合，$\dot{x}(0) = y(0) > 0$ であるから，小さい $t > 0$ に対して $x(t) > 0$ であり，$y(t)$ は減少となる．A から出発する軌道が，ある時刻 $t > 0$ で g^+ を通過することを示そう．y^+，$y = y(0)$，g^+ により囲まれる領域を P とすれば，$t_0 > 0$ が存在して，$(x(t), y(t)) \in P$，$0 \leqslant t \leqslant t_0$．このような t_0 の上限が $\sup t_0 = \infty$ であるとすれば，解は $t \geqslant 0$ で存在して，$\overline{P}$ に留まることになる．一方，$\dot{x}(t) \geqslant 0$ であるから，$x(t)$ は単調増加．したがって，$\dot{y}(t) = -x(t) \leqslant -x(0) = -a$ である．不等式：

$$y(t) = y(0) + \int_0^t \dot{y}(\tau)\, d\tau \leqslant y(0) - at, \quad t \geqslant 0.$$

により，$y(t)$ の有界性に矛盾する．したがって，$\sup t_0 = \beta < \infty$．$z(t)$ の $[0, \beta)$ における有界性より，$\lim_{t \nearrow \beta} z(t) = z(\beta) \in \overline{P}$ が存在する．$z(\beta)$ が P の内点であれば $z(\beta)$ を始点とする解が β の近傍で存在することになり，矛盾．したがって，$z(\beta) \in \partial P$ であり，A における $\dot{z}(t)$ の性質から $z(\beta) \in g^+$ がわかる．

5.3-3: $t = 0$ で $(0, p)$ を出発する解を $z(t; p)$ で表し，$p = p_0$ のとき $t_1(p_0) = t_0$ とする：$z(t_0; p_0) \in y^-$．$n = (1, 0)^T$ とし，関数 G を $G(t, p) = \langle n, z(t; p) \rangle$ により定めると，明らかに $G(t_0, p_0) = 0$．また，$G_t(t, p) = \langle n, \dot{z}(t; p) \rangle = \langle n, F(z(t; p)) \rangle$

であるから, $G_t(t_0, p_0) = \langle n, F(z(t_0; p_0)) \rangle \neq 0$ がわかる. 陰関数の定理により, p_0 の近傍で $\exists 1\, t(p) \in C^1$; $G(t(p), p) = \langle n, z(t(p); p) \rangle = 0$, かつ $t(p_0) = t_0$. p が p_0 に近いとき, $z(t(p); p)$ は $z(t_0, p_0)$ の近傍に留まり, n に直交するから, $z(t(p); p) \in y^-$ がわかる. この $t(p)$ が t_1 になる.

第 6 章

6.1: (i) $u(x,y) = 1 - \sqrt{1 + 2(x-y)}$, (ii) $u(x,y) = h\left(x - \dfrac{a}{b}y\right)$, (iii) $u(x,y) = \sqrt{x^2 + y^2}$, (iv) $u(x,y) = \exp\left(-\operatorname{Tan}^{-1}\dfrac{y}{x}\right) h\left(\sqrt{x^2 + y^2}\right)$.

6.2: (i) $u(x,y) = \pm(1 - \sqrt{x^2 + y^2})$, (ii) $u(x,y) = \sqrt{(4x+1)y}$, (iii) $u(x,y) = (x - y \pm 2\sqrt{c})^2/4$, (iv) $u(x,y) = x + \dfrac{y^2}{2(2x+1)}$.

6.3-1: $\Phi_x = \Phi_\xi \varphi_x + \Phi_\eta \psi_x$, $\Phi_y = \Phi_\xi \varphi_y + \Phi_\eta \psi_y$ により計算する.

6.3-2: $\xi = \alpha x - y$, $\eta = \beta x - y$.

6.3-3: $\xi = bx - ay$, $\eta = x$.

6.3-4: (i) $\xi = ye^x$, $\eta = ye^{-x}$ とおけば, $u_{\xi\eta} - \dfrac{u_\xi}{4\eta} - \dfrac{u_\eta}{4\xi} = 0$, (ii) $\xi = y^2$, $\eta = x^2$ とおけば, $u_{\xi\xi} + u_{\eta\eta} + \dfrac{u_\xi}{2\xi} + \dfrac{u_\eta}{2\eta} = 0$, (iii) $\xi = -x^2 - 2y$, $\eta = x$ とおけば, $u_{\eta\eta} - 2u_\xi = 0$.

第 7 章

7.1-1: つぎの関係に注意すればよい:
$$u_x = u_r \cos\theta - u_\theta \frac{\sin\theta}{r}, \qquad u_y = u_r \sin\theta + u_\theta \frac{\cos\theta}{r}.$$

7.1-2: Ω から $P = (\xi, \eta)$, $P' = (\xi', \eta')$ を中心とする十分小さい半径 ε の円を取り除いた領域 Ω_ε と, $u = G(x, y; \xi, \eta)$, $v = G(x, y; \xi', \eta')$ に対して Green の公式を適用し, $\varepsilon \to 0$ とすればよい.

7.1-3: u と G に Green の公式を利用すればよい. Ω が単位円の内部である場合には, 円周上で $\dfrac{\partial}{\partial \nu_{\xi,\eta}} = \xi \dfrac{\partial}{\partial \xi} + \eta \dfrac{\partial}{\partial \eta}$ の関係により (25) を直接計算すれば, Poisson の公式が得られる.

7.1-4: 直接, 計算すればよい.

7.1-5: まず, 円柱座標による変換, $(x, y, z) \mapsto (\rho, \varphi, z)$: $x = \rho \cos\varphi$, $y = \rho \sin\varphi$, $z = z$ と (4) を経由して,

$$\Delta = \frac{\partial^2}{\partial \rho^2} + \frac{1}{\rho}\frac{\partial}{\partial \rho} + \frac{1}{\rho^2}\frac{\partial^2}{\partial \varphi^2} + \frac{\partial^2}{\partial z^2}$$

を得る．ついで，変換，$(\rho, \varphi, z) \mapsto (r, \theta, \varphi)$: $z = r\cos\theta$, $\rho = r\sin\theta$, $\varphi = \varphi$ と再び (4) を利用すればよい．

7.1-6: (i) u と 1 に Green の公式を適用すればよい．

(ii) 中心 P，半径 r の円周とその内部で u を考える．上記 (i) に注意すれば，(6) と同様にして，

$$u(P) = \frac{-1}{2\pi}\int_{|Q-P|=r}\left(\frac{\partial u(Q)}{\partial \nu}\log|Q-P| - u(Q)\frac{\partial \log|Q-P|}{\partial \nu}\right)d\Gamma$$
$$= \frac{1}{2\pi r}\int_{|Q-P|=r} u(Q)\,d\Gamma$$

を得る．第 2 の等式は，上の表現において $ru(P)$ を r に関して積分すれば得られる．

(iii) $\max_{\overline{\Omega}} u(x,y) = u(P)$, $P \in \Omega$ とする．点 P と $\partial\Omega$ との距離を r_0 とするとき，(ii) の結果より，

$$u(P) = \frac{1}{\pi r^2}\int_{|Q-P|\leqslant r} u(Q)\,dxdy \leqslant \frac{1}{\pi r^2}\int_{|Q-P|\leqslant r} u(P)\,dxdy = u(P), \quad r < r_0.$$

したがって $u(Q) = u(P)$, $|Q-P| < r_0$ であり，u が定数になる円をつぎつぎに接続していけば，u は $\overline{\Omega}$ で定数になる．$\min_{\overline{\Omega}} u$ についても同様．

7.1-7: Ω から中心 $Q = (\xi, \eta)$，十分小さい半径 ε の円およびその内部を取り除いた領域を Ω_ε とする．$|P - Q| = \varepsilon$, $P = (x,y)$ ならば，$G(P;Q) > 0$ となる．一方，$G(P;Q) = 0$, $P \in \Gamma$ だから，前問の結果より

$$0 \leqslant G(P;Q) \leqslant \max_{|P-Q|=\varepsilon} G(P;Q), \quad P \in \Omega_\varepsilon$$

を得る．もし $G(P_0;Q) = 0$ となる $P_0 \in \Omega_\varepsilon$ が存在すれば，$G(P;Q) = 0$, $\forall P \in \Omega_\varepsilon$ となり，矛盾する．

7.4.1: 問 7.1-2 と同様．

7.4.2-1: $t \in \mathbb{C}$ として，

$$0 \leqslant \|tu + v\|^2 = |t|^2\|u\|^2 + 2\mathrm{Re}\,t\langle u, v\rangle + \|v\|^2$$

だから，$t = s\overline{\langle u, v\rangle}$, $s \in \mathbb{R}^1$ とおいて，

$$0 \leqslant |\langle u, v\rangle|^2\|u\|^2 s^2 + 2|\langle u, v\rangle|^2 s + \|v\|^2.$$

これから $|\langle u, v\rangle|^4 - |\langle u, v\rangle|^2\|u\|^2\|v\|^2 \leqslant 0$ となり，Schwarz の不等式がしたがう．Minkowski の不等式は，Schwarz の不等式より直ちにしたがう．

7.4.2-2: $(1 - \lambda_n G)\varphi_n = 0$, $\|\varphi_n\| = 1$, $\lambda_n \to \lambda_0$ となる有限値 λ_0 が存在すれば，$\{\varphi_n\}$ の部分列 $\{\varphi_{n_i}\}$ を選んで，$G\varphi_{n_i}$ は $\bar{I}$ 上一様収束する．したがって，φ_{ni} も $\bar{I}$ 上一様収束することになり，$\{\varphi_{n_i}\}$ の正規直交性に反する．

7.4.3: 直接，計算すればよい．

第 8 章

8.1.1: $A = (x - c\eta + c\zeta, t + \eta + \zeta)$, $B = (x - c\eta, t + \eta)$, $C = (x, t)$, $D = (x + c\zeta, t + \zeta)$ とおく．ζ が十分小さいとき，

$$u_x(x - c\eta, t + \eta)c\zeta + u_t(x - c\eta, t + \eta)\zeta + o(\zeta)$$
$$= u_x(x, t)c\zeta + u_t(x, t)\zeta + o(\zeta).$$

ここで，$o(\cdot)$ は Landau の記号を表す．上式両辺を ζ で割って $\zeta \to 0$ とすれば，

$$cu_x(x - c\eta, t + \eta) + u_t(x - c\eta, t + \eta) = cu_x(x, t) + u_t(x, t).$$

η が十分小さいとき，$u_{xt} = u_{tx}$ に注意すれば，上と同様にして，$u_{tt} = c^2 u_{xx}$ を得る．

8.1.2-1: 仮定により，

$$a_n = -\frac{1}{l}\left(\frac{l}{n\pi}\right)^3 \int_{-l}^{l} f'''(x) \cos \frac{n\pi}{l} x\, dx,$$

$$b_n = -\frac{1}{cn\pi}\left(\frac{l}{n\pi}\right)^2 \int_{-l}^{l} g''(x) \sin \frac{n\pi}{l} x\, dx$$

だから，$\sum_{n=1}^{\infty} n^2(|a_n| + |b_n|) < \infty$ を得る．

8.1.2-2:

$$u(x, t) = \frac{a_0 + b_0 t}{2} + \sum_{n=1}^{\infty} \left(a_n \cos \frac{cn\pi}{l} t + b_n \sin \frac{cn\pi}{l} t\right) \cos \frac{n\pi}{l} x,$$

$$a_n = \frac{2}{l} \int_0^l f(x) \cos \frac{n\pi}{l} x\, dx, \quad n \geqslant 0,$$

$$b_n = \frac{2}{cn\pi} \int_0^l g(x) \cos \frac{n\pi}{l} x\, dx, \quad n \geqslant 1, \quad b_0 = \frac{2}{l} \int_0^l g(x)\, dx.$$

f, g を $[-l, l]$ に偶関数として拡張したものが，周期 $2l$ の関数として，それぞれ C^2 級，C^1 級．また，f''', g'' が区分的に連続であればよい．

8.2.3-1: (29) と (32) を組み合わせればよい．

8.2.3-2: (29) と (4) を組み合わせればよい．

8.2.5-1: 柱状領域 $D = \{(x, t); x \in \Omega, 0 \leqslant t \leqslant t_0\}$ を考え，そこで Gauss の発散

252

定理を適用すればよい．∂D 上の面積分のうち，$\partial D \cap \{t = t_0\} = \Omega$ の部分だけが残り，$\int_\Omega \left(c^2 \sum_{i=1}^n u_{x_i}^2 + u_t^2\right) dx = 0$ を得る．

8.2.5-2: 部分積分を利用して，
$$\frac{d}{dt}E(t) = \int_\Omega \left(c^2 \sum_{i=1}^n u_{x_i} u_{x_i t} + u_t u_{tt}\right) dx$$
$$= \int_\Omega \left(-c^2 \sum_{i=1}^n u_{x_i x_i} u_t + u_t u_{tt}\right) dx = 0.$$

8.2.5-3: 問 8.2.5-1 と同様．

8.3: $\varphi, \psi \in C_0^\infty(\mathbb{R}^1)$ が $\int_{-\infty}^\infty \varphi(t)\, dt = \int_{-\infty}^\infty \psi(t)\, dt = 1$ を満たすとき，
$$\int_{-\infty}^\infty h(t)(\varphi(t) - \psi(t))\, dt = 0 \Rightarrow \int_{-\infty}^\infty h(t)\varphi(t)\, dt = \int_{-\infty}^\infty h(t)\psi(t)\, dt = c.$$
このとき，$\int_{-\infty}^\infty \varphi\, dt \neq 0$ なる φ に対して，
$$\int_{-\infty}^\infty h(t) \frac{\varphi(t)}{\int_{-\infty}^\infty \varphi(t)\, dt}\, dt = c \Rightarrow \int_{-\infty}^\infty h(t)\varphi(t)\, dt = \int_{-\infty}^\infty c\varphi(t)\, dt$$
を得る．$\int_{-\infty}^\infty \varphi(t)\, dt = 0$ のときも，上の関係式は成り立つ．したがって，$h(t) = c$ が成り立つ．

第 9 章

9.1.2: $R > 0$ を十分大きく選んで，
$$u(x,t) = \frac{1}{\sqrt{\pi}} \left(\int_{|\eta| \geq R} + \int_{|\eta| < R}\right) f(x + 2c\sqrt{t}\,\eta)\, e^{-\eta^2}\, d\eta$$
と分解し，$e^{-\eta^2}$ の可積分性，f に対する仮定と有界性を利用すればよい．

9.1.3-1: $f(x)$ を $\mathbb{R}^1$ 全体に偶拡張すれば，f は $\mathbb{R}^1$ で連続，有界になることを利用すればよい．

9.1.3-2:
$$U(x,\xi,t) = \sum_{-\infty}^\infty \frac{1}{2c\sqrt{\pi t}} \left(e^{-\frac{(x-\xi-2nl)^2}{4c^2 t}} + e^{-\frac{(x+\xi-2nl)^2}{4c^2 t}}\right).$$
u_0 を $[-l, l]$ に偶拡張したものを，$\mathbb{R}^1$ 全体に周期 $2l$ の関数として拡張する：$u_0(x) = u_0(-x) = u_0(x + 2l),\ x \in \mathbb{R}^1$．区分的に連続な関数 ψ を，
$$\psi(x) = \begin{cases} u_0(x), & 0 < x < l, \\ \dfrac{1}{2} u_0(0), & x = 0, \\ \dfrac{1}{2} u_0(l), & x = l, \\ 0, & x < 0,\ x > l \end{cases}$$

により定義すれば,
$$u_0(x) = \sum_{-\infty}^{\infty} \bigl(\psi(x-2nl) + \psi(-x+2nl)\bigr)$$
が成り立つ. 右辺は, $\mathbb{R}^1$ の任意の有界区間上で一様収束である. この u_0 を初期値にもつ (1) の解 (6) を考えればよい.

9.1.4-1: (27) の Fourier 級数が, $[0, l]$ 上で一様収束することに注意すればよい.

9.1.4-2: 各 $n \geqslant 1$ に対して,
$$u_n'(t) + \left(\frac{cn\pi}{l}\right)^2 u_n(t) = 0, \qquad u_n(0) = 0$$
が成り立つことから, $u_n(t) = 0$ を得る.

9.1.5-1: $\mathbb{R}^1$ における方程式と同様に考える. f を x の関数として $[-l, l]$ に奇拡張したものを, 周期 $2l$ の関数として $\mathbb{R}^1$ 全体に拡張する. このとき, $f \in C(\mathbb{R}^1 \times [0, T])$ であり,
$$f(x,t) = -f(-x,t) = f(x+2l,t),$$
$$|f(x,t) - f(x,s)| \leqslant K|t-s|^{\alpha}, \quad x \in \mathbb{R}^1, \quad 0 \leqslant t, s \leqslant T.$$
拡張された f と (39) ($u_0 = 0$) を用いれば, 解の表現が得られる.

9.1.5-2:
$$u(x,t) = -c^2 \int_0^t \bigl(U_\xi(x,l,t-\tau)\beta(\tau) - U_\xi(x,0,t-\tau)\alpha(\tau)\bigr) d\tau.$$
実際, x に関して C^2 級, t に関して C^1 級となる φ で,
$$\varphi(0,t) = \alpha(t), \qquad \varphi(l,t) = \beta(t), \qquad t \geqslant 0,$$
かつ φ_{xx}, φ_t が t に関して Hölder 連続となるものが存在する. たとえば, $\varphi(x,t) = l^{-1}(\beta(t) - \alpha(t))x + \alpha(t)$ とおけばよい. $v(x,t) = u(x,t) - \varphi(x,t)$, $f(x,t) = \varphi_t - c^2\varphi_{xx}$ とおけば, 問題は,
$$v_t = c^2 v_{xx} - f(x,t), \quad v(0,t) = v(l,t) = 0, \quad v(x,0) = -\varphi(x,0)$$
と同等になる. f の性質から, この問題は一意に解けて,
$$v(x,t) = -\int_0^l U(x,\xi,t)\varphi(\xi,0)\,d\xi$$
$$\qquad -\int_0^t d\tau \int_0^l U(x,\xi,t-\tau)f(\xi,\tau)\,d\xi$$
となる. これに, Green の公式を適用すればよい.

索　引

あ　行

Ascoli-Arzèla の定理　175
Abel の公式　27
安定性 (Lyapunov の意味で
　　の)　118
　漸近安定性　118

依存領域　195
1 階常微分方程式　5
1 階偏微分方程式　141, 144
　1 階準線形偏微分方程式
　　141
一般解　2, 7
一般化固有ベクトル　38, 58

影響領域　195
n 階定係数線形常微分方程式
　40
エネルギー保存の法則　18
Hermite の多項式　97
Hermite の微分方程式　96
円柱関数　104
延長不能な解　74

Euler の微分方程式　64, 161
Osgood の条件　85
ω 極限集合　130

か　行

Gauss の超幾何微分方程式
　111

確定特異点　99
完全正規直交系　95, 178,
　　198, 228
完全微分形　13
完全連続性 (コンパクト性)
　　175
Gamma 関数　104

基本解 (線形常微分方程式系
　　の)　27
基本解 (放物形方程式の)
　　218
基本解行列　29
求積法　5
球面平均　200
境界値問題　155, 167, 185
共役調和関数　165
行列の関数　47
局所切断面　131
Kirchhoff の法則　18

Green 関数　157, 158, 167,
　　185
　広義の——　169, 172
Green の公式　155, 156
Clairaut の微分方程式　14
Gronwall の不等式　65

決定方程式　100

勾配系　140
合流型超幾何微分方程式　114
Cauchy の折れ線法　69
固有関数　174, 189–192

固有空間　177
固有値　173, 176, 177
固有値, 固有関数の漸近表示
　　180

さ　行

最大解, 最小解　86
作用素ノルム　32, 62, 174
周期係数線形常微分方程式系
　53
縮小写像　72
Schwarz の不等式　174
初期-境界値問題　196, 199,
　　222, 224
初期値問題　141, 200, 206,
　　216, 237
Jordan 細胞　39, 61
Jordan 標準形　38, 56–62
　実数値を成分とする——
　　61, 62
自励系　117

スペクトラム　48

正規形　1
整級数解　89
成帯条件　146, 150
正値 2 次形式　124
積分因子　14
積分作用素　173, 186
積分帯　150
全微分方程式　12

索　引

双曲形偏微分方程式　194
相平面　21, 122–123
Sobolev 空間　185

た　行

帯　146
台　205, 209
楕円形偏微分方程式　155
楕円積分（第1種）　20
d'Alembert の解　195
単振動　17
単ふりこ　19, 126

遅延ポテンシャル　204
逐次近似法　67
超関数　213
調和関数　3, 158, 160

定数変化法　30
Dirichlet 問題　155, 186, 196, 224

同次形　8
特異解　2, 8, 15
特異値　174
特性曲線　141, 151
特性乗数　54
特性多項式　40
特性微分方程式　141, 146
特性方程式　40

な　行

流れ箱　132

2 階常微分方程式　16
2 階線形偏微分方程式　149

熱伝導方程式　153, 216

Neumann 問題　164, 173
ノルム　71, 174

は　行

Hamilton-Cayley の定理　52

Hill の方程式　55
Hilbert-Schmidt の展開定理　178

Van der Pol の方程式　137
不動点　72
Plancherel の定理　212
Fourier 級数　162, 191, 198–200, 227
Fourier 変換　211–212, 217
Friedrichs の軟化子　180
Floquet の定理　54
Frobenius の方法　101
分岐帯　151

閉軌道（周期解）　134, 139
平均収束　95, 115
平衡点　117
ベキ零行列　40, 58, 128
Bessel 関数（第1種）　104
Bessel 関数（第2種）　106
Bessel 関数の漸近的性質　109
Bessel の微分方程式　104
Bessel の不等式　178
Hölder 連続性　230
Beltrami 方程式　153
Bernoulli の微分方程式　11
Helmholtz 方程式　189
変数分離形　6

Poisson 積分　158
Poisson の公式　158, 162–163
　波動方程式における――　202
Poincaré-Bendixson の定理　134
Huygens の小原理　205

包絡線　14
包絡面　145
補正関数　157

ま　行

Minkowski の不等式　174

Monge 曲線　145
Monge 錐　145

や　行

有界性（作用素の）　174
優級数　91

弱い解（双曲形方程式の）　209

ら　行

Laplace 作用素　155

Liouville 変換　181
リゾルベント　47
リゾルベント方程式　49
Riccati の微分方程式　12
Lipschitz 連続性　66
Lyapunov 関数　118

Legendre の多項式　93
Legendre の陪微分方程式　96
Legendre の微分方程式　92
Legendre 陪関数　96
Lebesgue の収束定理　210
Lebesgue の定理　220

Rodrigues の公式　94
Wronskian　27

わ　行

Weierstrass の多項式近似定理　95

著者略歴

南部　隆夫
なん　ぶ　たか　お

1949 年　奈良県に生まれる
1979 年　大阪大学大学院基礎工学研究科博士課程修了
　　　　University of California, Los Angeles, postdoctoral scholar
　　　　University of Maryland, Fulbright scholar
　　　　Texas A&M University, visiting associate professor
　　　　University of Minnesota, visiting professor
　　　　神戸大学大学院システム情報学研究科教授を経て
現　在　神戸大学名誉教授
　　　　工学博士
主　著　"Theory of Stabilization for Linear Boundary Control Systems,"
　　　　CRC Press, 2016.

新版 微分方程式入門　　　　　定価はカバーに表示

2000 年 3 月 20 日　初版第 1 刷
2016 年 3 月 25 日　　　第 17 刷
2017 年 3 月 25 日　新版第 1 刷
2019 年 12 月 10 日　　　第 2 刷

著　者　南　部　隆　夫
発行者　朝　倉　誠　造
発行所　株式会社　朝　倉　書　店
　　　　東京都新宿区新小川町 6-29
　　　　郵 便 番 号　162-8707
　　　　電　話　03 (3260) 0141
　　　　FAX　03 (3260) 0180
　　　　http://www.asakura.co.jp

〈検印省略〉

© 2017 〈無断複写・転載を禁ず〉　　　中央印刷・渡辺製本

ISBN 978-4-254-11149-1　C 3041　　　Printed in Japan

JCOPY　<出版者著作権管理機構 委託出版物>

本書の無断複写は著作権法上での例外を除き禁じられています。複写される場合は、そのつど事前に、出版者著作権管理機構 (電話 03-5244-5088, FAX 03-5244-5089, e-mail: info@jcopy.or.jp) の許諾を得てください。